国家出版基金项目
NATIONAL PUBLICATION FOUNDATION

"十三五"国家重点出版物出版规划项目

中国生态环境演变与评估

# 武汉城市群城市化过程及其生态环境效应

焦伟利　龙腾飞　刘慧婵　何国金　王　威　等　著

科学出版社
北京

# 内 容 简 介

本书通过遥感手段和统计资料相结合的方式，分别以 30 米和 2.5 米空间分辨率的多时相卫星影像为基础，从城市群和重点城市两个空间尺度对武汉城市群的城市化进程及其生态环境效应进行了调查、评价和分析。其中，城市群的评估时间为 1980～2010 年，武汉市的评估时间为 2000～2010 年，评估内容包括城市化特征与进程、生态质量、环境质量、资源环境效率、生态环境胁迫等。此外，本书还利用长时序的遥感数据和技术手段，在武汉城市群城市扩展的时空特征、城市热岛的特征及演变、时空信息深度挖掘等方面做了一些深入研究。

本书可作为从事生态、环境、城市规划、遥感应用等相关专业研究人员的参考用书，也可作为相关专业高等院校师生学习参考用书及政府决策者参考用书。

**图书在版编目(CIP)数据**

武汉城市群城市化过程及其生态环境效应／焦伟利等著 . —北京：科学出版社，2017.1

（中国生态环境演变与评估）

"十三五"国家重点出版物出版规划教材　国家出版基金项目

ISBN 978-7-03-050720-4

Ⅰ.①武…　Ⅱ.①焦…　Ⅲ.①城市群–城市环境–生态环境–环境效应–研究–武汉　Ⅳ.①X321.263.1

中国版本图书馆 CIP 数据核字（2016）第 279181 号

责任编辑：李　敏　张　菊　林　剑／责任校对：张凤琴
责任印制：肖　兴／封面设计：黄华斌

**科学出版社** 出版

北京东黄城根北街 16 号
邮政编码：100717
http://www.sciencep.com

**中国科学院印刷厂** 印刷

科学出版社发行　各地新华书店经销

*

2017 年 1 月第　一　版　开本：787×1092　1/16
2017 年 1 月第一次印刷　印张：15 1/4
字数：400 000

**定价：138.00 元**
（如有印装质量问题，我社负责调换）

# 《武汉城市群城市化过程及其生态环境效应》
## 编委会

主　笔　焦伟利

副主笔　龙腾飞　刘慧婵

成　员　(按汉语拼音排序)

白雅卿　程　博　董云云　何国金

胡燕华　李艳红　凌赛广　庞小平

彭　燕　王　铎　王桂周　武盟盟

王　威　项　波　易予晴　周　青

张晓美　张兆明

# 总　序

　　我国国土辽阔，地形复杂，生物多样性丰富，拥有森林、草地、湿地、荒漠、海洋、农田和城市等各类生态系统，为中华民族繁衍、华夏文明昌盛与传承提供了支撑。但长期的开发历史、巨大的人口压力和脆弱的生态环境条件，导致我国生态系统退化严重，生态服务功能下降，生态安全受到严重威胁。尤其 2000 年以来，我国经济与城镇化快速的发展、高强度的资源开发、严重的自然灾害等给生态环境带来前所未有的冲击：2010 年提前 10 年实现 GDP 比 2000 年翻两番的目标；实施了三峡工程、青藏铁路、南水北调等一大批大型建设工程；发生了南方冰雪冻害、汶川大地震、西南大旱、玉树地震、南方洪涝、松花江洪水、舟曲特大山洪泥石流等一系列重大自然灾害事件，对我国生态系统造成巨大的影响。同时，2000 年以来，我国生态保护与建设力度加大，规模巨大，先后启动了天然林保护、退耕还林还草、退田还湖等一系列生态保护与建设工程。进入 21 世纪以来，我国生态环境状况与趋势如何以及生态安全面临怎样的挑战，是建设生态文明与经济社会发展所迫切需要明确的重要科学问题。经国务院批准，环境保护部、中国科学院于 2012 年 1 月联合启动了"全国生态环境十年变化（2000—2010 年）调查评估"工作，旨在全面认识我国生态环境状况，揭示我国生态系统格局、生态系统质量、生态系统服务功能、生态环境问题及其变化趋势和原因，研究提出新时期我国生态环境保护的对策，为我国生态文明建设与生态保护工作提供系统、可靠的科学依据。简言之，就是"摸清家底，发现问题，找出原因，提出对策"。

　　"全国生态环境十年变化（2000—2010 年）调查评估"工作历时 3 年，经过 139 个单位、3000 余名专业科技人员的共同努力，取得了丰硕成果：建立了"天地一体化"生态系统调查技术体系，获取了高精度的全国生态系统类型数据；建立了基于遥感数据的生态系统分类体系，为全国和区域生态系统评估奠定了基础；构建了生态系统"格局–质量–功能–问题–胁迫"评估框架与技术体系，推动了我国区域生态系统评估工作；揭示了全国生态环境十年变化时空特征，为我国生态保护与建设提供了科学支撑。项目成果已应用于国家与地方生态文明建设规划、全国生态功能区划修编、重点生态功能区调整、国家生态保护红线框架规划，以及国家与地方生态保护、城市与区域发展规划和生态保护政策的制定，并为国家与各地区社会经济发展"十三五"规划、京津冀交通一体化发展生态保护规划、京津冀协同发展生态环境保护规划等重要区域发展规划提供了重要技术支撑。此外，项目建立的多尺度大规模生态环境遥感调查技术体系等成果，直接推动了国家级和省级自然保护区人类活动监管、生物多样性保护优先区监管、全国生态资产核算、矿产资源开发监管、海岸带变化遥感监测等十余项新型遥感监测业务的发展，显著提升了我国生态环境保护管理决策的能力和水平。

《中国生态环境演变与评估》丛书系统地展示了"全国生态环境十年变化（2000—2010年）调查评估"的主要成果，包括：全国生态系统格局、生态系统服务功能、生态环境问题特征及其变化，以及长江、黄河、海河、辽河、珠江等重点流域，国家生态屏障区，典型城市群，五大经济区等主要区域的生态环境状况及变化评估。丛书的出版，将为全面认识国家和典型区域的生态环境现状及其变化趋势、推动我国生态文明建设提供科学支撑。

因丛书覆盖面广、涉及学科领域多，加上作者水平有限等原因，丛书中可能存在许多不足和谬误，敬请读者批评指正。

《中国生态环境演变与评估》丛书编委会

2016年9月

# 前　　言

　　武汉城市群（又名"武汉城市圈"）是以湖北省武汉市为中心，由武汉与周边100km范围内的黄石、鄂州、黄冈、孝感、咸宁、仙桃、天门、潜江9市构成的区域经济联合体。武汉城市群位于以长江经济带为主体的东西发展轴和以京广铁路、京港澳高速公路为骨架的南北发展轴的交汇处，同时地处中部六省的中心位置，是我国中西部地区的结合部，在长江经济带的发展中，起着核心与枢纽作用。过去的十几年是武汉城市群城市化的高速发展期，在城镇化发展过程中，生态环境与社会经济相互制约、相互促进，经济建设和资源开发带动了区域经济发展，同时也使生态环境面临的压力越来越大。因此，研究武汉城市群城市化过程及其生态环境效应具有重要的理论和现实意义。

　　"全国生态环境十年变化（2000~2010年）调查评估"项目在城市化区域专题设置了"武汉城市群生态环境十年变化遥感调查与评估"课题。本书系统地展示了该课题的主要成果，从城市群和重点城市两个空间尺度调查和评价了武汉城市群三十年（1980~2010年）和武汉市十年（2000~2010年）的城市化进程及其生态环境效应。本书利用不同时间和不同尺度的遥感、统计资料、环境监测等数据与技术，从自然条件、社会经济与资源、城市扩张、生态质量、环境质量等方面选择调查指标，构建武汉城市群和中心城市——武汉市生态环境状况评价指标体系，从城市化进程、生态质量、环境质量、资源环境效率、生态环境胁迫等方面分析评估武汉城市群城市化的生态环境效应。此外，利用长时序的遥感数据和技术，对城市扩展的时空特征、城市热岛的特征及演变、时空信息深度挖掘方面做了进一步的探索研究。期望本书能为促进城市经济社会发展、提高城市人居环境质量和增强城市生态系统服务功能提供一定的科学和技术支撑。

　　本书强调利用遥感技术方法对武汉城市群城市化及生态环境变化进行调查与评估，力求真实客观。全书图、表、文兼顾并举。

　　全书共分8章，第1章由焦伟利撰写，第2章由龙腾飞、刘慧婵撰写，第3章由龙腾飞、焦伟利、凌赛广、武盟盟撰写，第4章由焦伟利、刘慧婵、龙腾飞、何国金、王威、庞小平、武盟盟、李艳红撰写，第5章由焦伟利、龙腾飞、刘慧婵、何国金、王威、易予晴撰写，第6章由龙腾飞、焦伟利、凌赛广、易予晴撰写，第7章由刘慧婵、何国金撰写，第8章由焦伟利、龙腾飞撰写。全书由焦伟利、刘慧婵、龙腾飞、刘慧婵统编。

在本书出版之际，感谢中国科学院生态环境研究中心欧阳志云研究员对课题研究和本书编写给予的悉心指导和帮助；感谢中国科学院生态环境研究中心周伟奇研究员从城市化区域专题层面给予的协调和指导；感谢其他重点城市群课题的研究人员（中国科学院生态环境研究中心李伟峰博士和韩立建博士、广东省环境科学研究院生态研究所肖荣波博士、环境保护部华南科学研究所董家华博士、中国科学院成都山地灾害与环境研究所傅斌博士等），在课题研究过程中大家一起探讨、分享，并提出许多宝贵意见；感谢武汉大学庞小平教授协作完成了课题研究；由衷感谢中国科学院遥感与数字地球研究所卫星数据深加工部的全体科研人员和研究生为课题的完成和本书的出版付出的辛勤劳动。

本书研究内容涉及多学科交叉，由于作者研究领域和学识的限制，加之编写时间仓促、资料掌握不充分，书中难免存在疏漏和错误之处，敬请读者不吝批评、赐教。

本书编写委员会

2016 年 7 月

# 目　　录

# 第1章 武汉城市群概况

武汉城市群（又名武汉城市圈）位于湖北省东部，是以武汉为中心，与武汉周边距离100km范围内的黄石、鄂州、孝感、黄冈、咸宁、仙桃、潜江、天门8个城市构成的区域经济联合体。武汉城市群土地面积约为5.8万km²，占湖北省国土总面积的33%和全国国土总面积的0.23%。武汉城市群位于我国两条一级发展轴线，即以长江经济带为主体的东西发展轴和以京广铁路、京港澳高速公路为骨架的南北发展轴，所构成的"十"字形交汇处；同时，处于我国中西部地区的结合部，位于中部六省的中心位置，在长江中游城市群（包括武汉城市群、环长株潭城市群、环鄱阳湖城市群）发展中，起着核心与枢纽作用。

## 1.1 武汉城市群自然地理概况

（1）地形

武汉城市群地貌形态以平原为主，四周高中间低，总体上可概括为"一分水、两分山、三分丘陵、四分平原"的格局。其中，平原约占国土总面积的40%，丘陵约占国土总面积的30%，山地约占国土总面积的20%，水面约占国土总面积的10%，总体地势低平，地貌类型多样。按照地貌类型分区，可分为鄂东北低山丘陵区、鄂中丘陵岗地区、江汉平原区、鄂东沿江平原区及鄂东南低山丘陵区。图1-1为武汉城市群卫星影像图，可以看出武汉城市群的总体地貌形态。城市群东北部和东南部环绕着大别山、幕阜山两大山系，呈现一个向西开口的喇叭形状，长江自西向东从两山之间穿过，山前丘陵岗地广布，地貌类型上属低山丘陵区；两大山系地区包括孝感市的大悟县，黄冈市的红安县、罗田县、英山县，咸宁市的通城县、崇阳县、通山县等15个县市，是区域内森林覆盖率最高的地区。在大别山与幕阜山之间为沿江平原区，由于长江的影响，分布着众多的湖泊、河流。例如，武汉、鄂州、黄石、黄冈、咸宁等市沿江地区，水面与耕地面积基本相近，森林比例偏小。同时，这些地区也是城镇和产业建设密集地区。城市群中西部为江汉平原，包括天门、潜江、仙桃、汉川及应城等县市，地势平坦、适合耕种，是我国重要的商品粮生产基地。在地域上，武汉与咸宁、鄂州、黄冈及黄石同在长江沿岸，潜江、仙桃、孝感、天门和武汉共享汉水，这些都使得武汉城市群在资源环境上具有鲜明的特色。

（2）气候

武汉城市群地处中纬度西风带和低纬度东风带的过渡区，属典型的亚热带湿润季风气候，夏季高温多雨、冬季温和少雨，四季分明，雨热同期，无霜期长，光照充足，热量丰富，雨量充沛。多年平均日照1300～2200h，近30年年平均气温16.3～16.8℃，7～8月

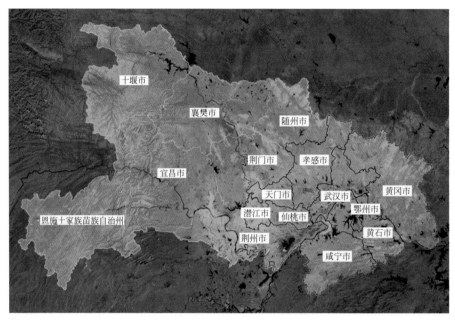

图 1-1 湖北省武汉城市群遥感影像图

极端最高气温可达 40℃ 以上，1～2 月极端最低气温可达-18℃，无霜期 200～260d。各地年平均降水量为 1130～1600 mm。降水受季风环流影响，年内分布很不均匀。每年 4～10 月因湿热气团活动频繁，雨水充沛；11 月至次年 3 月，通常受北方大陆干冷气流控制，降水稀少；6～7 月是梅雨期，降雨多，强度大。优越的气候条件，最适宜农业、工业和城市化发展。

（3）土地

武汉城市群中土地类型复杂多样，总体呈"一水、二山、三丘、四原"的格局。城市群中，武汉、鄂州、黄石、孝感等城市发展较快地区，土地开发速度较快，土地由自然状态转变为农业用地、工业用地、建设用地的速度较快，城市扩展迅速；而在经济发展相对较慢地区，土地大多保持原来的用途，开发利用较少，生态型用地和农业用地资源区位优势较为明显，如天门、潜江、仙桃等（焦伟利等，2015）。

（4）水系

武汉城市群河流纵横，湖泊星罗棋布，是"千湖之省"的典型地区，天然水体占总面积的 9.6%，若加上水库、堰塘等人工水体，其比重高达 16%，是我国水资源最丰富的地区。长江自西南向东流过江汉平原和鄂东沿江平原区，汉江自西北向东南汇入长江，水网密布，河长 5km 以上河流近 300 条。地表水资源量多年平均为 347.7 亿 m³，地下水资源量多年平均为 86.8 亿 m³，过境客水量多年平均为 6061 亿 m³，水资源总量为 364.4 亿 m³（湖北省测绘局，2009）。

（5）矿产

武汉城市群矿产资源也十分丰富，矿种多样，集中度较高，区域特色明显，共伴生矿多。已探明的矿产有铁、铜、金、石油、岩盐、芒硝、石膏、磷、石灰岩、花岗岩、黏土、地热、煤等63种（湖北省测绘局，2009）。

（6）森林

武汉城市群森林覆盖率达25%以上，主要分布在幕阜山脉和大别山脉，植物种类繁多，资源较为丰富，是城市群的重要天然屏障，在水土涵养、资源保护、气候调节和区域生态稳定性维护方面具有不可替代的作用。幕阜山山脉位于城市群东南地区，呈东北—西南走向，其植被种类丰富多样、山地景观优美、生物品种丰富、水系网络发达；大别山山脉位于城市群东北地区，呈西北—东南走向，山川郁秀、物产丰饶、红色旅游资源充足。两者构成南北两侧绿色山翼，是武汉城市群的"生态之肺"（焦伟利等，2015）。

## 1.2 武汉城市群社会经济发展概况

2010年，武汉城市群国土面积58 052km²，占湖北省总面积的31%；总人口为3189.59万人，约占湖北省总人口的52%；武汉城市群GDP为9635.76亿元，约占湖北省GDP的60%，是湖北产业和经济实力最集中的核心区。武汉城市群面积不到全省三分之一，却集中了湖北省一半以上的人口、六成以上的GDP总量。

（1）人口

武汉城市群位于湖北省中东部，是湖北省人口最稠密的地区。人口发展呈现数量逐年增长、人口城镇化水平不断提高、城乡结构不断优化、城镇化发展更注重质量、人口受教育程度不断提高的特征。2010年，城市群内总人口数为3192.35万人，常住人口数为3024.28万人，常住人口占总人口的比例为94.7%，人口密度550人/km²。城市群范围内人口的地区分布很不平衡，呈中部多，南、北部少的特点。在人口分布上，在城绵延带上的人口密度大大高于以农业为主的区域，其中，武汉市的人口密度最大（2010年为945人/km²），咸宁市人口密度最小（2010年仅为276人/km²）。武汉城市群人口城市化水平整体呈稳步增长趋势，各城市间人口城市化差异明显。2010年城市群内整体的城镇化率为54.0%，其中，武汉市人口城镇化率最高，已达72.8%，而黄冈市仅有35.7%，这与城市群的地理条件、区域结构关系很大。武汉城市群的人口城市化主要通过农转非实现就地转移，其发展的动力主要来自本地的力量。

（2）交通

武汉城市群位于湖北省东部，地处我国"中部之中"的经济腹地，它位于长江中游，素有"得中独厚""得水独优"的区位优势。武汉是历史上中国"四大名镇"之一，历来被称为"九省通衢"之地，是我国中部地区重要的水陆空交通枢纽。城市群内综合交通基础网络骨架初步建成，综合交通枢纽地位不断增强。城市群内有京九、京广、武九、汉丹4条干线铁路通过，构成了"二纵二横"的路网格局，以武汉为圆心的"米"字形高铁网格，南北通达"北广天深"，东西连接"沪宁渝成"；在公路方面，武汉城市群已初步建成以武汉市大外环和环城市群高速构成的"两环"，以及由13条以武汉为中心的高速公路和快速路构成的公路骨架网，形成以武汉为中心，通往城市群其余8城市市区的"1小时交通圈";此外,长江、汉江两大内河航运干线也在境内汇流,还有以武汉天河机场为代表的航空运输体系,武汉还是邮电通信网的中心枢纽之一。可以说,武汉城市群是中部地区最具地域优势的城市集聚地,起着承东启西、接南进北、吸引四面、辐射八方的作用(焦伟利等,2015)。

（3）综合经济

武汉城市群以湖北三分之一的土地面积,承载了湖北省的过半数人口和六成的经济总量。2000~2010年,城市群生产总值连续逐年增长,十年间增长了4倍（数据来源于湖北省统计年鉴）。武汉城市群有较齐全的现代产业体系,初步形成了汽车、钢铁、石化三大支柱产业,装备、纺织、食品、建材四大重点产业,新能源、电子信息、生物等高技术产业,以及金融、现代物流、文化、会展等新兴产业,优质、高产、高效、绿色、安全农产品种养面积逐步扩大。同时,武汉群城还存在产业比重不够合理,三次产业融合发展不够,生产性服务业发展不足;群内各城市统一协调和整体互动欠缺,资源共享共用、整合不够;区域产业分工、产业发展的重点和优先发展区域不够明确,产业结构趋同,低层次和低水平的建设依然存在,产业集聚度不高,产业链没有实现有效对接等现象（湖北省测绘局,2009）。

2007年12月,武汉城市群获批资源节约型和环境友好型社会建设综合配套改革试验区（即"两型社会"建设综合配套改革试验区）,这对于湖北乃至整个中部地区都具有重要的战略意义。它不仅是湖北经济发展的核心区域,也是中部崛起的重要战略支点。统计显示,武汉城市群各市均以中心城区为龙头推进市域城镇化,取得了重大进展,已成为湖北省经济社会发展的快速增长极,对全省经济发展的龙头作用初步显现。2015年,国务院批准实施《长江中游城市群发展规划》,将武汉城市圈、环长株潭城市群、环鄱阳湖城市群作为促进中部崛起、全方位深化改革开放和推进新型城镇化的重点区域,明确了将其打造为中国经济发展新增长极、中西部新型城镇化先行区、内陆开放合作示范区、"两型"社会建设引领区的战略定位。

《武汉城市圈总体规划纲要（2007—2020年)》中提出,武汉城市群区域发展框架将形成由"一核、一带、三区、四轴"组成的点轴空间整合结构和由"核心圈、紧密圈、辐射圈"组成的圈层空间整合结构。

在空间整合的点轴结构中,"一核"是指强化武汉主核。进一步发挥武汉作为城市群龙头的辐射带动与极化作用,整合城市群主导产业,集聚高端职能,将武汉打造成为城市群区域性金融商贸中心、区域性物流中心、区域性科技中心、区域性信息中心、区域性旅游聚散中心以及高新技术产业与现代制造业中心。

"一带"即以武汉东部组群、鄂州市区、黄石市区、黄冈市区为主体,共同构成的武鄂黄绵延带,是武汉城市圈城镇化的主题和核心密集区。沿沪渝高速公路、长江黄金水道,由武汉延伸至鄂州、黄石,是武汉城市圈城镇经济实力最雄厚、产业基础最好的一条产业发展带,也是交通条件最好、最具发展潜力的地区。

"三区"即西部仙桃、潜江、天门,西北孝感、应城、安陆,南部咸宁、赤壁、嘉鱼3个城镇密集发展协调区。它们是武汉城市圈内城镇化发展的重点和二级密集区,为武汉城市圈的重要支撑。

"四轴"是指四条城镇与产业发展集聚带,包括贯穿西北翼产业,城镇组团由汉十高速公路、汉丹铁路、316国道组成的主轴带;贯穿西翼产业,城镇组团由沪汉蓉高速公路武昌段、318国道、汉江水道、武荆高速公路组成的主轴带;贯穿东翼产业,城镇组团由沪汉蓉高速公路武黄(梅)段、316国道、长江黄金水道、武九铁路组成的主轴带;贯穿南部产业,城镇组团由京广铁路湖北段、107国道、京珠高速公路组成的主轴带。

在空间整合的圈层结构中,以武汉都市发展区为城市功能的主要聚集区和城市空间的重点拓展区,构成"核心圈";按照"一小时交流圈"的目标,以当日往返通勤范围为主打造日常生活-生产圈,形成以武汉为中心的100km左右半径的"紧密圈";建立以"两小时影响圈"为目标,以武汉为圆心的200km左右半径的"影响圈",其范围包括武汉城市圈全部区域和辐射到岳阳、九江、信阳、随州、荆州等重点城市构成的"辐射圈"。

武汉城市群的城镇化发展,已经进入城镇化的高速发展期,人口城市化水平整体呈稳步增长趋势,但群内各城市间人口城市化差距明显。从世界公认的城镇化发展的"S"形曲线看,武汉城市群已经进入城镇化的高速发展期,将面临来自于内外部巨大的城镇化发展推动力,区域城镇化将持续推进。

# 1.3 武汉城市群生态环境状况

武汉城市群拥有自然保护区14个、风景名胜区42个、国家级4A级景区4个、世界文化自然遗产预备名单1处(大冶铜绿山古铜矿遗址)、全国重点文物保护单位25处、省级文物保护单位216处、国家级历史文化名城1座(武汉)、省级历史文化名城2座(鄂州、黄石)。

武汉城市群的区域生态保护格局主要体现为"一环两翼"。"一环"即距离武汉50km左右的环状地带,是梁子湖、斧头湖、西凉湖、汈汊湖、野猪湖、王母湖、涨渡湖等组成的主要生态区域,以水系、山体、林地等为主要生态系统,形成一条环绕武汉的区域生态环。"两翼"即以大别山和幕阜山脉为基础的生态区域,是武汉城市圈的重要生态屏障,在水土涵养、资源保护、气候调节和区域生态稳定性方面具有不可替代的作用。

武汉城市群生态环境总体尚好,但随着近年来经济的迅速发展,资源与环境的矛盾日益显现。总的来看,武汉城市群以农田生态系统为主,林地、湿地次之。1980~2010年,农田减少1505.8km$^2$,湿地减少451.6km$^2$,林地和草地减少405km$^2$,而城镇用地增加2425.4km$^2$。

武汉城市群可分为三个圈层:第一圈层主要包括武汉、黄石和孝感,这一区域的经济社会发展速度较快,绿色空间比例相对较低,尤其是武汉,建设用地侵占绿色空间的势头非常迅猛,用地矛盾比较突出。第二圈层包括咸宁、黄冈、天门和鄂州,其中黄冈在农业和林业方面具有产业优势,园地和林地面积具有区位优势,牧草地分布也较广;林地在咸宁的土地利用中占了很大比例,具有较强的区位意义。因此这一区域的绿色空间比例相对较高。第三圈层包括潜江和仙桃，这两个地区农业用地比重较大，经济发展相对滞后，绿色空间的比重一直维持在城市圈的平均水平之上。

根据土地利用类型相对变化率模型的结果，武汉城市圈地类的变化均处于不均匀状态，武汉市土地利用动态变化程度远远高于其他各城市，表明武汉市的土地利用最为活跃；孝感市、仙桃市、黄冈市和咸宁市土地利用水平较为接近，但明显低于武汉市；黄石市、鄂州市土地利用动态度低于上述地区，而潜江市、天门市土地利用处于较不活跃的状态。其中，耕地变化主要集中在武汉市、黄冈市和咸宁市，园地变化集中在武汉市和孝感市，交通用地变化则集中在武汉市、孝感市和咸宁市。

武汉位于长江中游地区的江汉平原上，是我国中部地区的特大城市和经济重心。同时，武汉作为长江经济带中部的中心城市，区位优势明显，京广铁路线和沪-汉-蓉铁路线在此交汇，再有"黄金水道"长江内河航运作支撑，它的发展将带动南北、辐射东西。在过去的几年里，武汉市经济快速发展，财政收入以每年百亿的速度增加，但是，城市的建设不仅仅是经济环境的改善，还要重视自然环境的保护，促进自然环境、社会环境和经济环境的协调发展。所以，加强武汉市的生态环境保护，优化城市环境质量，大力建设"生态城市"，对于提高武汉市的可持续发展能力，营造良好的投资环境，促进全市社会、经济更好地发展具有重大的战略意义和现实意义；同时，对保持区域内生态系统的平衡与和谐，以及长江中游和华中地区的发展也有重要意义。

武汉地区旱涝灾害频繁，同时武汉钢铁、化工等重工业发达，环境污染比较严重，城市过大还造成了管理混乱、社会不安全因素增多、社会经济发展和环保科研水平与生态环境保护的需求不适应，这些都对城市的生态安全和可持续发展造成威胁。城市既要有产业发达、生态高效的经济环境，又要有营造生态健康、景观适宜的自然环境和体制高效、发展和谐的社会环境。所以，建设"生态城市"将是一项长期、复杂而艰巨的任务。

# 1.4 武汉城市群调查与评价范围

中国科学院遥感与数字地球研究所承担了全国生态环境十年变化（2000～2010年）遥感调查与评估项目中"武汉城市群生态环境十年变化遥感调查与评估课题"，本书在该课题研究成果基础上整理完成。

本书利用不同时相、不同尺度的遥感、土地利用、统计资料、环境监测等数据与技术手段，从自然条件、社会经济与资源、城市扩张、生态质量、环境质量5个方面选择调查指标，构建武汉城市群和中心城市武汉市十年生态环境状况评价指标体系，分析评估武汉城市群生和重点城市武汉市态环境的变化。在区域尺度上阐明森林、农田、草地、湿地、城镇等生态系统三十年的变化；在城市尺度上根据城市生态系统的组成和特点，分析武汉市近十年生态系统与环境质量状况，阐明城市生态系统内部结构与格局的变化及其与生态环境质量的关系。本书旨在明确武汉城市群生态系统格局与环境质量的变化，评价武汉城市群的生态环境综合质量、评估城市化的生态环境效应，提出城市化生态环境问题及对策，为促进城市社会经济发展、提高城市人居环境质量和增强城市生态系统服务功能提供数据支撑。

本书涵盖的调查与评价范围主要以武汉城市群、中心城市武汉市建成区为重点调查与评估对象。武汉城市群遥感调查与评估具体范围界定群内 9 个城市，即武汉、黄石、鄂州、黄冈、孝感、咸宁、仙桃、天门、潜江，如表 1-1 和图 1-2 所示；重点城市武汉市遥感调查与评估范围为江岸区、江汉区、硚口区、汉阳区、武昌区、洪山区、青山区 7 个主城区及周边的蔡甸区、东西湖区、江夏区等扩展的建成区，主要评估范围为武汉市外环内区域（图 1-3）。

表 1-1    武汉城市群范围

| 城市 | 范围 |
| --- | --- |
| 武汉 | 武汉市市辖区 |
| 黄石 | 黄石市市辖区、大冶市、阳新县 |
| 咸宁 | 咸宁市市辖区、赤壁市、嘉鱼县、通城县、崇阳县、通山县 |
| 黄冈 | 黄冈市市辖区、麻城市、武穴市、团风县、红安县、罗田县、英山县、浠水县、蕲春县、黄梅县 |
| 孝感 | 孝感市市辖区、应城市、安陆市、汉川市、孝昌县、大悟县、云梦县 |
| 鄂州 | 鄂州市市辖区 |
| 仙桃 | 仙桃市市辖区 |
| 天门 | 天门市市辖区 |
| 潜江 | 潜江市市辖区 |

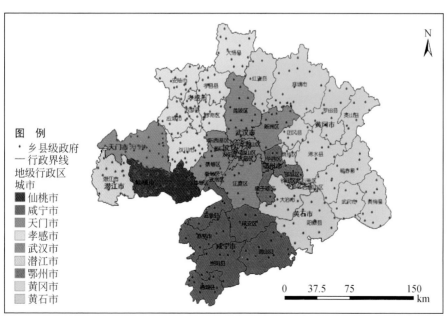

图 1-2    武汉城市群调查与评价范围

图 1-3　重点城市武汉市调查及评价范围

# 第 2 章  调查评估数据收集与处理

## 2.1  遥 感 数 据

本书收集的遥感数据主要包括三类：中分辨率卫星遥感影像（Landsat 系列）、高分辨率遥感影像（SPOT-2/4 分辨率 10m，SPOT-5 分辨率 2.5m）以及 MODIS 地表温度产品数据。一方面，用于核实和修正全国生态系统分类以及地表参数反演结果；另一方面，高分数据用于武汉市建城区的生态系统类型和地表参数提取。

### 2.1.1  中分辨率卫星遥感影像

中分辨率卫星遥感影像包括 20 世纪 80 年代、90 年代两个时相，范围覆盖武汉城市群。其中，80 年代为 Landsat MSS 数据，90 年代为 Landsat TM 数据，如表 2-1 所示。

表 2-1  武汉城市群 Landsat 系列数据产品信息表

| 产品类型 | 年代 | 时间 | 轨道号 | 级别 | 分辨率 |
|---|---|---|---|---|---|
| TM | | 19941024 | 122/038 | L4 | 30m |
| TM | | 19921018 | 122/039 | L4 | 30m |
| TM | | 19921018 | 122/040 | L4 | 30m |
| TM | 20 世纪 90 | 19930926 | 123/038 | L4 | 30m |
| TM | | 19910719 | 123/039 | L4 | 30m |
| TM | | 19931012 | 123/040 | L4 | 30m |
| TM | | 19920728 | 124/039 | L4 | 30m |
| MSS | | 19790615 | 131/038 | L4 | 78m |
| MSS | | 19790615 | 131/039 | L4 | 78m |
| MSS | | 19791020 | 132/038 | L4 | 78m |
| MSS | 20 世纪 80 | 19781016 | 132/039 | L4 | 78m |
| MSS | | 19791107 | 132/040 | L4 | 78m |
| MSS | | 19781017 | 133/038 | L4 | 78m |
| MSS | | 19780902 | 133/039 | L4 | 78m |

## 2.1.2 高分辨率卫星遥感影像

高分辨率遥感影像，包括 2000 年、2005 年和 2010 年三个时相，范围覆盖武汉市建成区。其中 2000 年为 SPOT-2 数据，2005 年和 2010 年为 SPOT-5 数据，如表 2-2 所示。

表 2-2　武汉市 SPOT 数据产品信息表

| 产品类型 | 年份 | 时间 | 编号 | 级别 | 分辨率 |
|---|---|---|---|---|---|
| SPOT-5 全色 | 2010 | 20100802 | S120223012229298 | SPOT5 2A | 2.5m |
| SPOT-5 多光谱 | | 20100802 | S120223012141868 | SPOT5 2A | 10m |
| SPOT-5 全色 | 2005 | 20050426 | S060823054655501 | SPOT5 1A | 2.5m |
| SPOT-5 多光谱 | | 20050426 | SD2013703672-0_ 01 | SPOT5 1A | 10m |
| SPOT-5 全色 | | 20050506 | SD2013703628-0_ 01 | SPOT5 2A | 2.5m |
| SPOT-5 多光谱 | | 20050506 | SD2013703627-0_ 01 | SPOT5 2A | 10m |
| SPOT-2 全色 | 2000 | 20000722 | SD2012702719-0 | SPOT-2 Level 1 | 10m |

## 2.1.3 MODIS 地表温度产品数据

MODIS 地表温度产品数据，包括 2000 年、2005 年和 2010 年三个时相，范围覆盖武汉城市群，主要用于分析城市温度分布、热岛强度及分布。每个年代选取同年 6 月、7 月、8 月三个月份的平均数据（12 期 8 天产品），每期需要 5 景（h26v05、h27v05、h27v06、h28v05、h28v06）覆盖武汉城市群范围，三个年度合计 180 景，如表 2-3 所示。

表 2-3　武汉城市群 MODIS 地表温度产品信息表

| 产品类型 | 年份 | 时间 | 级别 | 分辨率 | 小计 |
|---|---|---|---|---|---|
| MOD11A2 | | 20110602 | Level 3 | 1km | 5 景 |
| MOD11A2 | | 20110610 | Level 3 | 1km | 5 景 |
| MOD11A2 | | 20110618 | Level 3 | 1km | 5 景 |
| MOD11A2 | | 20110626 | Level 3 | 1km | 5 景 |
| MOD11A2 | | 20110704 | Level 3 | 1km | 5 景 |
| MOD11A2 | 2011 | 20110712 | Level 3 | 1km | 5 景 |
| MOD11A2 | | 20110720 | Level 3 | 1km | 5 景 |
| MOD11A2 | | 20110728 | Level 3 | 1km | 5 景 |
| MOD11A2 | | 20110805 | Level 3 | 1km | 5 景 |
| MOD11A2 | | 20110813 | Level 3 | 1km | 5 景 |
| MOD11A2 | | 20110821 | Level 3 | 1km | 5 景 |
| MOD11A2 | | 20110829 | Level 3 | 1km | 5 景 |

续表

| 产品类型 | 年份 | 时间 | 级别 | 分辨率 | 小计 |
|---|---|---|---|---|---|
| MOD11A2 | | 20050602 | Level 3 | 1km | 5 景 |
| MOD11A2 | | 20050610 | Level 3 | 1km | 5 景 |
| MOD11A2 | | 20050618 | Level 3 | 1km | 5 景 |
| MOD11A2 | | 20050626 | Level 3 | 1km | 5 景 |
| MOD11A2 | | 20050704 | Level 3 | 1km | 5 景 |
| MOD11A2 | 2005 | 20050712 | Level 3 | 1km | 5 景 |
| MOD11A2 | | 20050720 | Level 3 | 1km | 5 景 |
| MOD11A2 | | 20050728 | Level 3 | 1km | 5 景 |
| MOD11A2 | | 20050805 | Level 3 | 1km | 5 景 |
| MOD11A2 | | 20050813 | Level 3 | 1km | 5 景 |
| MOD11A2 | | 20050821 | Level 3 | 1km | 5 景 |
| MOD11A2 | | 20050829 | Level 3 | 1km | 5 景 |
| MOD11A2 | | 20000602 | Level 3 | 1km | 5 景 |
| MOD11A2 | | 20000610 | Level 3 | 1km | 5 景 |
| MOD11A2 | | 20000618 | Level 3 | 1km | 5 景 |
| MOD11A2 | | 20000626 | Level 3 | 1km | 5 景 |
| MOD11A2 | | 20000704 | Level 3 | 1km | 5 景 |
| MOD11A2 | 2000 | 20000712 | Level 3 | 1km | 5 景 |
| MOD11A2 | | 20000720 | Level 3 | 1km | 5 景 |
| MOD11A2 | | 20000728 | Level 3 | 1km | 5 景 |
| MOD11A2 | | 20000805 | Level 3 | 1km | 5 景 |
| MOD11A2 | | 20000813 | Level 3 | 1km | 5 景 |
| MOD11A2 | | 20000821 | Level 3 | 1km | 5 景 |
| MOD11A2 | | 20000829 | Level 3 | 1km | 5 景 |

注：8 天地表温度产品，每期数据包含 5 个 Tile，分别为 h26v05、h27v05、h27v06、h28v05、h28v06

## 2.1.4 遥感影像预处理

首先需要对收集到的遥感数据进行预处理，主要包括影像的正射校正、融合以及重投影、镶嵌、裁剪等。其中，投影及坐标系信息如下：

1）平面坐标系，采用国家 2000 坐标系。

2）投影方式，全国采用 Albers 投影，中央经线为 110°，原点纬度为 10°，双标准纬线为北纬 25°和北纬 47°；单景影像采用高斯–克里格投影，分辨率高于和等于 1 米的影像采用 3°分带方式，分辨率低于 1m 的影像采用 6°分带方式。

3）高程基准，1985 年国家高程基准。

对于中分辨率的 MSS、TM、ETM+数据，收集到的影像已经经过了正射校正，预处理主要包括镶嵌和裁剪；对于高分辨率的 SPOT 数据，收集到的影像是未经过正射校正的，因此首先需要对影像进行正射校正。此外，为了充分利用影像的空间分辨率及光谱信息，还需要对全色影像和多光谱影像进行融合。其正射校正、融合流程如图 2-1 所示。

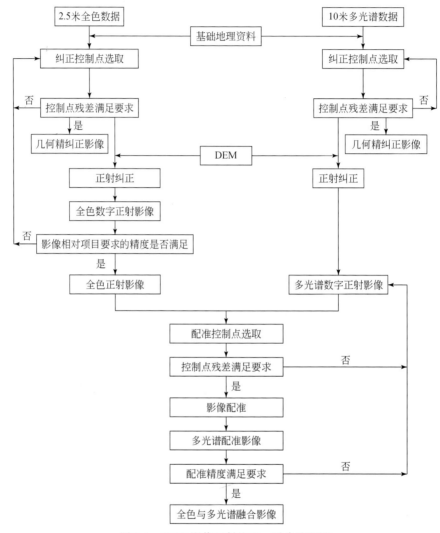

图 2-1 SPOT 影像正射校正、融合流程图

## 2.1.5 遥感影像分类和变化检测

（1）影像分类标准

土地覆被分类系统分为两级：一级为 IPCC 土地覆被类型；二级基于碳收支的 LCCS土地覆被类型。

土地覆被图例系统中，一级为 6 类，对应 IPCC 定义的 6 类，二级类型由联合国粮食及农业组织（FAO）的土地覆被分类系统（LCCS）进行定义，共 38 类，具有统一的数据代码，便于政府间、国际组织的数据交换与对比分析，反映通用的土地覆被特征（表 2-4）。

表 2-4 全国土地覆被 I、II 级分类系统

| 序号 | I 级分类 | 代码 | II 级分类 | 指标 |
|---|---|---|---|---|
| 1 | 林地 | 101 | 常绿阔叶林 | 自然或半自然植被，$H=3\sim30\text{m}$，$C>20\%$，不落叶，阔叶 |
| | | 102 | 落叶阔叶林 | 自然或半自然植被，$H=3\sim30\text{m}$，$C>20\%$，落叶，阔叶 |
| | | 103 | 常绿针叶林 | 自然或半自然植被，$H=3\sim30\text{m}$，$C>20\%$，不落叶，针叶 |
| | | 104 | 落叶针叶林 | 自然或半自然植被，$H=3\sim30\text{m}$，$C>20\%$，落叶，针叶 |
| | | 105 | 针阔混交林 | 自然或半自然植被，$H=3\sim30\text{m}$，$C>20\%$，$25\%<F<75\%$ |
| | | 106 | 常绿阔叶灌木林 | 自然或半自然植被，$H=0.3\sim5\text{m}$，$C>20\%$，不落叶，阔叶 |
| | | 107 | 落叶阔叶灌木林 | 自然或半自然植被，$H=0.3\sim5\text{m}$，$C>20\%$，落叶，阔叶 |
| | | 108 | 常绿针叶灌木林 | 自然或半自然植被，$H=0.3\sim5\text{m}$，$C>20\%$，不落叶，针叶 |
| | | 109 | 乔木园地 | 人工植被，$H=3\sim30\text{m}$，$C>20\%$ |
| | | 110 | 灌木园地 | 人工植被，$H=0.3\sim5\text{m}$，$C>20\%$ |
| | | 111 | 乔木绿地 | 人工植被，人工表面周围，$H=3\sim30\text{m}$，$C>20\%$ |
| | | 112 | 灌木绿地 | 人工植被，人工表面周围，$H=0.3\sim5\text{m}$，$C>20\%$ |
| 2 | 草地 | 21 | 草甸 | 自然或半自然植被，$K>1.5$，土壤水饱和，$H=0.03\sim3\text{m}$，$C>20\%$ |
| | | 22 | 草原 | 自然或半自然植被，$K=0.9\sim1.5$，$H=0.03\sim3\text{m}$，$C>20\%$ |
| | | 23 | 草丛 | 自然或半自然植被，$K>1.5$，$H=0.03\sim3\text{m}$，$C>20\%$ |
| | | 24 | 草本绿地 | 人工植被，人工表面周围，$H=0.03\sim3\text{m}$，$C>20\%$ |
| 3 | 湿地 | 31 | 森林湿地 | 自然或半自然植被，$T>2\text{month}$ 或湿土，$H=3\sim30\text{m}$，$C>20\%$ |
| | | 32 | 灌丛湿地 | 自然或半自然植被，$T>2\text{month}$ 或湿土，$H=0.3\sim5\text{m}$，$C>20\%$ |
| | | 33 | 草本湿地 | 自然或半自然植被，$T>2\text{month}$ 或湿土，$H=0.03\sim3\text{m}$，$C>20\%$ |
| | | 34 | 湖泊 | 自然水面，静止 |
| | | 35 | 水库/坑塘 | 人工水面，静止 |
| | | 36 | 河流 | 自然水面，流动 |
| | | 37 | 运河/水渠 | 人工水面，流动 |
| 4 | 耕地 | 41 | 水田 | 人工植被，土地扰动，水生作物，收割过程 |
| | | 42 | 旱地 | 人工植被，土地扰动，旱生作物，收割过程 |
| 5 | 人工表面 | 51 | 居住地 | 人工硬表面，居住建筑 |
| | | 52 | 工业用地 | 人工硬表面，生产建筑 |
| | | 53 | 交通用地 | 人工硬表面，线状特征 |
| | | 54 | 采矿场 | 人工挖掘表面 |

| 序号 | Ⅰ级分类 | 代码 | Ⅱ级分类 | 指标 |
|------|---------|------|---------|------|
| 6 | 其他 | 61 | 稀疏林 | 自然或半自然植被，$H=3\sim30m$，$C=4\%\sim20\%$ |
| | | 62 | 稀疏灌木林 | 自然或半自然植被，$H=0.3\sim5m$，$C=4\%\sim20\%$ |
| | | 63 | 稀疏草地 | 自然或半自然植被，$H=0.03\sim3m$，$C=4\%\sim20\%$ |
| | | 64 | 苔藓/地衣 | 自然，微生物覆盖 |
| | | 65 | 裸岩 | 自然，坚硬表面 |
| | | 66 | 裸土 | 自然，松散表面，壤质 |
| | | 67 | 沙漠/沙地 | 自然，松散表面，沙质 |
| | | 68 | 盐碱地 | 自然，松散表面，高盐分 |
| | | 69 | 冰川/永久积雪 | 自然，水的固态 |

注：$C$ 为覆盖度 \ 郁闭度（%）；$F$ 为针阔比率（%）；$H$ 为植被高度（米）；$T$ 为水一年覆盖时间（月）；$K$ 为湿润指数

（2）生态系统类型

武汉城市群的Ⅰ级生态系统类别对应表 2-4 的 6 种土地覆盖类型，包括林地、草地、耕地、湿地、人工表面和其他。

重点城市武汉市建成区的生态系统类别首先分为不透水地面和透水地面 2 个一级类型。透水地面进一步分为植被、裸地和水体 3 个二级类型。植被包括林地、草地以及耕地。水体包括湿地的所有二级类型。裸地归类为未利用地，是指表层为土质，基本无植被覆盖的土地；或表层为岩石、石砾，其覆盖面积≥70% 的土地。不透水地面包括人工表面的所有二级类型。

（3）影像分类与变化检测

武汉城市群（中分辨率）及武汉市（高分辨率）土地覆盖的分类和变化检测采用基于回溯（backdate）的土地覆盖变化检测和土地覆盖分类方法，具体如下：

1）城市群尺度。对于武汉城市群 2000 年、2005 年和 2010 年的中分辨率土地覆盖的分类结果，使用全国生态环境十年变化（2000~2010 年）遥感调查与评估项目的统一数据。对于武汉城市群 20 世纪 80 年代和 90 年代的中分辨率影像，以 2000 年的土地分类结果为基准图（basemap），通过回溯的方法分别获取 80 年代和 90 年代的土地覆盖分类结果。将分类结果按照城市群生态系统类别进行归并，并分析 80 年代、90 年代、2000 年、2005 年和 2010 年武汉城市群各生态系统类型的面积、比例、分布，及其在各个时期的变化情况。不同年份间城市群生态系统类型的变化将用生态系统类型转移矩阵方法进行分析。

2）重点城市尺度。对于武汉市建成区 2000 年和 2005 年的高分辨率影像，以 2010 年为基准年，首先采用基于对象的图像分析方法生成高精度的 2010 年的土地覆盖分类图，然后以 2010 年土地分类结果为基准图（basemap），通过回溯的方法分别获取 2000 年和 2005 年的土地覆盖分类结果，并分析 2000 年、2005 年和 2010 年武汉市建成区各生态系统类型的面积、比例、分布，及其变化情况。不同年份间建成区生态系统类型的变化将采用生态系统类型转移矩阵方法进行分析。

（4）遥感影像分类精度评价

使用 Erdas Image，对武汉市三期分类结果分别选取一定数量的检查点，结合野外调查情况及 Google Earth 进行精度评价，各年度生态类型的总体分类精度均在 88% 以上，详见表 2-5。

**表 2-5　2000 年、2005 年、2010 年、2014 年武汉市土地覆盖分类精度表**

| 年份 | 生产者精度/% | | | | 用户精度/% | | | | 总体精度/% | Kapaa 系数 |
|---|---|---|---|---|---|---|---|---|---|---|
| | 植被 | 裸地 | 水体 | 不透水地面 | 植被 | 裸地 | 水体 | 不透水地面 | | |
| 2000 | 99.47 | 94.44 | 84.96 | 84.81 | 87.91 | 85.00 | 98.97 | 98.53 | 92.25 | 0.88 |
| 2005 | 91.15 | 92.59 | 84.88 | 86.32 | 91.62 | 80.65 | 91.62 | 85.42 | 88.75 | 0.83 |
| 2010 | 92.21 | 92.86 | 97.14 | 96.97 | 96.60 | 90.70 | 100 | 88.89 | 94.75 | 0.93 |
| 2014 | 96.88 | 93.46 | 96.54 | 96.78 | 95.16 | 90.56 | 98.78 | 92.56 | 94.55 | 0.91 |

## 2.2　社会经济数据

武汉市以及城市群的社会经济数据大多来源于各市的统计年鉴以及湖北省统计年鉴，相关评价指标均由表 2-6 所示数据计算得出。

**表 2-6　武汉城市群社会经济数据收集**

| 城市 | 数据类别 | 数据指标 | 数据源 | 获取年份 |
|---|---|---|---|---|
| 武汉市 | 国土 | 行政区国土面积/km² | 《湖北统计年鉴》 | 2000～2010 |
| | 人口 | 总人口数/万人 | 《湖北统计年鉴》 | 2000～2010 |
| | | 城镇人口数/万人 | 《湖北统计年鉴》 | 2000～2010 |
| | GDP | 国内生产总值/亿元 | 《湖北统计年鉴》 | 2000～2010 |
| | | 分产业产值/亿元 | 《湖北统计年鉴》 | 2000～2010 |
| | 能源消费 | 能源消费折标准煤/万 t | 《湖北统计年鉴》 | 2000～2010 |
| | 用水 | 供水总量/万 t | 《武汉统计年鉴》 | 2000～2010 |
| 黄石市 | 国土 | 行政区国土面积/km² | 《湖北统计年鉴》 | 2000～2010 |
| | 人口 | 总人口数/万人 | 《湖北统计年鉴》 | 2000～2010 |
| | | 城镇人口数/万人 | 《湖北统计年鉴》 | 2000～2010 |
| | GDP | 国内生产总值/亿元 | 《湖北统计年鉴》 | 2000～2010 |
| | | 分产业产值/亿元 | 《湖北统计年鉴》 | 2000～2010 |
| | 能源消费 | 能源消费折标准煤/万 t | 《黄石年鉴》 | 2000～2009 |

| 城市 | 数据类别 | 数据指标 | 数据源 | 获取年份 |
|------|---------|---------|--------|---------|
| 孝感市 | 国土 | 行政区国土面积/km² | 《湖北统计年鉴》 | 2000~2010 |
| | 人口 | 总人口数/万人 | 《湖北统计年鉴》 | 2000~2010 |
| | | 城镇人口数/万人 | 《湖北统计年鉴》 | 2000~2010 |
| | GDP | 国内生产总值/亿元 | 《湖北统计年鉴》 | 2000~2010 |
| | | 分产业产值/亿元 | 《湖北统计年鉴》 | 2000~2010 |
| | 能源消费 | 能源消费折标准煤/万 t | 《湖北统计年鉴》 | 2000~2001 |
| 鄂州市 | 国土 | 行政区国土面积/km² | 《湖北统计年鉴》 | 2000~2010 |
| | 人口 | 总人口数/万人 | 《湖北统计年鉴》 | 2000~2010 |
| | | 城镇人口数/万人 | 《湖北统计年鉴》 | 2000~2010 |
| | GDP | 国内生产总值/亿元 | 《湖北统计年鉴》 | 2000~2010 |
| | | 分产业产值/亿元 | 《湖北统计年鉴》 | 2000~2010 |
| | 能源消费 | 能源消费折标准煤/万 t | 《湖北统计年鉴》 | 2000~2001 |
| 黄冈市 | 国土 | 行政区国土面积/km² | 《湖北统计年鉴》 | 2000~2010 |
| | 人口 | 总人口数/万人 | 《湖北统计年鉴》 | 2000~2010 |
| | | 城镇人口数/万人 | 《湖北统计年鉴》 | 2000~2010 |
| | GDP | 国内生产总值/亿元 | 《湖北统计年鉴》 | 2000~2010 |
| | | 分产业产值/亿元 | 《湖北统计年鉴》 | 2000~2010 |
| | 能源消费 | 能源消费折标准煤/万 t | 《湖北统计年鉴》 | 2000~2001 |
| 咸宁市 | 国土 | 行政区国土面积/km² | 《湖北统计年鉴》 | 2000~2010 |
| | 人口 | 总人口数/万人 | 《湖北统计年鉴》 | 2000~2010 |
| | | 城镇人口数/万人 | 《湖北统计年鉴》 | 2000~2010 |
| | GDP | 国内生产总值/亿元 | 《湖北统计年鉴》 | 2000~2010 |
| | | 分产业产值/亿元 | 《湖北统计年鉴》 | 2000~2010 |
| | 能源消费 | 能源消费折标准煤/万 t | 《湖北统计年鉴》 | 2000~2001 |
| 潜江市 | 国土 | 行政区国土面积/km² | 《湖北统计年鉴》 | 2000~2010 |
| | 人口 | 总人口数/万人 | 《湖北统计年鉴》 | 2000~2010 |
| | | 城镇人口数/万人 | 《湖北统计年鉴》 | 2000~2010 |
| | GDP | 国内生产总值/亿元 | 《湖北统计年鉴》 | 2000~2010 |
| | | 分产业产值/亿元 | 《湖北统计年鉴》 | 2000~2010 |
| | 能源消费 | 能源消费折标准煤/万 t | 《湖北统计年鉴》 | 2000~2001 |
| 仙桃市 | 国土 | 行政区国土面积/km² | 《湖北统计年鉴》 | 2000~2010 |
| | 人口 | 总人口数/万人 | 《湖北统计年鉴》 | 2000~2010 |
| | | 城镇人口数/万人 | 《湖北统计年鉴》 | 2000~2010 |
| | GDP | 国内生产总值/亿元 | 《湖北统计年鉴》 | 2000~2010 |
| | | 分产业产值/亿元 | 《湖北统计年鉴》 | 2000~2010 |
| | 能源消费 | 能源消费折标准煤/万 t | 《湖北统计年鉴》 | 2000~2001 |

续表

| 城市 | 数据类别 | 数据指标 | 数据源 | 获取年份 |
|------|---------|---------|--------|---------|
| 天门市 | 国土 | 行政区国土面积/km² | 《湖北统计年鉴》 | 2000~2010 |
| | 人口 | 总人口数/万人 | 《湖北统计年鉴》 | 2000~2010 |
| | | 城镇人口数/万人 | 《湖北统计年鉴》 | 2000~2010 |
| | GDP | 国内生产总值/亿元 | 《湖北统计年鉴》 | 2000~2010 |
| | | 分产业产值/亿元 | 《湖北统计年鉴》 | 2000~2010 |
| | 能源消费 | 能源消费折标准煤/万t | 《湖北统计年鉴》 | 2000~2001 |

## 2.3 环境监测与统计数据

武汉市以及城市群的环境监测数据大多来源于环境统计年鉴、湖北省环境状况公报以及中国经济社会发展统计数据库。相关环境评价指标均由表2-7所示数据计算得出。

表 2-7 武汉市城市群环境监测与统计数据收集

| 城市 | 数据类别 | 数据指标 | 数据源 | 获取年份 |
|------|---------|---------|--------|---------|
| 武汉市 | 河流湖泊 | 河流监测断面水质与级别 | 《中国环境统计年鉴》《湖北省环境状况公报》 | 2002~2010 |
| | | 湖泊水质 | 《中国环境统计年鉴》《湖北省环境状况公报》 | 2003~2010 |
| | 空气 | 监测站点主要空气污染物浓度：$SO_2$ 浓度/（mg/m³） | 《中国经济社会发展统计数据库》 | 2004~2010 |
| | | $NO_2$ 浓度/（mg/m³） | 《中国经济社会发展统计数据库》 | 2004~2010 |
| | | PM10 浓度/（mg/m³） | 《中国经济社会发展统计数据库》 | 2004~2010 |
| | | 空气质量达标情况/% | 《湖北省环境状况公报》 | 2002~2010 |
| | 酸雨 | 酸雨年发生频率/% | 《湖北省环境状况公报》 | 2002~2010 |
| | | 年均降雨pH | 《湖北省环境状况公报》 | 2002~2010 |
| | 废水 | 工业废水排放量/万t | 《中国经济社会发展统计数据库》 | 2000~2010 |
| | | 工业废水中COD排放量/t | 《中国经济社会发展统计数据库》 | 2005~2010 |
| | | 工业废水中氨氮排放量/t | 《中国经济社会发展统计数据库》 | 2005~2010 |
| | 废气 | 工业烟尘排放量/t | 《中国经济社会发展统计数据库》 | 2000~2010 |
| | | 工业粉尘排放量/t | 《中国经济社会发展统计数据库》 | 2000~2010 |
| | | 工业 $SO_2$ 排放量/t | 《中国经济社会发展统计数据库》 | 2000~2010 |
| | 废物 | 工业固体废弃物产生量/万t | 《中国经济社会发展统计数据库》 | 2000~2010 |
| 黄石市 | 河流湖泊 | 河流监测断面水质与级别 | 《中国环境统计年鉴》《湖北省环境状况公报》 | 2002~2010 |
| | | 湖泊水质 | 《中国环境统计年鉴》《湖北省环境状况公报》 | 2005~2010 |

| 城市 | 数据类别 | 数据指标 | 数据源 | 获取年份 |
|---|---|---|---|---|
| 黄石市 | 空气 | 空气质量达标情况/% | 《湖北省环境状况公报》 | 2002~2010 |
| | 酸雨 | 酸雨年发生频率/% | 《湖北省环境状况公报》 | 2002~2010 |
| | | 年均降雨 pH | 《湖北省环境状况公报》 | 2002~2010 |
| | 废气 | 工业烟尘排放量/t | 《中国经济社会发展统计数据库》 | 2000~2010 |
| | | 工业粉尘排放量/t | 《中国经济社会发展统计数据库》 | 2000~2009 |
| | | 工业 $SO_2$ 排放量/t | 《中国经济社会发展统计数据库》 | 2000~2010 |
| 孝感市 | 河流湖泊 | 河流监测断面水质与级别 | 《中国环境统计年鉴》《湖北省环境状况公报》 | 2002~2010 |
| | | 湖泊水质 | 《中国环境统计年鉴》《湖北省环境状况公报》 | 2006，2008 |
| | 空气 | 空气质量达标情况/% | 《湖北省环境状况公报》 | 2002~2010 |
| | 废气 | 工业烟尘排放量/t | 《中国经济社会发展统计数据库》 | 2003~2010 |
| | | 工业 $SO_2$ 排放量/t | 《中国经济社会发展统计数据库》 | 2000~2010 |
| 鄂州市 | 河流湖泊 | 河流监测断面水质与级别 | 《中国环境统计年鉴》《湖北省环境状况公报》 | 2002~2010 |
| | | 湖泊水质 | 《中国环境统计年鉴》《湖北省环境状况公报》 | 2003~2010 |
| | 空气 | 空气质量达标情况/% | 《湖北省环境状况公报》 | 2002~2010 |
| | 酸雨 | 酸雨年发生频率/% | 《湖北省环境状况公报》 | 2002~2010 |
| | | 年均降雨 pH | 《湖北省环境状况公报》 | 2002~2010 |
| | 废气 | 工业粉尘排放量/t | 《中国经济社会发展统计数据库》 | 2000~2007 |
| | | 工业 $SO_2$ 排放量/t | 《中国经济社会发展统计数据库》 | 2000~2010 |
| 黄冈市 | 河流湖泊 | 河流监测断面水质与级别 | 《中国环境统计年鉴》《湖北省环境状况公报》 | 2003，2005~2010 |
| | | 湖泊水质 | 《中国环境统计年鉴》《湖北省环境状况公报》 | 2004~2010 |
| | 空气 | 空气质量达标情况/% | 《湖北省环境状况公报》 | 2002~2010 |
| | 酸雨 | 酸雨年发生频率/% | 《湖北省环境状况公报》 | 2003~2010 |
| | | 年均降雨 pH | 《湖北省环境状况公报》 | 2003~2010 |
| | 废气 | 工业烟尘排放量/t | 《中国经济社会发展统计数据库》 | 2003~2010 |
| | | 工业 $SO_2$ 排放量/t | 《中国经济社会发展统计数据库》 | 2000~2010 |
| 咸宁市 | 河流湖泊 | 河流监测断面水质与级别 | 《中国环境统计年鉴》《湖北省环境状况公报》 | 2002~2010 |
| | | 湖泊水质 | 《中国环境统计年鉴》《湖北省环境状况公报》 | 2003~2010 |

续表

| 城市 | 数据类别 | 数据指标 | 数据源 | 获取年份 |
|---|---|---|---|---|
| 咸宁市 | 空气 | 空气质量达标情况/% | 《湖北省环境状况公报》 | 2002~2010 |
| | 酸雨 | 酸雨年发生频率/% | 《湖北省环境状况公报》 | 2002~2010 |
| | | 年均降雨 pH | 《湖北省环境状况公报》 | 2002~2010 |
| | 废气 | 工业烟尘排放量/t | 《中国经济社会发展统计数据库》 | 2003~2010 |
| | | 工业 $SO_2$ 排放量/t | 《中国经济社会发展统计数据库》 | 2000~2010 |
| 潜江市 | 河流湖泊 | 河流监测断面水质与级别 | 《中国环境统计年鉴》《湖北省环境状况公报》 | 2002~2010 |
| | 空气 | 空气质量达标情况/% | 《湖北省环境状况公报》 | 2002~2010 |
| 仙桃市 | 河流湖泊 | 河流监测断面水质与级别 | 《中国环境统计年鉴》《湖北省环境状况公报》 | 2002~2010 |
| | 空气 | 空气质量达标情况/% | 《湖北省环境状况公报》 | 2002~2010 |
| 天门市 | 河流湖泊 | 河流监测断面水质与级别 | 《中国环境统计年鉴》《湖北省环境状况公报》 | 2002~2010 |
| | 空气 | 空气质量达标情况/% | 《湖北省环境状况公报》 | 2002~2010 |

# 2.4 其他数据

本书还收集了武汉城市群及武汉市的 DEM 数据，其中武汉城市群使用的是 SRTM DEM 数据，空间分辨率为 90m。武汉市所使用的是 ASTER GDEM2 数据，空间分辨率为 30m。

此外，还收集了武汉城市群行政区划、道路、水网等基础地理数据。

# 第3章 遥感数据处理与信息提取

高分辨率遥感数据主要用来提取重点城镇（主要是武汉市外环线所包围的区域，具体包括武昌区、青山区、江岸区、江汉区、硚口区、汉阳区、洪山区7个主城区以及包含在外环线内的蔡甸区、东西湖区、江夏区、黄陂区、新洲区的部分区域）土地覆被变化信息。在进行遥感解译之前，需要对其进行预处理，主要包括正射校正、融合，而在解译之后，还需要对其进行处理，从而最终提取重点城镇土地覆被信息。

## 3.1 卫星遥感数据介绍

为提取重点城市土地覆被信息，我们收集了武汉市的中高分辨率的卫星影像，其中2000年为SPOT 2全色10m分辨率数据，时相为7月份，同时辅以2000年Landsat 7 ETM+ 30m多光谱数据；2005年为SPOT 5 2.5m全色与10m多光谱数据，时相是5月份；2010年为SPOT 5 2.5m全色与10m多光谱数据，时相是8月份，另外为分析重点城市武汉市的城市扩展情况，我们还补充增加了2014年国产高分1号卫星（GF-1）和高分2号卫星（GF-2）的卫星数据，时相为7月份。

### 3.1.1 SPOT卫星

SPOT卫星是一种地球观测卫星系统，由法国空间研究中心研制，法文名为"Systeme Probatoire d'Observation de la Terre"，自1986年2月SPOT卫星1号（SPOT 1）发射以来，至今为止已发射SPOT卫星7号（SPOT 7），SPOT卫星系列影像存档超过700万幅，提供了准确、丰富、可靠、动态的地理信息源，已在制图、农业、林业、土地利用、水利、国防、环保、地质勘探等多个应用领域发挥着十分重要的作用。

SPOT系列卫星均为太阳同步轨道卫星，其轨道高度为822km，轨道倾角为98.7°，重复周期为26天。其中SPOT 2卫星是法国SPOT卫星系列的第二颗卫星，在1990年1月发射，卫星上搭载两台完全相同的高分辨率可见光传感器（HRV）；SPOT 5卫星为法国SPOT卫星系列的第五颗卫星，其于2002年5月发射，卫星上载有2台高分辨率几何成像装置（HRG）、1台高分辨率立体成像装置（HRS）、1台宽视域植被探测仪（VGT），相对于前面几颗卫星，SPOT 5卫星采用前后模式获得立体图像，对运营性能有很大改善，在数据压缩、存储和传输等方面也均有显著提高。SPOT 2和SPOT 5的波段特征如表3-1所示。

表 3-1　SPOT 2 和 SPOT 5 波段特征

| 波段名称 | 光谱范围/μm | SPOT 2 分辨率/m | SPOT 5 分辨率/m |
|---|---|---|---|
| 全色波段 | 0.49 ~ 0.69 | 10 | 2.5 |
| 绿 | 0.49 ~ 0.61 | 20 | 10 |
| 红 | 0.61 ~ 0.68 | 20 | 10 |
| 近红外 | 0.78 ~ 0.89 | 20 | 10 |
| 短波红外 | 1.58 ~ 1.78 | — | 20 |

## 3.1.2　Landsat 卫星

　　Landsat 是美国 NASA 的陆地卫星计划，自 1972 年第一颗卫星 Landsat 1 发射以来，已发射了 8 颗卫星，目前在役服务的是 Landsat 8 卫星，其主要任务是调查地下矿藏、海洋资源和地下水资源，监视和协助管理农、林、畜牧业和水利资源的合理使用，预报农作物的收成，研究自然植物的生长和地貌，考察和预报各种严重的自然灾害（如地震）和环境污染，拍摄各种目标的图像，以及绘制各种专题图（如地质图、地貌图、水文图）等。Landsat 系列卫星轨道设计为太阳同步近极地圆形轨道，各卫星参数如表 3-2 所示。

表 3-2　Landsat 系列卫星参数

| 卫星参数 | Landsat 1 | Landsat 2 | Landsat 3 | Landsat 4 | Landsat 5 | Landsat 6 | Landsat 7 | Landsat 8 |
|---|---|---|---|---|---|---|---|---|
| 发射时间 | 1972-07-23 | 1975-01-22 | 1978-03-05 | 1982-07-16 | 1984-03-01 | 1993-10-05 | 1999-04-15 | 2013-02-11 |
| 轨道高度（km） | 920 | 920 | 920 | 705 | 705 | 发射失败 | 705 | 705 |
| 轨道倾角 | 99.125° | 99.125° | 99.125° | 98.220° | 98.220° | 98.200° | 98.200° | 98.200° |
| 重复周期（d） | 18 | 18 | 18 | 16 | 16 | 16 | 16 | 16 |
| 扫幅宽度（km） | 185 | 185 | 185 | 185 | 185 | 185 | 185×170 | 170×180 |
| 波段数 | 4 | 4 | 4 | 7 | 7 | 8 | 8 | 11 |
| 机载传感器 | MSS | MSS | MSS | MSS、TM | MSS、TM | ETM+ | ETM+ | OLI、TIRS |
| 运行情况 | 1978 年退役 | 1982 年退役 | 1983 年退役 | 2001 年退役 | 即将退役 | 发射失败 | 2005 年退役 | 正常运行 |

　　美国陆地卫星 7（Landsat 7）于 1999 年 4 月发射升空，其携带的主要传感器为增强型主题成像仪（ETM+），相对于 Landsat 5 卫星，其在空间分辨率与光谱特性等方面保持了一致，但是它增加了分辨率为 15m 的全色波段（PAN 波段）；波段 6 的数据分低增益和高增益数据，分辨率从 120m 提高到 60m。Landsat 7 卫星各波段参数如表 3-3 所示。

表 3-3　Landsat 7 各波段参数

| 波段 | 波段类型 | 波长范围/μm | 分辨率/m | 主要作用 |
|---|---|---|---|---|
| Band1 | 蓝绿波段 | 0.45 ~ 0.52 | 30 | 主要用于水体穿透，分辨土壤植被 |
| Band2 | 绿色波段 | 0.52 ~ 0.60 | 30 | 主要用于分辨植被 |
| Band3 | 红色波段 | 0.63 ~ 0.69 | 30 | 处于叶绿素吸收区域，用于观测道路、裸露土壤、植被种类 |

| 波段 | 波段类型 | 波长范围/μm | 分辨率/m | 主要作用 |
|---|---|---|---|---|
| Band4 | 近红外 | 0.76~0.90 | 30 | 主要用于估算生物量 |
| Band5 | 中红外 | 1.55~1.75 | 30 | 主要用于分辨道路、裸露土壤、水 |
| Band6 | 热红外 | 10.40~12.50 | 60 | 感应发出热辐射的目标 |
| Band7 | 中红外 | 2.09~2.35 | 30 | 主要用于岩石、矿物的分辨 |
| Band8 | 全色 | 0.52~0.90 | 15 | 黑白图像，用于增强分辨率 |

## 3.1.3 高分卫星

高分卫星是对高分辨率对地观测卫星的简称，其是我国"高分专项"的重要任务之一。"高分专项"是我国16个重大专项之一，其目标在于建设基于卫星、平流层飞艇和飞机的高分辨率先进观测系统，与其他观测手段结合，形成全天候、全天时、全球覆盖的对地观测能力；同时整合并完善地面资源，建立数据与应用专项中心。"高分专项"计划到2020年，建成我国自主的陆地、大气、海洋先进对地观测系统，为现代农业、防灾减灾、资源环境、公共安全等重大领域提供服务和决策支持，确保掌握信息资源自主权，促进形成空间信息产业链。"高分专项"于2010年5月全面启动，并于2013年4月正式发射了第一颗卫星——高分1号，截至2016年9月，所发射的高分卫星有高分1号（GF-1）、高分2号（GF-2）、高分4号（GF-4）和高分8号（GF-8）、高分3号（GF-3）；而高分5号（GF-5）、高分6号（GF-6）、高分7号（GF-7）均在"高分专项"计划之内，并会在近几年得以发射。为进一步分析重点城镇城市扩展特征，我们采集了2014年的高分1号和高分2号影像。

高分1号卫星于2013年4月在酒泉卫星发射中心成功发射，其是光学成像遥感卫星，是我国高分辨率对地观测系统的第一颗卫星，作为"高分专项"的首发星，GF-1号突破了高空间分辨率、多光谱与宽覆盖相结合的光学遥感等关键技术，设计寿命5~8年，对于推动我国卫星工程水平的提升，提高我国高分辨率数据自给率，具有重大战略意义。GF-1号配置有2台2m分辨率全色/8m分辨率多光谱相机和4台16m分辨率多光谱宽幅相机，具有高、中空间分辨率对地观测和大幅宽成像结合的特点。GF-1号卫星轨道类型为太阳同步回归轨道，轨道高度为645km，倾角为98.05°，测摆时重返周期为4天，不测摆时覆盖周期为41天，其各相机光谱参数如表3-4所示。

高分2号卫星于2014年8月19日在太原卫星发射中心成功发射，并于8月21日开始下传影像数据，是我国目前分辨率最高的民用陆地观测卫星，星下点空间分辨率可达0.8m，其成功发射标志着我国遥感卫星进入了亚米级"高分时代"。高分2号的主要用户为国土资源部、住房和城乡建设部、交通运输部和国家林业局等部门，同时还将为其他用户部门和有关区域提供示范应用服务。高分2号卫星两台高分辨率1m全色、4m多光谱相机，具有亚米级空间分辨率、高定位精度和快速姿态机动能力等特点，有效地提升了卫星综合观测效能，达到了国际先进水平。与高分1号卫星一样，高分2号卫星也是光学遥感卫星，其轨道类型为太阳同步回归轨道，轨道高度为631km，倾角为97.908°，2台相机组合时幅宽为45km，测摆时重返周期为5天，不测摆时覆盖周期为69天，其相机参数如表3-5所示。

表 3-4　高分 1 号卫星相机参数

| 参数 | | 2m 分辨率全色/8m 分辨率多光谱相机 | 16m 分辨率多光谱相机 |
|---|---|---|---|
| 光谱范围/μm | 全色 | 0.45 ~ 0.90 | |
| | 蓝绿波段 | 0.45 ~ 0.52 | 0.45 ~ 0.52 |
| | 绿色波段 | 0.52 ~ 0.59 | 0.52 ~ 0.59 |
| | 红色波段 | 0.63 ~ 0.69 | 0.6 ~ 0.69 |
| | 近红外 | 0.77 ~ 0.89 | 0.77 ~ 0.89 |
| 空间分辨率/m | 全色 | 2 | 16 |
| | 多光谱 | 8 | |
| 幅宽 | | 60km（2 台相机组合） | 800km（4 台相机组合） |

表 3-5　高分 2 号卫星相机参数

| 波段名称 | 光谱范围/μm | 分辨率/m |
|---|---|---|
| 全色 | 0.45 ~ 0.90 | 1 |
| 蓝绿波段 | 0.45 ~ 0.52 | 4 |
| 绿色波段 | 0.52 ~ 0.59 | 4 |
| 红色波段 | 0.63 ~ 0.69 | 4 |
| 近红外 | 0.77 ~ 0.89 | 4 |

# 3.2　正射校正

传感器在不与目标物接触的情况下获得目标物的特征信息，从而产生描述目标物特征的遥感影像。但是遥感影像在成像过程中，受到多种因素的影响，如卫星位置和运动状态的变化、地球自转、地球表面曲率、地形起伏、大气折射以及系统本身的非线性或拍摄角度等，这些都会使得传感器接收到的像点信息相对于其原有的信息发生位移，即产生几何畸变，如果不加以消除，不仅影响影像的定位精度，也会影响影像地物信息提取的准确性，极大的阻碍遥感的应用，因此在应用遥感影像之前，必须对其进行校正，以消除或削弱影像存在的几何畸变，提高影像的定位精度和可靠性。

对遥感影像进行正射校正首先需要建立影像坐标与地面真实坐标的映射关系（即成像几何模型）。成像几何模型是对成像过程中引起几何畸变的各种因素的数学建模，根据建模原理的不同，大体可分为近似表达成像过程的经验模型以及尽可能恢复成像物理过程的严格模型。其中，常用的经验模型有仿射变换模型、直接线性变换模型及更通用的多项式模型、有理函数模型（也称为 RPC 模型）等。

严格成像模型是根据传感器参数及成像状态参数建立的，具有明确的物理意义，精度较高，但该模型复杂、通用性差、处理效率较低。同时很多高性能遥感卫星的传感器信息参数不对用户公开，为确保卫星核心技术参数不被泄露，部分遥感卫星影像已经过初步几何校正和重采样，影像成像时的严密几何关系被破坏，无法建立真实的物理模型，使得严密成像模型无法应用。另外影像的各外方位元素之间往往存在着极强的相关性，导致解算外方位元素的误差方程严重病态或系数矩阵奇异，从而影响外方位元素的解算，这也是严密成像模型的局限性之一。

多项式模型是一种纯数学模型，模型的各系数不反映几何畸变的来源，因此不需要遥感影像获取系统（遥感平台、传感器、地球弯曲和地图投影）的知识。同时多项式模型的基本原理回避了遥感成像的空间几何过程而直接对影像变形的本身进行数学模拟，因而具有形式简单、处理速度快等优点；但是，多项式模型必须通过大量地面控制点来拟合。一般情况下控制点的数量越多，精度越高。同时在计算多项式的系数时，控制点处可以得到很好的拟合效果，但是在控制点之间的插值点处就容易产生抖动，影响几何校正效果。另外应用多项式模型无法纠正地形引起的位移，对于地面特征不明显或者人员无法到达的偏远地区，该模型的精度将受到极大的影响。

有理函数模型是近年来应用最为广泛的一种卫星影像成像几何模型。有理函数模型是多项式模型的扩展，其不需要内外方位元素，直接建立起像点与空间坐标之间的关系，回避了成像的几何过程。有理函数模型能实现传感器参数的隐藏，保护了卫星的核心参数不被泄露，其实质就是利用大量控制点，运用有理多项式函数的形式来拟合严格成像关系。采用地形无关的方案求解有理函数系数，可以得到与严格成像模型相媲美的几何精度。有理函数模型具有模型通用、形式简单、与具体的传感器无关、计算精度高和处理速度较快等特点，可以广泛应用于影像校正的处理过程中，与严密成像模型相比较，有理函数模型适用于各类传感器，具有广泛的通用性，许多卫星影像供应商在确保卫星核心参数信息不被泄露的情况下，通常将有理函数模型参数提供给用户。

就目前的星载测定系统精度水平而言，虽然定位精度已达到分米级水平，但姿态数据的精度仍未达到直接用于测图的水平，造成直接定位精度有限（龚健雅，2007）。因此，无论采用哪种成像模型，要获得精确的正射校正结果，都需要借助高精度的地面控制点来对成像模型进行求解或修正。对于严格成像模型，地面控制点用来修正其外方位元素；对于地形无关的有理函数模型，控制点用来求解其像方改正模型（Fraser and Hansley, 2003）；而对于多项式模型，控制点直接用来求解多项式模型的各个系数。

正射校正除了改正卫星位置和运动状态的变化、地球自转、地球表面曲率、大气折射等造成的几何畸变外，还有一个重要的方面就是对地形起伏造成的几何变形进行修正。因此，在建立了准确的成像几何模型之后，完成正射校正还需要用到地形起伏数据（也就是数字高程模型，DEM）。本书采用的 DEM 数据为全球 ASTER GDEM 2 数据（空间分辨率为 30 米）。

首先利用已有正射影像和对 2010 年的 SPOT 5 全色影像进行控制点采集，修正该影像的严格成像模型，并在 DEM 数据的辅助下进行正射校正。然后 2010 年的 SPOT 5 多光谱影像、2000 年的 SPOT 2 全色影像、2005 年的 SPOT 5 全色和多光谱影像、2014 年的高分 1 号全色和多光谱影像均以 2010 年已校正的 SPOT 5 全色影像作为参考影像采集控制点。本书中对于不同传感器的影像，采用的成像模型也不尽相同。其中 2000 年的影像为 SPOT 2 影像，2005 年和 2010 年的影像为 SPOT 5 影像，它们均采用严格成像模型进行校正，而 2014 年的高分 1 号影像则采用有理函数模型进行校正。经过检查点的检验，各年度校正后影像的几何精度均优于 1 个像元，满足精度要求，其中 2005 年校正前后影像如图 3-1 所示。

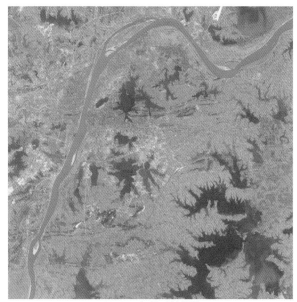

(a) 2005年校正前影像

(b) 2005年校正结果影像

图 3-1　2005 年校正前后影像图

# 3.3　影像融合

遥感影像融合是对不同空间分辨率遥感图像的融合处理，使处理后的遥感图像既具有较高的空间分辨率（高空间分辨率数据），同时又具有多光谱特征（较低分辨率数据），从而达到图像增强的目的。一般而言，对于不同的应用场合，或不同传感器的影像，融合要求和融合目的往往并不完全相同，因此融合算法也不尽相同。影像融合的关键是融合前两幅图像的配准（registration）以及处理过程中融合方法的选择。

一般要求影像的配准精度达到 0.5 像元以内才能保证融合质量，否则融合结果可能出现重影（刘晓龙，2001）。虽然全色影像和多光谱影像分别进行了正射校正，但其相对配准精度往往不能达到融合的要求，这时候就需要进行精确配准。

影像融合的方法非常多，常用的融合处理方法有加权融合、乘积变换、IHS 变换、主成分变换（PCA）、Brovey 变换、小波变换、Pansharp 变换等；其中，Pansharp 变换方法对高分辨率影像具有最好的融合效果。Pansharp 算法是通过合并高分辨率的全波段影像增强多波段影像的空间分辨率的一种影像融合技术，其基于统计原理，利用最小方差技术对参与融合的波段的灰度值进行最佳匹配并利用此原理调整单个波段的灰度分布以减少融合结果的颜色偏差。此外，该方法还对输入所有波段进行一系列的统计运算，以此来消除融合结果对数据集的依赖性和提高融合过程的自动化程度。

PCI Geomatics 软件中的融合算法库是目前 Pansharp 算法比较好的实现，该算法库是专门为最新的具有高空间分辨率的影像设计的，同时也支持多种传感器。基于 Pansharp 变换的图像融合以最小的像元为基础，在最初的全色和高分辨率影像与融合后的影像之间的灰度值上寻求最好的近似，其统计数值接近被适用于标准化、自动化融合过程的融合结果，而且在融合过程中无需颜色调整和人工的交互作用。利用 Pansharp 变换进行图像融合时，除了需要输入待融合的全色波段和多光谱波段外，还需输入至少一个参考波段，参考波段的选择会影响融合结果的质量。对于 SPOT 5 影像，应选择第 1 波段和第 2 波段作为参考波段；对于 GF-1 影像，应选择第 1、2、3 波段作为参考波段；对于 Landsat-7 影像，应选择第 2、3、4 波段作为参考波段。

采用 PCI 中的 Pansharp 融合模块分别对 2000 年（SPOT 2 全色影像和 Landsat-7 多光谱影像）、2005 年（SPOT 5 全色和多光谱影像）、2010 年（SPOT 5 全色和多光谱影像）和 2014 年（GF-1 全色和多光谱影像）的遥感影像进行融合，其中 2010 年融合前后的图像如图 3-2 所示。

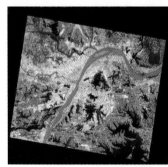 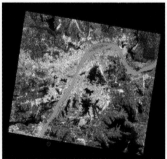 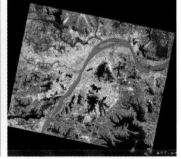

(a)融合前多光谱影像　　　　　(b)融合前全色影像　　　　　(c)融合后影像

图 3-2　2010 年多光谱影像与全色影像融合前后图

# 3.4 遥感数据信息提取

从遥感图像上获取目标地物信息的过程又被称为遥感图像解译，一般可分为目视解译和计算机解译两类。

目视解译又称目视判读，它指专业人员通过直接观察或者借助辅助判读仪器在遥感图像上获取特定目标地物信息的过程。目视解译根据地物的光谱、空间特征，并结合解译者的经验、先验知识对影像进行分类，获取感兴趣的信息。这种分类方法费时费力，分类的结果受解译者的主观性影响很大，但解译精度比较高，是目前用的最为广泛的方法之一。

计算机解译是在计算机系统环境的支撑下，利用先进的影像识别技术，根据地物类别的颜色、形状、纹理与空间位置关系等特征，结合相关地物类别的判读知识和成像规律知识等，综合运用地学分析、遥感图像处理、地理信息系统、模式识别与人工智能技术，实现计算机智能的对图像分析，完成对遥感影像的计算机自动分类。由于遥感图像地物特征复杂多变，计算机解译的精度往往低于目视解译，但由于可以大大减少人工量并显著提高解译效率，计算机解译也是遥感数据信息提取的主要途径之一。此外，随着深度学习、人工智能等技术的快速发展，计算机解译的精度和速度也在不断提高，用计算机代替人工是遥感图像解译发展的必然趋势。

综合考虑遥感图像解译的客观性、准确性和效率，在实际工程中通常采用计算机解译和目视解译相结合的信息提取方法。

此外，传统的解译方法大多根据图像的光谱特征对单个像元进行分类，但由于遥感数据存在混合像元、同物异谱、异物同谱的情况，因此很难获得高精度的分类结果（黄颖，2007）。虽然神经网络分类、决策树分类、模糊分类、专家分类等改进算法能够在一定程度上改善解译结果，但是这些解译方法都是以像元为基础单元进行信息的提取，主要还是根据地物的光谱特征，并没有真正突破传统分类方法的局限性。特别是对于高分辨率影像，由于其具有更加丰富的空间信息，但一般包含较少的光谱波段，因此，基于像元的分类方法在对高分辨率影像进行分类时精度不是很理想。针对这一问题，面向对象的影像分类方法近年来得到了广泛应用，其最大的特点就是分类的最小单元是由分割得到的同质影像对象，而不再是单个像素。此外，面向对象的分类方法不仅依靠地物的光谱特性，而更多的是根据目标的形状、颜色、纹理等几何特征和结构信息把具有相同特征的像元组成一个对象，然后根据每一个对象的特征进行分类（汪求来，2008）。对于高分辨率遥感影像，面向对象的解译方法往往能获得比面向像元的解译方法好得多的结果。

## 3.4.1 面向对象的遥感解译

由于采集的影像均为中高分辨率遥感影像，鉴于基于像元的分类算法对高分辨率影像分类的局限性，而面向对象的分类算法在对高分辨率影像进行分类时具有精度高、速度快而且信息提取全面的特点，因此对高分辨率遥感影像的解译均采用面向对象的解译方法。

在参考 IPCC 和 FAO LCCS 的土地覆被分类系统的基础上，根据研究的需要，将影像地物分为植被、水体、建设用地和裸地。其中植被包括全国土地覆被分类系统一级类别中的林地、草地和耕地；裸地归类为未利用地，是指表层为土质，基本无植被覆盖的土地；水体和建设用地分别为一级类别中的湿地和人工表面。考虑到若对同一地区各个不同时相的遥感数据单独分开进行分类，在变化检测时将会出现大量的伪变化。因此，在对 2000 年、2005 年、2014 年的高分辨率影像进行解译时，以 2010 年的解译结果（图 3-3）为基准，然后在对各期影像进行解译，以减少伪变化，提高解译精度。具体步骤为：以 2010 年的分类结果作为边界条件控制，根据影像的特征对 2000 年、2005 年、2014 年进行多尺度分割；以 2010 年的地物类别为限制条件，对 2000 年、2005 年、2014 年的地物类别进行提取。

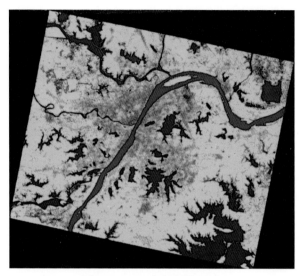

图 3-3　2010 年解译结果图

下面具体说明 2010 年 SPOT 5 影像的面向对象解译过程。

首先，利用易康（eCognition）软件中的多尺度分割算法对遥感影像进行分割。该算法是一种自下而上（Bottom-up）的方法，通过合并相邻的像素或小的分割对象，在保证对象与对象之间平均异质性最小、对象内部像元之间同质性最大的前提下，基于区域合并技术实现影像分割。同质性计算准则和对象合并的同质性阈值可根据用户指定的参数（尺度、形状、紧致度等）加权得到。在武汉市 2.5 m SPOT 5 卫星遥感影像解译中，经过大量的试验，我们选定如下的分割参数：尺度参数为 20、形状参数为 0.1、紧致度参数为 0.5。图 3-4 为 SPOT 5 融合影像和分割后的结果。

不同地物在 SPOT 5 影像各波段上的 DN 值（灰度值）分布如图 3-5 所示。

由图 3-5 可以看到水体和阴影在 SPOT 5 影像第 4 波段（短波红外，SWIR 波段）的反射率显著低于其他地物类型。因此，短波红外波段可以用来提取水体和阴影。其中，阴影可通过归一化水体指数（NDWI）以及对象所包含的像元个数两个特征来进行区分。排除阴影的效果如图 3-6 所示。

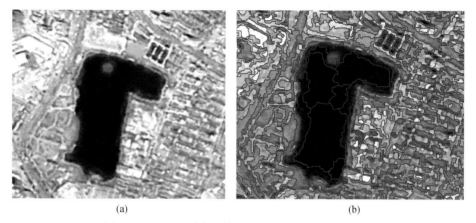

(a)                           (b)

图 3-4　SPOT 5 融合影像（a）和分割后的结果（b）

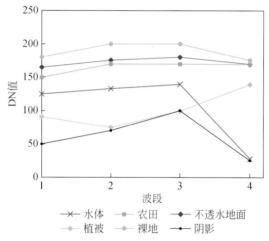

图 3-5　不同地物的在 SPOT 5 影像各波段的 DN 值

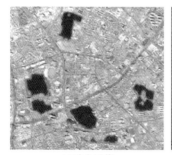 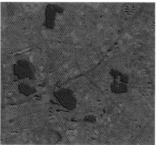 

(a)融合影像     (b)利用短波红外波段提取的水体     (c)利用NDWI剔除阴影后的效果

图 3-6　剔除阴影的效果

注：（a）（b）图中蓝色为水体，黑色为阴影，红色为非水体

植被通常利用归一化植被指数（NDVI）来进行提取，但由于收割季节的农田缺少植被特征，在光谱上与裸地十分相似，因此 NDVI 无法提取收割季节的农田。这里选用标准差和第 3 波段（近红外，NIR 波段）来区分农田和裸地。当水体、植被、农田和裸地分别提取完毕后，剩下的部分就是不透水地面。但是由于道路两侧植被的影响，一些道路可能会被错误地识别为植被。针对这种情况，我们采用归一化建筑物指数（NDBI）和对象的长宽比来提取道路。不同地物类型的分类特征及取值范围如表 3-6 所示。

表 3-6  不同地物类型的分类特征及取值范围

| 分类特征 | 描述 | 不同地物的取值范围 |
| --- | --- | --- |
| 短波红外波段 | 对象在短波红外波段的均值 | 水体［26.72，51.42］，阴影［21.78，67.24］<br>其他［94.27，230.29］ |
| NDWI | （Green-NIR）／（Green+NIR） | 水体［-0.13，0.067］，阴影［-0.33，-0.21］ |
| 像元个数 | 对象所包含的像元个数 | 水体的像元个数一般大于 100 |
| NDVI | （NIR-Red）／（NIR+Red） | 植被的 NDVI 一般 0.12 |
| 标准差 | 对象在该波段灰度值的标准差 | 农田［22.73，32.74］，不透水地面［47.89，94.16］<br>裸地［14.61，30.85］ |
| 近红外波段 | 对象在近红外波段的均值 | 农田［98.48，144.32］，裸地［60.69，226.18］ |
| NDBI | （SWIR-NIR）／（SWIR+NIR） | 植被［0.02，0.17］，道路［-0.17，-0.056］ |
| 长宽比 | Length／width | 道路的长宽比一般大于 5.0 |

最后在易康软件中采用人机交互的方法对解译结果进行修正，以获取更高的解译精度，图 3-7 为部分区域的分类结果。

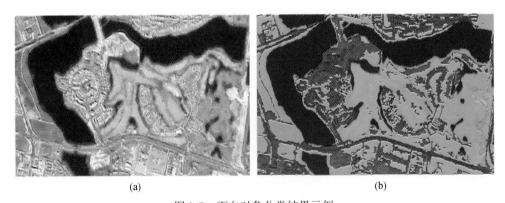

(a)　　　　　　　　　　　　　(b)

图 3-7  面向对象分类结果示例

（a）融合影像；（b）面向对象的分类结果；蓝色为水体，绿色为植被，红色为不透水地面，棕色为裸地

综上所述，城市生态系统的提取流程如图 3-8 所示，其他年份的数据则在 2010 年的解译结果基础上采用回溯方法进行分类。

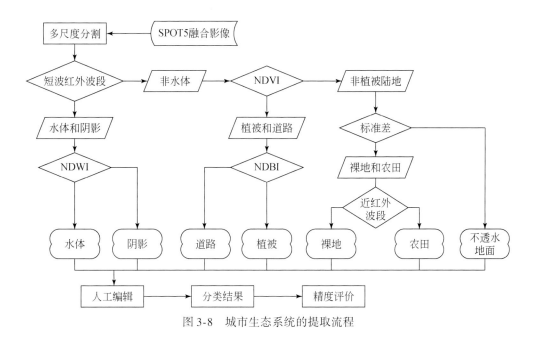

图 3-8　城市生态系统的提取流程

## 3.4.2　精度评价

分类精度评定是遥感分类的一个重要环节，是评价分类结果是否可靠的依据。精度评定的指标有很多，其中使用较多的有总体精度、生产者精度、用户精度以及 Kappa 系数等几个指标。

总体精度：表示总体分类精度，即在所有样本中被正确地分类的样本比例。

生产者精度：也称制图精度，表示在所有实测类型为第 i 类的样本中（混淆矩阵的某列），被正确地分类也是第 i 类的样本所占的比例。与制图精度对应的是漏分误差，即漏分误差＝1－制图精度。

用户精度：表示在被分类为第 i 类的所有样本中（混淆矩阵的某行），其实测类型确实也是第 i 类的样本所占的比例。与用户精度对应的是错分误差，即错分误差＝1－用户精度。

Kappa 系数：利用了整个误差矩阵的信息，通常被认为能够更准确地反映整体的分类精度。但是只有当测试样本是从整幅随机选取的时候 Kappa 系数才适用。

在研究区范围内随机、均匀地选取了 400 检查点，对照 Google Earth 上 2010 年 8 月武汉市的高分辨率影像进行检查，总体分类精度为 94.75%，kappa 系数为 0.9264（如表 3-7 所示）。其中水体的生产者精度（97.14%）和用户精度（100%）最高，这主要是因为在短波红外波段中水体与其他地类具有显著的差异，较容易区分。其次分类精度较高的是不透水地面的生产者精度（96.97%）和植被的用户精度（96.60%）。而不透水地面（88.89%）和裸地（92.86%）的用户精度最差，且大部分的错误是被误分为植被。

表 3-7  2010 年武汉市 SPOT 5 影像分类误差矩阵及分类精度

| 地表类型 | 植被 | 水体 | 不透水地面 | 裸地 | 合计 | 生产者精度/% | 用户精度/% |
|---|---|---|---|---|---|---|---|
| 植被 | 142 | 3 | 2 | 0 | 147 | 92.21 | 96.60 |
| 水体 | 0 | 102 | 0 | 0 | 102 | 97.14 | 100.00 |
| 不透水地面 | 9 | 0 | 96 | 3 | 108 | 96.97 | 88.89 |
| 裸地 | 3 | 0 | 1 | 39 | 43 | 92.86 | 90.70 |
| 合计 | 154 | 105 | 99 | 42 | 400 | | |

总体精度=94.75%，总体 kappa 系数=0.9264。

在采用回溯法对 2000 年、2005 年、2014 年进行遥感解译后，结合实地勘探和 Google Earth 上更高分辨率的历史影像对分类结果进行精度验证，4 个年度分类结果的精度如表 3-8 所示。

表 3-8  2000 年、2005 年、2010 年、2014 年武汉市土地覆盖分类精度表

| 年份 | 生产者精度/% | | | | 用户精度/% | | | | 总体精度/% | Kapaa系数 |
|---|---|---|---|---|---|---|---|---|---|---|
| | 植被 | 裸地 | 水体 | 不透水地面 | 植被 | 裸地 | 水体 | 不透水地面 | | |
| 2000 | 99.47 | 94.44 | 84.96 | 84.81 | 87.91 | 85.00 | 98.97 | 98.53 | 92.25 | 0.88 |
| 2005 | 91.15 | 92.59 | 84.88 | 86.32 | 91.62 | 80.65 | 91.62 | 85.42 | 88.75 | 0.83 |
| 2010 | 92.21 | 92.86 | 97.14 | 96.97 | 96.60 | 90.70 | 100 | 88.89 | 94.75 | 0.93 |
| 2014 | 96.88 | 93.46 | 96.54 | 96.78 | 95.16 | 90.56 | 98.78 | 92.56 | 94.55 | 0.91 |

# 第4章 武汉城市群生态环境演变

本章利用20世纪80年代、90年代，以及2000年、2005年和2010年的遥感、土地利用和地面调查数据，对武汉城市群30年来城市化进程与生态环境变化进行调查和评价。

## 4.1 调查评价目标

### 4.1.1 调查评价内容

（1）武汉城市群城市化的状况、扩展过程、强度及其生态环境影响

利用2000年、2005年和2010年的遥感、土地利用和地面调查数据，分析和评价2000~2010年武汉城市群生态系统格局的状况和变化，重点调查和分析城市化的状况、扩展过程和强度。主要基于全国生态系统遥感分类结果，通过变化检测分析和统计分析，分析森林、农田、草地、湿地、建设用地等生态系统类型与格局的变化，区域尺度下工业基地的土地利用状况与林地、耕地之间的土地转变趋势；重点调查与分析城市群城市建成区的空间扩展过程、面积与分布。

（2）武汉城市群生态系统与环境质量状况及变化

根据城市群建成区生态环境遥感分类结果，结合地面调查，并利用统计和环境监测数据，调查和分析城市群建成区不同生态系统类型的面积、分布及其变化。通过分析武汉城市群的湿地面积变化，分析生物多样性的变化。重点监测武汉城市群中日益严重的大气、水环境质量状况，分析城市群建成区大气污染的状况和变化，以及相关气体排放量的变化趋势，找出与区域内大气污染相关性好的气象因子指标；监测城市群建成区水质污染的分布、来源、程度及性质，分析其生态系统格局和变化的相互关系。

根据区域以及建成区城市化生态环境特征和变动趋势，建立区域与城市两个尺度的生态环境综合质量评价方法与指标，对2000年和2010年武汉城市群区域的生态质量、环境质量以及生态环境质量进行综合评价；通过对比分析两个年份的评价结果，得到武汉城市群生态环境质量十年间的变化，刻画和阐明城市群的生态环境质量特征及演变。

（3）武汉城市群城市化的生态环境胁迫与效应

分析武汉城市群城市化和城市生态环境变化的关系，阐明城市化过程的生态环境影响和胁迫，从生态系统破坏、资源能源消耗、大气环境污染、水环境污染、固体废弃物排放以及城市热岛效应等方面评估武汉城市群城市化的生态环境效应强度和格局。

（4）武汉城市群城市化趋势及其生态环境问题与对策

分析武汉城市群城市化趋势及其生态环境问题，揭示城市化过程产生的共性生态环境问题和不同城市的特性生态环境问题及其差异，辨识城市生态环境问题形成与发展的关键驱动力，提出相应的生态环境管理对策。

## 4.1.2 调查评价指标

为了既充分了解武汉城市群的各方面特征，又科学、客观地评价武汉城市群的生态环境综合质量状况及城市化的生态环境效应，针对武汉城市群，建立了六套指标体系：①扩张指标体系；②生态环境状况调查指标体系；③资源效率评价指标体系；④城市化的生态环境胁迫指标体系；⑤生态环境质量综合指标体系；⑥城市化的生态环境效应综合指标体系。其中生态环境质量综合评价指标体系中的指标从前四个指标体系中筛选或通过组合计算获取；城市化的生态环境效应综合指标体系从前四个指标体系中筛选并根据变动率计算。这两类综合指标体系中的指标数量少于前四个指标体系中的指标数量，其指标的选取和构建将充分考虑指标的代表性、独立性、灵敏性和系统性。

通过 2000 年、2005 年、2010 年遥感解译和统计数据的搜集，调查城市群主要生态环境质量现状及其城市化的生态环境效应指标，主要调查指标包括：生态系统类型、面积、比例、分布及变化，以及城市扩展指数（不透水地面和透水地面的面积、比例、分布及变化）、生态质量指数、环境质量指数、资源效率指数、生态环境质量综合指数、城市化的生态环境效应指数。具体参数和数据来源见表 4-1。

（1）调查指标体系

根据调查和评价目标，从自然条件、社会经济与资源、城市扩张、生态质量、环境质量五个方面选择调查指标，以充分了解武汉城市群生态系统及环境质量的各方面特征，建立我国城市群生态环境信息基础数据库，为我国区域生态环境变化及其驱动力分析、城市化生态环境问题辨识、生态环境管理政策和制度建设提供基础性信息支撑。为从不同方面体现城市化区域生态环境问题，建立武汉城市群生态环境状况调查内容与指标（表 4-1）。

**表 4-1 武汉城市群生态环境状况调查内容与指标**

| 序号 | 调查内容 | 调查指标 | 数据来源 |
|------|----------|----------|----------|
| 1 | 自然条件 | a. 年均气温；b. 年极端最高气温；c. 年极端最低气温；d. 月平均气温；e. 月极端最高气温；f. 月极端最低气温 | 气象部门 |
| | | a. 年均降雨量；b. 月均降雨量；c. 多年平均降雨量；d. 逐月多年平均降雨量 | 地面气象站监测数据 |
| | | a. 地表水资源量（主要河流、湖泊、水库年均水位与流量）；b. 地下水资源量 | 统计数据 |

续表

| 序号 | 调查内容 | 调查指标 | 数据来源 |
|------|----------|----------|----------|
| 2 | 社会经济与资源 | a. 行政区国土面积 | 遥感数据 |
| | | a. 人口总数；b. 城市与乡村人口；c. 户籍与常住人口 | 统计数据 |
| | | a. 国民生产总值；b. 分产业产值与结构 | 统计数据 |
| | | a. 城市建成区面积及分布 | 统计数据、遥感数据 |
| | | a. 各等级公路长度及分布状况；b. 各类型铁路及分布；c. 港口规模及分布 | 交通图件、统计数据 |
| | | a. 社会用水量；b. 分行业用水量 | 水利统计 |
| | | a. 能源消费总量：第一产业、第二产业、第三产业 | 统计数据 |
| 3 | 城市扩张 | a. 不透水地面（按人工建筑和道路分类）面积与分布 | 遥感数据（全国+武汉城市群） |
| 4 | 生态质量 | a. 各类生态系统的面积、比例、斑块大小、多样性、斑块密度和连接度 | 遥感数据（全国） |
| | | a. 生物量 | NDVI 数据+遥感获取的植被分布 |
| | | a. 不同程度风蚀土壤侵蚀面积与分布；b. 不同程度水蚀土壤侵蚀面积与分布 | 遥感数据（全国） |
| | | a. 绿地类型、面积与分布 | 遥感数据（全国） |
| | | a. 地表温度分布图 | 遥感数据（武汉城市群） |
| 5 | 环境质量 | a. 河流监测断面水质与级别（常规监测各项指标：pH、溶解氧、高锰酸盐指数、$BOD_5$、氨氮、石油类、挥发酚、汞、铅等）；b. 湖泊水质；c. 河流和湖泊水功能与水质目标 | 环境监测数据 |
| | | a. 空气环境监测站点分布；b. 各站点主要空气污染物浓度：$SO_2$ 浓度、$NO_2$ 浓度、$PM_{10}$ 浓度等（日平均、月平均、年平均、达到二级标准天数） | 环境监测数据 |
| | | a. 酸雨频率及其空间分布特征；b. 酸雨年均 pH 及其空间分布特征 | 环境监测数据 |
| | | a. 工业废水排放量，生活废水排放量；b. 工业 COD 排放量，生活 COD 排放量；c. 工业氨氮排放量，生活氨氮排放量（标准化以便于城市群之间比较，如采用单位 GDP 工业废水排放量、生活废水排放量/人） | 环境统计 |
| | | a. 工业废气排放量，生活废气排放量；b. 工业烟尘排放量，生活烟尘排放量；c. 工业粉尘排放量；d. 工业氮氧化物排放量，生活氮氧化物排放量；e. 工业 $SO_2$ 排放量，生活 $SO_2$ 排放量；f. 工业 $CO_2$ 排放量，生活 $CO_2$ 排放量 | 环境统计 |
| | | a. 工业固体废物排放量；b. 生活垃圾排放量；c. 城市垃圾堆放点、面积及分布 | 环境统计、遥感数据 |
| | | a. 化肥施用量；b. 农药使用量；c. 耕地面积 | 农业统计 |

（2）评价指标体系

在调查指标的基础上，筛选一定数量的指标或组建一定数量的新指标来评价武汉城市群区域生态环境综合质量及其效应。指标框架包括城市化水平、生态质量、环境质量、资源效率、生态环境胁迫、城市化的生态环境效应等 6 个方面（表 4-2）。

**表 4-2　武汉城市群生态环境评估内容与指标**

| 序号 | 评价目标 | 评价内容 | 评价指标 | 数据来源 |
|---|---|---|---|---|
| 1 | 城市化水平 | 城市化面积 | 建成区面积及其占国土面积比例 | 遥感数据（全国+武汉城市群） |
| | | 城市化强度 | 不透水地表比例 | 遥感数据（全国） |
| | | 人口城市化水平 | 城市人口占总人口比例 | 统计数据 |
| | | 城市建成区人口密度 | 单位城市建成区人口数 | 遥感数据（全国）、统计数据 |
| 2 | 生态质量 | 生态系统类型 | 生态系统类型多样性；各生态系统类型面积及其所占国土面积比例 | 遥感数据（全国） |
| | | 景观格局 | 各生态系统类型平均斑块大小、斑块密度、斑块边界密度、形状指数、连接度 | 遥感数据（全国） |
| | | 自然植被覆盖 | 自然植被覆盖面积及其所占国土面积比例 | 遥感数据（全国） |
| | | 生物量 | 植被单位面积生物量 | 遥感数据（全国） |
| | | 土地退化 | 不同等级水土流失面积比例 | 遥感数据（全国）、统计数据 |
| 3 | 环境质量 | 河流水环境 | 河流监测断面中Ⅰ～Ⅲ类水质断面比例 | 环境监测数据 |
| | | 湖泊水环境 | 湖库湿地面积加权富营养化指数 | 环境监测数据、遥感数据 |
| | | 空气环境 | 空气质量达二级标准的天数 | 环境监测数据 |
| | | 土壤环境 | 土壤污染程度 | 环境监测数据+实地调查 |
| | | 酸雨强度与频度 | 年均降雨 pH、酸雨年发生频率 | 统计数据 |
| 4 | 资源环境效率 | 水资源利用效率 | 单位 GDP 水耗（不变价） | 统计数据 |
| | | 能源利用效率 | 单位 GDP 能耗（不变价） | 统计数据 |
| | | 污染物排放强度 | 单位 GDP $CO_2$ 排放量、单位 GDP $SO_2$ 排放量、单位 GDP COD 排放量 | 统计数据 |
| 5 | 生态环境胁迫 | 人口密度 | 单位国土面积人口数 | 统计数据 |
| | | 水资源开发强度 | 国民经济用水量占可利用水资源总量的比例 | 统计数据 |

| 序号 | 评价目标 | 评价内容 | 评价指标 | 数据来源 |
|---|---|---|---|---|
| 5 | 生态环境胁迫 | 能源利用强度 | 单位国土面积能源消费量 | 统计数据 |
| | | 大气污染 | 单位国土面积 $CO_2$ 排放量、单位国土面积 $SO_2$ 排放量、单位国土面积烟粉尘排放量 | 统计数据 |
| | | 水污染 | 单位国土面积 COD 排放量 | 统计数据 |
| | | 经济活动强度 | 单位国土面积 GDP | 统计数据 |
| | | 热岛效应 | 城乡温度差异 | 遥感数据+气象数据 |

# 4.2　分析与评价方法

## 4.2.1　遥感数据分析方法

2000～2010 年武汉城市群的遥感数据分析主要基于全国生态系统遥感分类结果,通过变化检测分析和统计分析,分析森林、农田、草地、湿地、建设用地等生态系统类型与格局的变化,重点调查与分析城市群城市建成区的空间扩展过程、面积与分布。与此同时,利用光谱混合分析方法,进一步提取 30m 像元内不透水地面的比例,从而获取武汉城市群不透水地面信息。

## 4.2.2　城市化及其对生态环境影响的分析与评价方法

(1) 城市化的状况、扩展过程、强度和影响

基于遥感解译得到的结果,采用生态系统转移矩阵分析方法和指数分析法,量化武汉城市群的状况、扩展速度和强度。采用格局指数方法,从单个斑块、斑块类型和景观镶嵌体三个层次上,重点分析 2000 年、2005 年和 2010 年武汉城市群生态系统景观结构组成特征、空间配置关系及其十年变化,并开展城市群城市之间的对比研究。采用的指数包括形状指数、丰富度指数、多样性指数、聚集度指数、破碎度指数等。景观指数的计算将使用 Fragstats 软件程序。

(2) 生态系统与环境质量状况及十年变化

建立城市群生态环境质量评价方法与指标,对 2000 年、2005 年和 2010 年城市群的生态环境质量进行综合评价。主要评价方法为单指标分级法和综合指标法,综合指标权重通过层次分析方法确定。通过分析和对比城市群在不同年份的生态环境质量,获取城市群生态环境质量十年间的变化,刻画和阐明城市群生态环境质量特征及演变。与此同时,通过开展城市群城市之间的对比研究,揭示城市化过程产生的共性生态环境问题和特性生态环

境问题。不同年份和不同城市之间生态环境质量的对比研究主要采用生态系统类型面积和百分比统计方法、生态系统转移矩阵分析方法，以及生态系统动态度、变化速度等指数分析方法。

（3）城市化生态环境效应

主要分析方法有两种：①相关性和回归分析方法。采用相关性分析衡量生态环境效应指标与城市化水平、经济发展水平之间相互关系；利用多元回归分析方法研究城市化和经济发展水平对不同生态环境指标影响的程度，量化城市化水平提高和GDP增长的生态环境效应。②建立生态环境胁迫指数。量化城市化水平、经济增长对生态环境的胁迫效应。

（4）城市化生态环境问题及对策

分析武汉城市群的生态环境问题，揭示城市化过程产生的共性生态环境问题和武汉城市群的特性生态环境问题及其差异，辨识城市生态环境问题形成与发展的关键驱动力，提出相应的生态管理对策，主要方法为归纳法。

## 4.2.3　生态环境质量及胁迫评价方法（归一法）

构建6个综合指数对生态环境质量及胁迫进行评价，包括生态质量指数（ecosystem quality index，EQI）、环境质量指数（environmental quality index，EHI）、资源效率指数（resource efficiency index，REI）、生态环境胁迫指数（eco- environmental stress index，EESI）、生态环境质量综合指数（comprehensive eco- environmental quality index，CEQI）及城市化的生态环境效应指数（urbanization's eco- environmental effect index，UEEI），以反映城市群生态环境状况和城市化效应。

（1）生态质量指数

用武汉城市群评价指标体系中生态质量主题中的自然生态系统比例、农田生态系统比例、建成区比例、生态系统生物量、生态系统退化程度、景观破碎度6个指标和各指标在该主题中的相对权重，构建生态质量指数，用来反映城市群各市生态质量状况。

$$EQI_i = \sum_{j=1}^{n} w_j r_{ij}$$

式中，$EQI_i$ 为第 $i$ 市生态质量指数；$w_j$ 为各指标相对权重；$r_{ij}$ 为第 $i$ 市各指标的标准化值。

（2）环境质量指数

用指标体系中环境质量主题中的河流监测断面水质优良率、主要湖库湿地面积加权富营养化指数、全年 API 指数小于（含等于）100 的天数占全年天数的比例、酸雨强度、热岛效应强度 5 个指标和各指标在该主题中的相对权重，构建环境质量指数，用来反映城市群各市环境质量状况。

$$EHI_i = \sum_{j=1}^{n} w_j r_{ij}$$

式中，$EHI_i$ 为第 $i$ 市环境质量指数；$w_j$ 为各指标相对权重；$r_{ij}$ 为第 $i$ 市各指标的标准化值。

（3）资源效率指数

用指标体系中资源效率主题中水资源利用效率和能源利用效率 2 个指标和各指标在该主题中的相对权重，构建资源效率指数，用来反映城市群各市资源利用效率状况。

$$\mathrm{REI}_i = \sum_{j=1}^n w_j r_{ij}$$

式中，$\mathrm{REI}_i$ 为第 $i$ 市资源效率指数；$w_j$ 为资源效率主题中各指标相对权重；$r_{ij}$ 为第 $i$ 市各指标的标准化值。

（4）生态环境胁迫指数

用生态环境胁迫指标体系中城市化率、二三产业比重、建设用地比例、水资源开发强度、能源利用强度、$CO_2$ 排放强度、COD 排放强度、$SO_2$ 排放强度、氨氮排放强度、氮氧化物排放强度、固体废弃物（简称固废）排放强度 11 个指标和各指标在该主题中的相对权重，构建生态环境胁迫指数，用来反映城市群各市生态环境受胁迫状况。

$$\mathrm{EESI}_i = \sum_{j=1}^n w_j r_{ij}$$

式中，$\mathrm{EESI}_i$ 为第 $i$ 市生态环境胁迫指数；$w_j$ 为生态环境胁迫主题中各指标相对权重；$r_{ij}$ 为第 $i$ 市各指标的标准化值。

（5）生态环境质量综合指数

用城市自然生态系统比例、农田生态系统比例、不透水地面比例、生态系统生物量、生态系统退化程度、景观破碎度、河流监测断面水质优良率、主要湖库湿地面积加权富营养化指数、全年 API 指数小于（含等于）100 的天数占全年天数的比例、酸雨强度、热岛效应强度 11 个生态环境质量综合指标及指标权重，构建生态环境质量综合指数，用来反映城市群各市生态环境综合质量状况。

$$\mathrm{CEQI}_i = \sum_{j=1}^n w_j r_{ij}$$

式中，$\mathrm{CEQI}_i$ 为第 $i$ 市生态环境综合质量指数；$w_j$ 为资源效率主题中各指标相对权重；$r_{ij}$ 为第 $i$ 市各指标的标准化值。

（6）城市化的生态环境效应指数

用城市自然生态系统比例变化、农田生态系统比例变化、不透水地面比例变化、生态系统生物量变化、景观破碎度变化、全社会用水量变化、能源利用量变化、河流监测断面水质优良率变化、主要湖库湿地面积加权富营养化指数变化、全年 API 指数小于（含等于）100 的天数占全年天数的比例变化、酸雨强度变化、固废排放量变化、城市热岛效应强度指数变化 13 个指标及各自权重，构建生态环境效应指数，用来反映城市群各市城市化的生态环境效应状况。

$$\mathrm{UEEI}_i = \sum_{j=1}^n w_j r_{ij}$$

式中，$\mathrm{UEEI}_i$ 为第 $i$ 市城市化的生态环境效应指数；$w_j$ 为资源效率主题中各指标相对权重；$r_{ij}$ 为第 $i$ 市各指标的标准化值。

## 4.2.4 武汉城市群主要评价指标含义与计算方法

（1）自然条件指标

蒸发散量包括蒸腾和蒸发两个部分。蒸发散量是生态系统环境净化/面源污染控制功能评价中需要用到的重点参数。其计算方法采用 ETWatch 方法，反演地表蒸散。

（2）生态质量评价指标

1）类斑块平均面积。评价城市群区域内类斑块平均面积，其计算方法如下：

$$\overline{A}_i = \frac{1}{N_i} \sum_{j=1}^{N_i} A_{ij}$$

式中，$N_i$ 为第 $i$ 类景观要素的斑块总数；$A_{ij}$ 为第 $i$ 类景观要素第 $j$ 个斑块的面积。

森林、灌丛、草地、湿地等生态系统的景观连通性采用欧几里得邻近距离（euclidean nearest-neighbor distance，ENND）进行评价。ENND 为斑块与其最邻近同类别斑块之间斑块边界到边界的距离。两同类斑块越接近，ENND 越接近于零，即连通度越高；两同类斑块相距越远，ENND 越大且无上限，表示连通度越低。

2）植被覆盖度。植被覆盖度指区域绿色植物覆盖状况，计算方法如下：

$$F_c = \frac{NDVI - NDVI_{soil}}{NDVI_{veg} - NDVI_{soil}}$$

式中，$F_c$ 为植被覆盖度；NDVI 为通过遥感影像近红外波段与红光波段的发射率来计算；$NDVI_{veg}$ 为纯植被像元的 NDVI 值；$NDVI_{soil}$ 为完全无植被覆盖像元的 NDVI 值。

3）不透水地面比例。不透水地面比例指不透水地面占国土面积的比例，分为城市群和建成区两部分，不透水地面信息提取的流程如下：

$$ISA = (1 - F_r)_{dev}$$

$$F_r = \frac{(NDVI - NDVI_{soil})^2}{(NDVI_{veg} - NDVI_{soil})^2}$$

式中，ISA 为硬化地表面积；$F_r$ 为植被覆盖度；$NDVI_{soil}$ 为完全是裸土或无植被覆盖像元的 NDVI 值；$NDVI_{veg}$ 则代表完全被植被所覆盖的像元的 NDVI 值，即纯植被像元的 NDVI 值。一般情况下，可以直接取研究区中 NDVI 的最大值与最小值分别代表 $NDVI_{veg}$ 和 $NDVI_{soil}$。下标 dev 表示该关系式只适用于被划分为城市建成区的区域。

4）人均植被覆盖。人均植被覆盖指城市化区域内所有人口每人拥有的植被面积，根据植被覆盖度和总人口计算。

（3）环境系质量评价指标

1）河流监测断面水质优良率。河流监测断面中Ⅰ～Ⅲ类水质断面数占总监测断面数的百分比，反映河流生态系统受到的污染状况。

2）主要湖库湿地面积加权富营养化指数。用来评价各市湖库生态系统受到的污染状况，其计算方法为：

$$\mathrm{WEI}_i = \frac{\sum_k \mathrm{EI}_{ik} \times A_{ik}}{\sum_k A_{ik}}$$

式中，$\mathrm{WEI}_i$ 为第 $i$ 市湖库加权富营养化指数；$\mathrm{EI}_{ik}$ 为第 $i$ 市第 $k$ 湖富营养化指数（环境监测数据）；$A_{ik}$ 为第 $i$ 市第 $k$ 湖面积。

3）空气质量二级达标天数比例。空气质量二级达标天数比例指空气质量达到二级标准的天数占全年天数的百分比。

4）酸雨强度与频度。酸雨强度指年均酸雨 pH，酸雨频度指酸雨年发生频率。

（4）资源利用效率评价指标

1）水资源利用效率：指单位 GDP 的用水量。

2）能源利用效率：能源利用效率指单位 GDP 的能源消耗量。

（5）生态环境胁迫评价指标

1）水资源开发强度：指用水量占可利用水资源总量的百分比。

2）能源利用强度：指单位国土面积的能源消耗量。

3）$CO_2$ 排放状况：包括 $CO_2$ 排放强度和单位 GDP $CO_2$ 排放量，$CO_2$ 排放强度指单位地区面积的 $CO_2$ 排放强度。

4）COD 排放状况：包括 COD 排放强度和单位 GDP 的 COD 排放量，COD 排放强度指单位地区面积的 COD 排放强度。

5）$SO_2$ 排放状况：包括 $SO_2$ 排放强度和单位 GDP 的 $SO_2$ 排放量，$SO_2$ 排放强度指单位地区面积的 $SO_2$ 排放强度。

6）氨氮排放状况：包括氨氮排放强度和单位 GDP 氨氮排放量，氨氮排放强度指单位地区面积的氨氮排放强度。

7）氮氧化物排放状况：包括氮氧化物排放强度和单位 GDP 氮氧化物排放量，氮氧化物排放强度指单位地区面积的氮氧化物排放强度。

8）城市热岛效应：利用城市温度场来反映。城市热岛反演方法如下：

参数一：地表温度（$T_s$）。利用 TM 或者 MODIS 数据提取地表温度。

参数二：城市热岛强度。城市热岛强度计算公式：

$$\mathrm{TNOR}_i = \frac{(T_i - T_{\min})}{(T_{\max} - T_{\min})}$$

式中，$\mathrm{TNOR}_i$ 表示第 $i$ 个像元正规化后的值，处于 $0 \sim 1$；$T_i$ 为第 $i$ 个像元的绝对地表温度；$T_{\min}$ 表示绝对地表温度的最小值；$T_{\max}$ 表示绝对地表温度的最大值。

根据 TNOR 的数值可以划分城市热岛强度大小，也可以对不同时期遥感影像的热岛强度进行比较分析。

（6）城市群城市化效应评价指标

武汉城市群城市化的生态环境效应综合评价指标主要是生态质量、环境质量、资源效率、生态环境胁迫等指标前后年份的差值与前年数值的百分比值。城市热岛效应指城市热岛效应强度和幅度，强度指城市建成区平均温度与城市群平均温度的差值与地区平均温度的百分比值，幅度指城市热岛向城市外围的扩张。

# 4.3 城市化特征与进程

## 4.3.1 土地城市化

### 4.3.1.1 武汉城市群

（1）武汉城市群一级生态系统构成特征

根据武汉城市群 1980 年、1990 年、2000 年、2005 年、2010 年的遥感影像解译结果，形成 1980～2010 年武汉城市群一级生态系统构成图，经统计后得到 1980～2010 年武汉城市群一级生态系统构成特征表（表 4-3）。统计结果表明，武汉城市群以农田生态系统为主，林地、湿地次之。1980～2010 年，农田减少 1505.8 km²，湿地减少 451.6 km²，林地减少 130.6 km²，草地减少 274.4 km²，而建设用地增加 2425.4 km²。

**表 4-3　1980～2010 年武汉城市群一级生态系统构成特征表**

| 年份 | 统计参数 | 林地 | 草地 | 湿地 | 农田 | 城镇 | 其他 |
|---|---|---|---|---|---|---|---|
| 1980 | 面积/km² | 15 408.1 | 969.8 | 7715.1 | 32 208.0 | 1 599.0 | 12.3 |
| | 比例/% | 26.6 | 1.7 | 13.3 | 55.6 | 2.8 | 0.02 |
| 1990 | 面积/km² | 1 5408.1 | 927.7 | 7 715.1 | 32 168.0 | 1 681.1 | 12.3 |
| | 比例/% | 26.6 | 1.6 | 13.3 | 55.5 | 2.9 | 0.02 |
| 2000 | 面积/km² | 15 351.9 | 698.4 | 7 280.3 | 32 054.8 | 2 575.0 | 15 |
| | 比例/% | 26.5 | 1.2 | 12.6 | 55.3 | 4.4 | 0.03 |
| 2005 | 面积/km² | 15 355.5 | 690.8 | 7 322.9 | 31 495 | 3 106.7 | 4.5 |
| | 比例/% | 26.5 | 1.2 | 12.6 | 54.3 | 5.4 | 0.01 |
| 2010 | 面积/km² | 15 277.5 | 695.4 | 7 263.5 | 30 702.8 | 4 024.5 | 12.4 |
| | 比例/% | 26.4 | 1.2 | 12.5 | 53.0 | 6.9 | 0.02 |
| 1980～1990 年变动 | 面积/km² | | −42.1 | | −40.0 | 82.1 | |
| | 比例/% | | −0.1 | | −0.1 | 0.1 | |
| 1990～2000 年变动 | 面积/km² | −56.2 | −229.3 | −434.8 | −113.2 | 893.9 | 2.7 |
| | 比例/% | −0.1 | −0.4 | −0.7 | −0.2 | 1.5 | |
| 2000～2005 年变动 | 面积/km² | 3.6 | −7.6 | 42.6 | −559.8 | 531.7 | −10.5 |
| | 比例/% | | | | −1.0 | 1.0 | |
| 2005～2010 年变动 | 面积/km² | −78.0 | 4.6 | −59.4 | −792.8 | 917.8 | 7.9 |
| | 比例/% | −0.1 | | −0.1 | −1.3 | 1.5 | |
| 1980～2010 年变动 | 面积/km² | −130.6 | −274.4 | −451.6 | −1 505.8 | 2 425.5 | 0.1 |
| | 比例/% | −0.2 | −0.5 | −0.8 | −2.6 | 4.1 | |

注：空白处表示值小于 0.1

从图4-1描述的1980~2010年武汉城市群一级生态系统构成特征可以看出，林地生态系统的面积呈现先下降又缓升然后又下降的趋势，但变动的比例不大，均为1%以内；林草地生态系统的面积呈先下降又缓升的趋势，1990~2000年其面积下降的幅度最大，2005~2010年草地生态系统的面积有所上升；湿地生态系统的面积呈现先下降又缓升然后又下降的趋势，1990~2000年其面积下降的幅度最大；农田生态系统的面积呈现递减的趋势，且减少幅度不断加大；城镇生态系统的面积呈现递增的趋势，2005~2010年其面积增加的幅度最大。

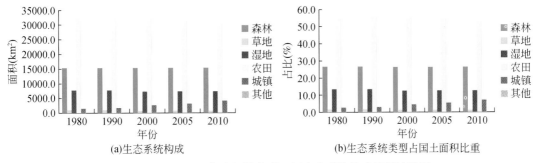

图 4-1　1980~2010年武汉城市群一级生态系统构成特征统计图

图4-2是武汉城市群生态系统类型分布图，其所描述的是1980~2010年武汉城市群一级生态系统构成及变化过程在空间上的分布。林地生态系统主要分布于鄂东北低山丘陵区和鄂东南低山丘陵区。湿地生态系统主要分布于江汉平原区。武汉市占武汉城市群城镇生态系统的面积比例较大。

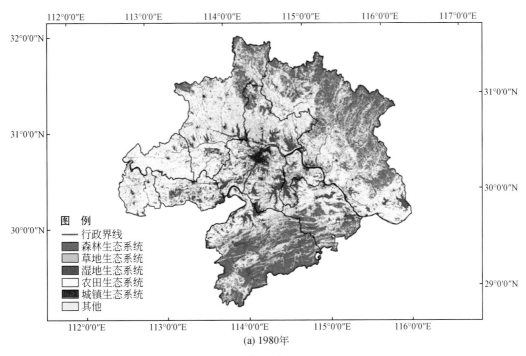

(a) 1980年

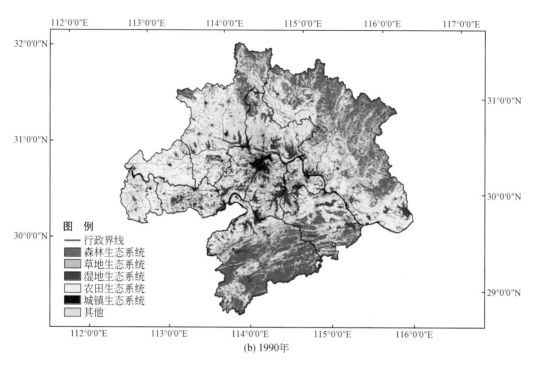

(b) 1990年

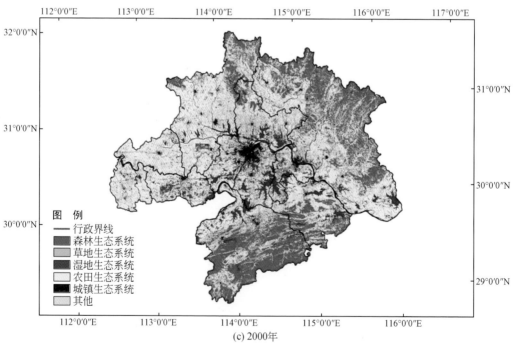

(c) 2000年

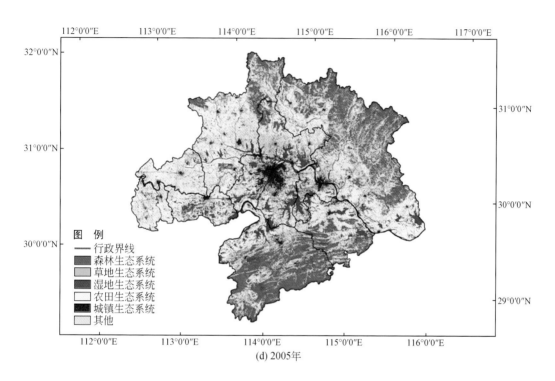

(d) 2005年

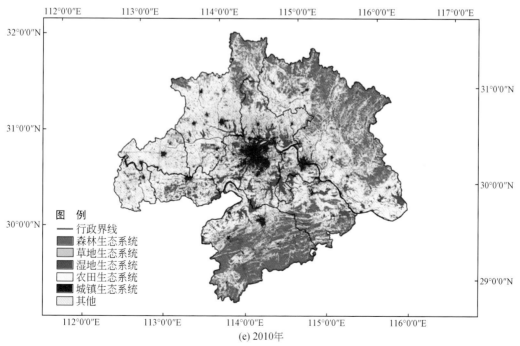

(e) 2010年

图 4-2　1980～2010 年武汉城市群生态系统类型分布图

（2）武汉城市群城市扩展

根据武汉城市群1980年、1990年、2000年、2005年、2010年的遥感影像解译结果，表4-4中统计了人工表面的面积及其所占比例，图4-3展示出城市群内城镇用地呈现持续快速增长趋势，同时，图4-4展现了武汉城市群不同时期的人工表面分布及城市扩展情况。综合表4-4、图4-3和图4-4三者可以看出，武汉城市群的城市发展与扩展具有一个总体趋势，即距离城市传统中心越近，城市用地比例越高，反之则越低。

表4-4　1980～2010年武汉城市群人工表面面积及比例变化表

| 年份 | 人工表面面积/km² | 人工表面比例/% |
| --- | --- | --- |
| 1980 | 1 600.8 | 2.8 |
| 1990 | 1 682.9 | 2.9 |
| 2000 | 2 575.0 | 4.4 |
| 2005 | 3 106.7 | 5.4 |
| 2010 | 4 024.5 | 6.9 |

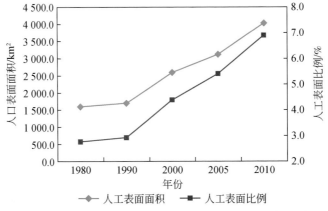

图4-3　1980～2010年武汉城市群人工表面面积及比例变动图

总的来看，1980～2010年武汉城市群城镇用地面积增加151.7%。城市群不同阶段的扩展情况如下。

1980～1990年，武汉城市群城镇用地面积由1599.0km²增加到1681.1km²，城镇用地比重由2.8%增至2.9%，增幅不大，说明这一时间段内武汉城市群城市扩展缓慢。

1990～2000年，武汉城市群城镇用地由1681.1 km²增加到2575.0 km²，城镇用地的比重由2.9%攀升到4.4%，城市群内各城市具有一定扩展，但各城市城镇扩展差异明显。其中以武汉市扩展幅度最大，其余8个城市扩展幅度较小，但相对而言，黄石、鄂州、孝感的扩展幅度高于其他5个地级市，仙桃、天门、潜江被设为省管市后，发展速度有所增加，相互之间的联系开始显现。这一时期武汉城市群正处于初步形成阶段。

2000～2005年，武汉城市群城镇用地由2000年的2575.0 km²增加到3106.7 km²，城镇用地的比重由4.4%攀升到5.4%，群内各个城市加速扩展。其中武汉持续加速扩展，咸宁、天门的扩展速度也比较快，黄石、黄冈、鄂州已形成密切联系。这一时期武汉城市群处于快速发展阶段。

2005～2010年，群内城镇用地由3106.7km²增加到4024.5km²，城镇用地的比重由5.4%攀升到6.9%，群内各城市迅猛扩展。武汉始终保持加速扩展态势，已成为规模巨大、人口众多、实力雄厚的核心城市；黄石、黄冈、鄂州的联系尤为密切，已形成了小规模的城市绵延区；咸宁、孝感亦扩展迅速，且扩展方向具有明显向武汉市靠拢的趋势，说明受武汉的辐射带动作用明显；仙桃、天门、潜江的城市区域半径增至8～12km，已出现了彼此依托、鼎足而立的发展趋势。这一时期武汉城市群处于联系日趋密切、扩展日趋迅速的加速发展过程中。1980～2010年武汉城市群人工表面分布如图4-4所示；武汉城市群城市扩展图如图4-5和图4-6所示。

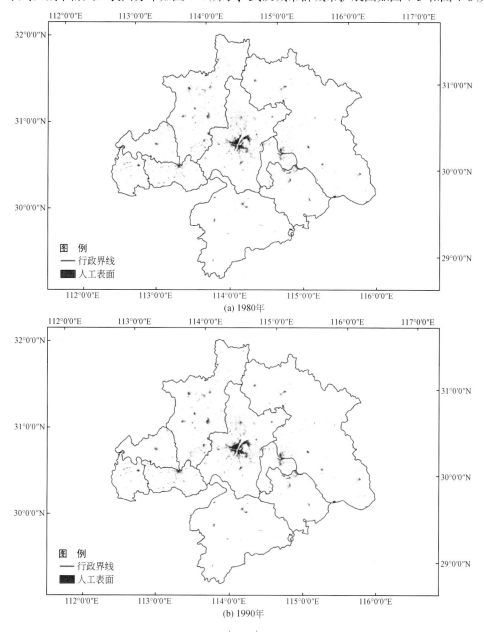

(a) 1980年

(b) 1990年

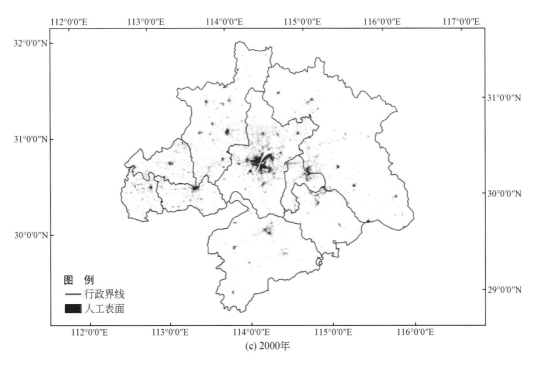

(c) 2000年

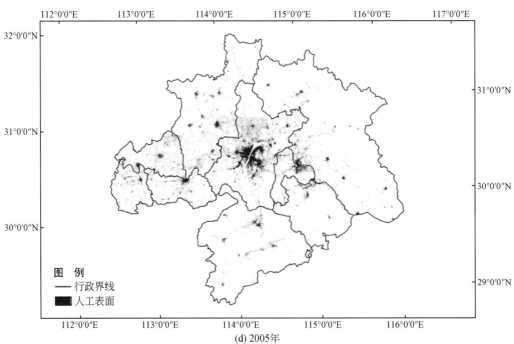

(d) 2005年

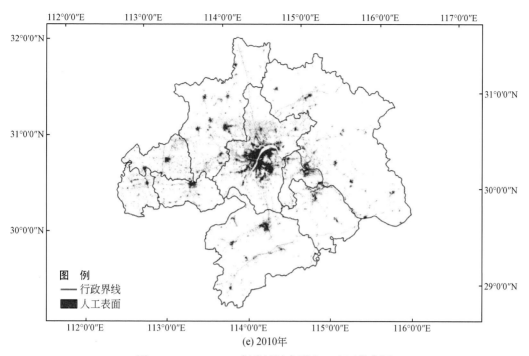

(e) 2010年

图 4-4  1980~2010 年武汉城市群人工表面分布图

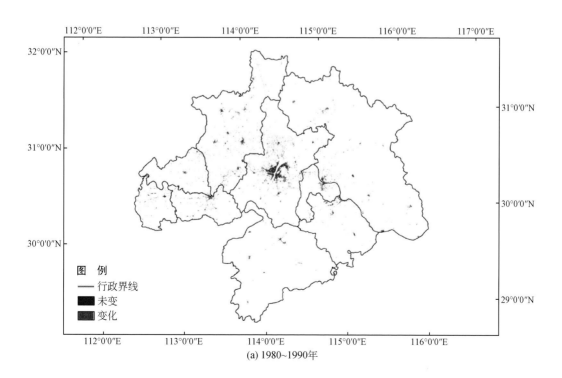

(a) 1980~1990年

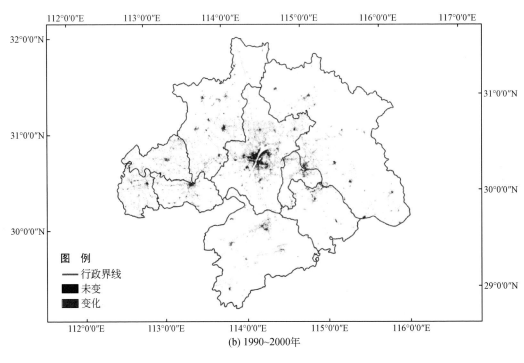

(b) 1990~2000年

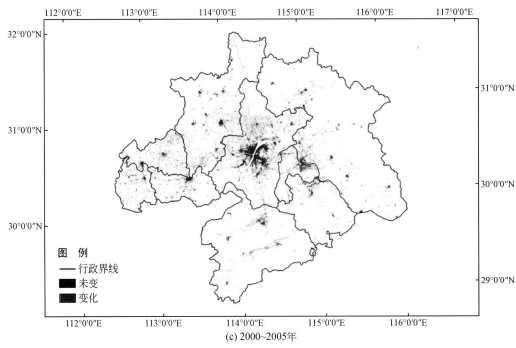

(c) 2000~2005年

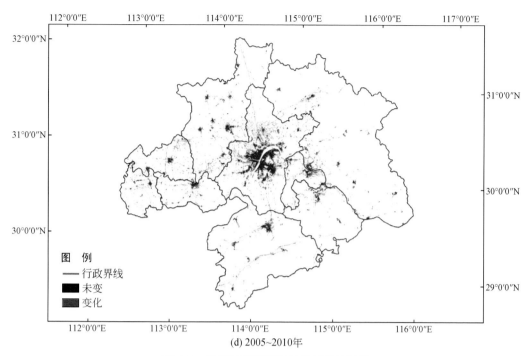

(d) 2005~2010年

图 4-5　武汉城市群不同时期城市扩展图

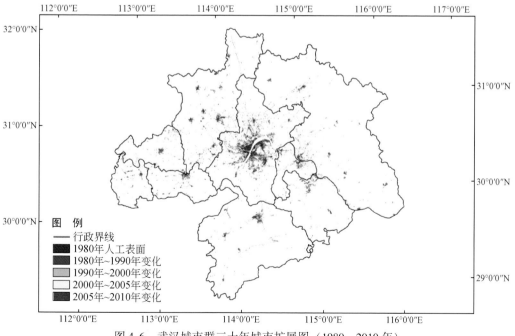

图 4-6　武汉城市群三十年城市扩展图（1980~2010年）

（3）武汉城市群农田变化

1980～2010 年，随着城市群城镇用地面积不断增大，农田面积也呈减少趋势；总的来看，1980～2010 年城市群农田面积减少 1505.8km²，所占国土面积比例由 55.6% 减少至 53.0%（表 4-5，图 4-7）。

表 4-5　1980～2010 年武汉城市群农田面积及比例变化表

| 年份 | 农田面积/km² | 农田比例/% |
| --- | --- | --- |
| 1980 | 32 208.0 | 55.6 |
| 1990 | 32 168.0 | 55.5 |
| 2000 | 32 054.8 | 55.3 |
| 2005 | 31 495.0 | 54.3 |
| 2010 | 30 702.2 | 53.0 |

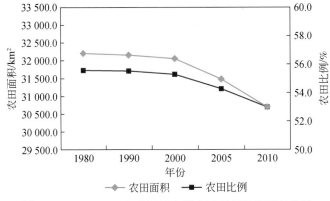

图 4-7　1980～2010 年武汉城市群农田面积及比例变动图

（4）武汉城市群湿地变化

1980～2010 年，随着城市群城镇用地面积不断增大，湿地面积呈减少趋势，其中尤其以 1990～2000 年减少明显，由 7715.1km² 减少至 7280.3km²；总的来看，1980～2010 年城市群湿地面积减少 451.6km²，所占国土面积比例由 13.3% 减少至 12.5%（表 4-6，图 4-8）。

表 4-6　1980～2010 年武汉城市群湿地面积及比例变化表

| 年份 | 湿地面积/km² | 湿地比例/% |
| --- | --- | --- |
| 1980 | 7715.1 | 13.3 |
| 1990 | 7715.1 | 13.3 |
| 2000 | 7280.3 | 12.6 |
| 2005 | 7322.9 | 12.6 |
| 2010 | 7263.5 | 12.5 |

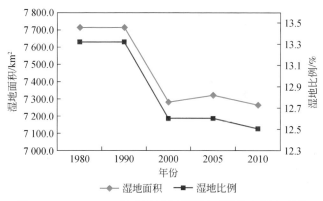

图 4-8　1980～2010 年武汉城市群湿地面积及比例变动图

（5）武汉城市群生态系统类型转移矩阵

1980 年以来，随着武汉城市群城市化进程的推进，共有 1741.8km² 的耕地转换为人工表面，是新增人工表面的主要来源，而随着耕地的减少，城市群第一产业比重下降，城市产业结构逐渐发生变化，第一产业向第二、第三产业升级演进。表 4-7 是各生态系统类型转移矩阵，其中纵向是起始年份类型，横向是转变为终止年份类型。分析城市群各用地类型转换为人工表面比例，如表 4-8 和图 4-9 所示。武汉城市群生态系统变动如图 4-10 所示。

表 4-7　武汉城市群一级生态系统分布与构成转移矩阵　　　单位：km²

| 年份 | 类型 | 林地 | 草地 | 湿地 | 农田 | 城镇 | 其他 |
|---|---|---|---|---|---|---|---|
| 1980～1990 | 林地 | 15 420 | | | | | |
| | 草地 | | 928.2 | | | | |
| | 湿地 | | | 7 728.3 | | | |
| | 农田 | | | | 32 192 | | |
| | 城镇 | | 18.2 | | 63.9 | 1 599.8 | |
| | 其他 | | | | | | 12.2 |
| 1990～2000 | 林地 | 15 331.1 | 9.9 | 0.3 | 4.3 | | |
| | 草地 | 3.2 | 691.2 | | 3.4 | | |
| | 湿地 | | | 7 265.5 | 10.8 | | |
| | 农田 | 0.5 | 0.4 | 357.8 | 31 694.4 | 0.3 | |
| | 城镇 | 85 | 224 | 104.7 | 479.4 | 1 681.8 | 0.1 |
| | 其他 | | 2.8 | | | | 12.1 |
| 2000～2005 | 林地 | 15 301.5 | 1.4 | 5.1 | 31.9 | 9.4 | 5.9 |
| | 草地 | 0.1 | 689.1 | 0.1 | 0.8 | 0.2 | |
| | 湿地 | 3 | 0.4 | 7 110.8 | 206.4 | 2.1 | |
| | 农田 | 21.6 | 5.6 | 92.4 | 31 350.4 | 21.9 | 2.8 |
| | 城镇 | 25.2 | 1.5 | 71.8 | 464.8 | 2 541.2 | 2 |
| | 其他 | 0.5 | | | | | 3.8 |

续表

| 年份 | 类型 | 林地 | 草地 | 湿地 | 农田 | 城镇 | 其他 |
|---|---|---|---|---|---|---|---|
| 2005~2010 | 林地 | 15 259.9 | | 2.7 | 13.7 | 0.8 | 0.1 |
| | 草地 | 0.5 | 689 | 0.5 | 5.2 | | |
| | 湿地 | 0.1 | | 7 206 | 57.2 | | |
| | 农田 | 2.2 | | 49.3 | 30 650.3 | 0.5 | |
| | 城镇 | 87.1 | 1.6 | 64.1 | 765.7 | 3 105.3 | 0.3 |
| | 其他 | 5.7 | | | 2.6 | | 3.9 |
| 1980~2010 | 林地 | 15 252.6 | 9.8 | 2.1 | 6.2 | 0.2 | |
| | 草地 | 3.3 | 687.9 | | 3.7 | | |
| | 湿地 | 0.9 | | 7 109.4 | 149.3 | | |
| | 农田 | 1.8 | 0.4 | 343.3 | 30 354.7 | 0.1 | |
| | 城镇 | 161.1 | 245.9 | 273.2 | 1 741.8 | 1 599.4 | 2.4 |
| | 其他 | | 2.3 | | | | 9.5 |

注：空白处表示值小于0.1

表4-8　武汉城市群各用地类型转换为人工表面比例　　　　单位:%

| 年份 | 林地—人工表面 | 草地—人工表面 | 湿地—人工表面 | 耕地—人工表面 | 其他—人工表面 |
|---|---|---|---|---|---|
| 1980~1990 | 0.00 | 22.17 | 0.00 | 77.83 | 0.00 |
| 1990~2000 | 9.52 | 25.08 | 11.72 | 53.67 | 0.01 |
| 2000~2005 | 4.46 | 0.27 | 12.70 | 82.22 | 0.35 |
| 2005~2010 | 9.48 | 0.17 | 6.98 | 83.34 | 0.03 |
| 1980~2010 | 6.64 | 10.14 | 11.27 | 71.84 | 0.10 |

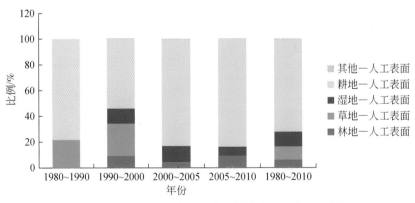

图4-9　武汉城市群各用地类型转换为人工表面比例

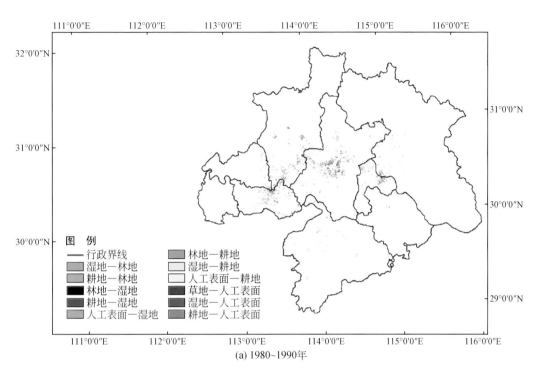

图 例
— 行政界线
▨ 湿地—林地
▨ 耕地—林地
▨ 林地—湿地
▨ 耕地—湿地
▨ 人工表面—湿地
▨ 林地—耕地
▨ 湿地—耕地
▨ 人工表面—耕地
▨ 草地—人工表面
▨ 湿地—人工表面
▨ 耕地—人工表面

(a) 1980~1990年

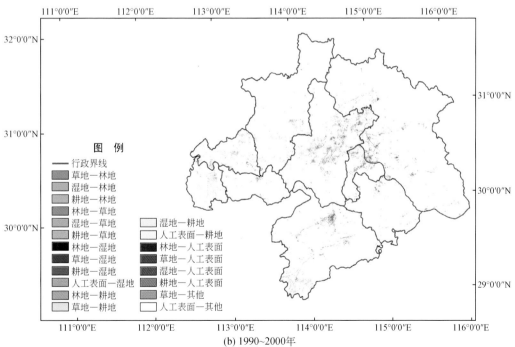

图 例
— 行政界线
▨ 草地—林地
▨ 湿地—林地
▨ 耕地—林地
▨ 林地—草地
▨ 湿地—草地
▨ 耕地—草地
▨ 林地—湿地
▨ 草地—湿地
▨ 耕地—湿地
▨ 人工表面—湿地
▨ 林地—耕地
▨ 草地—耕地
▨ 湿地—耕地
▨ 人工表面—耕地
▨ 林地—人工表面
▨ 草地—人工表面
▨ 湿地—人工表面
▨ 耕地—人工表面
▨ 草地—其他
▨ 人工表面—其他

(b) 1990~2000年

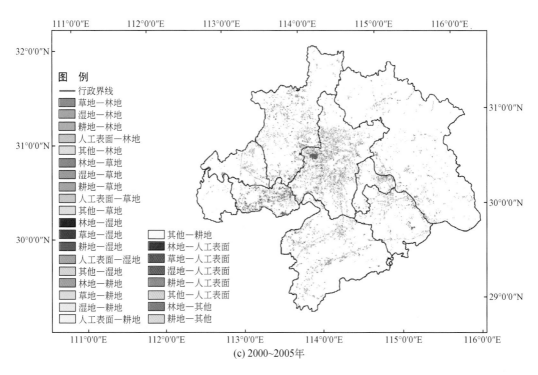

(c) 2000~2005年

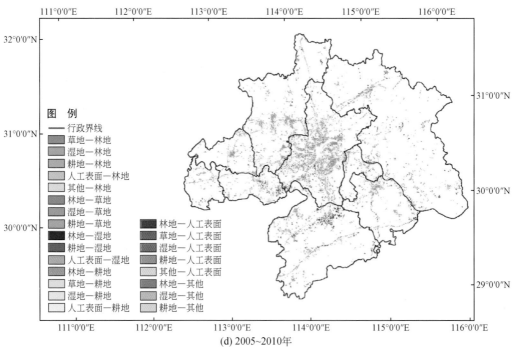

(d) 2005~2010年

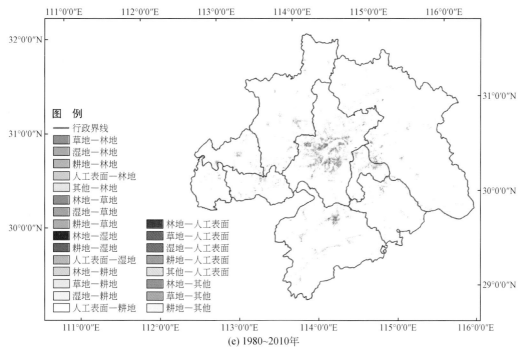

(e) 1980~2010年

图 4-10　武汉城市群生态系统变动图

## 4.3.1.2　武汉城市群各城市

（1）武汉城市群各城市一级生态系统构成特征

从各城市一级生态系统构成来看，武汉城市群内森林覆盖率最高的地区主要分布于孝感、黄冈和咸宁市的部分县域，位于城市群东部的大别山脉和幕阜山脉，构成城市群基础的生态区域；城市群中西部为江汉平原，包括天门、潜江、仙桃、汉川、汉南及应城等县市，地势平坦、适合耕种，是我国重要的商品粮基地；在大别山与幕阜山之间，由于长江的影响，分布着众多的湖泊、河流；包括武汉、鄂州、黄石、黄冈、咸宁等市沿江地区，水面与耕地面积基本相近，森林比例偏小，同时也是城镇和产业建设密集地区（表4-9）。

表 4-9　武汉城市群各城市一级生态系统构成特征表

（a）武汉市

| 年份 | 统计参数 | 森林 | 草地 | 湿地 | 农田 | 城镇 | 其他 |
|------|---------|------|------|------|------|------|------|
| 1980 | 面积/km² | 589.1 | 86.7 | 2335.8 | 4975.75 | 557.4 | 4.4 |
| | 比例/% | 6.9 | 1.0 | 27.3 | 58.2 | 6.5 | 0.1 |
| 1990 | 面积/km² | 589.0 | 75.6 | 2335.7 | 4953.7 | 590.3 | 4.4 |
| | 比例/% | 6.9 | 0.9 | 27.3 | 57.9 | 6.9 | 0.1 |
| 2000 | 面积/km² | 579.4 | 11.4 | 2170.4 | 4927.4 | 861.4 | 4.7 |
| | 比例/% | 6.8 | 0.1 | 25.4 | 57.6 | 10.1 | |

续表

| 年份 | 统计参数 | 森林 | 草地 | 湿地 | 农田 | 城镇 | 其他 |
|---|---|---|---|---|---|---|---|
| 2005 | 面积/km² | 570.9 | 11.2 | 2165.5 | 4693.2 | 1112.4 | 1.4 |
| | 比例/% | 6.7 | 0.1 | 25.3 | 54.9 | 13.0 | |
| 2010 | 面积/km² | 569.4 | 10.5 | 2129.4 | 4336.9 | 1505.8 | 2.7 |
| | 比例/% | 6.7 | 0.1 | 24.9 | 50.7 | 17.6 | |

注：空白处表示值小于0.1，下同

（b）黄石市

| 年份 | 统计参数 | 森林 | 草地 | 湿地 | 农田 | 城镇 | 其他 |
|---|---|---|---|---|---|---|---|
| 1980 | 面积/km² | 1510.8 | 126.9 | 614.4 | 2236.2 | 95.5 | 0.2 |
| | 比例/% | 33.0 | 2.8 | 13.4 | 48.8 | 2.1 | |
| 1990 | 面积/km² | 1511.3 | 126.8 | 613.8 | 2235.7 | 96.2 | 0.2 |
| | 比例/% | 33.0 | 2.8 | 13.4 | 48.8 | 2.1 | |
| 2000 | 面积/km² | 1507.8 | 109.8 | 611.2 | 2229.3 | 129.7 | 0.5 |
| | 比例/% | 32.9 | 2.4 | 13.3 | 48.6 | 2.8 | |
| 2005 | 面积/km² | 1507.4 | 107.4 | 610.8 | 2206.6 | 156.1 | |
| | 比例/% | 32.9 | 2.3 | 13.3 | 48.1 | 3.4 | |
| 2010 | 面积/km² | 1500.3 | 109.6 | 600.3 | 2161.7 | 215.9 | 0.4 |
| | 比例/% | 32.7 | 2.4 | 13.1 | 47.1 | 4.7 | |

（c）咸宁市

| 年份 | 统计参数 | 森林 | 草地 | 湿地 | 农田 | 城镇 | 其他 |
|---|---|---|---|---|---|---|---|
| 1980 | 面积/km² | 5197.6 | 215.6 | 915.9 | 3314.4 | 77.4 | 2.7 |
| | 比例/% | 53.5 | 2.2 | 9.4 | 34.1 | 0.8 | |
| 1990 | 面积/km² | 5197.9 | 215.3 | 915.6 | 3312.5 | 79.4 | 2.7 |
| | 比例/% | 53.5 | 2.2 | 9.4 | 34.1 | 0.8 | |
| 2000 | 面积/km² | 5175.8 | 178.1 | 894.2 | 3267.0 | 216.6 | 3.5 |
| | 比例/% | 53.2 | 1.8 | 9.2 | 33.6 | 2.2 | |
| 2005 | 面积/km² | 5188.1 | 174.6 | 892.9 | 3208.8 | 270.6 | 0.1 |
| | 比例/% | 53.3 | 1.8 | 9.2 | 33.0 | 2.8 | |
| 2010 | 面积/km² | 5140.6 | 176.9 | 891.8 | 3119.4 | 403.2 | 3.3 |
| | 比例/% | 52.8 | 1.8 | 9.2 | 32.0 | 4.1 | |

（d）黄冈市

| 年份 | 统计参数 | 森林 | 草地 | 湿地 | 农田 | 城镇 | 其他 |
|---|---|---|---|---|---|---|---|
| 1980 | 面积/km² | 6494.1 | 430.7 | 1323.8 | 8929.1 | 228.8 | 3.4 |
| | 比例/% | 37.3 | 2.5 | 7.6 | 51.3 | 1.3 | |

续表

| 年份 | 统计参数 | 森林 | 草地 | 湿地 | 农田 | 城镇 | 其他 |
|------|---------|------|------|------|------|------|------|
| 1990 | 面积/km² | 6493.6 | 429.5 | 1324.9 | 8927.5 | 231.9 | 3.4 |
| | 比例/% | 37.3 | 2.5 | 7.6 | 51.3 | 1.3 | |
| 2000 | 面积/km² | 6476.8 | 347.3 | 1308 | 8920.4 | 375.2 | 4.6 |
| | 比例/% | 37.2 | 2.0 | 7.5 | 51.2 | 2.2 | |
| 2005 | 面积/km² | 6478.6 | 345.9 | 1294.5 | 8881.3 | 429.6 | 2.3 |
| | 比例/% | 37.2 | 2.0 | 7.4 | 50.9 | 2.5 | |
| 2010 | 面积/km² | 6463.3 | 346.9 | 1290.9 | 8796.4 | 530.3 | 4.5 |
| | 比例/% | 37.1 | 2.0 | 7.4 | 50.5 | 3.0 | |

（e）孝感市

| 年份 | 统计参数 | 森林 | 草地 | 湿地 | 农田 | 城镇 | 其他 |
|------|---------|------|------|------|------|------|------|
| 1980 | 面积/km² | 1514.9 | 50.1 | 878.5 | 6135.8 | 302.4 | 1.0 |
| | 比例/% | 17.1 | 0.6 | 9.9 | 69.1 | 3.4 | |
| 1990 | 面积/km² | 1514.9 | 47.5 | 878.6 | 6118.8 | 322.4 | 1.0 |
| | 比例/% | 17.1 | 0.5 | 9.9 | 68.9 | 3.6 | |
| 2000 | 面积/km² | 1515.1 | 47.0 | 756.4 | 6189.2 | 389.0 | 1.0 |
| | 比例/% | 17.0 | 0.5 | 8.5 | 69.6 | 4.4 | |
| 2005 | 面积/km² | 1513.1 | 46.7 | 785.7 | 6114.2 | 437.8 | 0.2 |
| | 比例/% | 17.0 | 0.5 | 8.8 | 68.7 | 4.9 | |
| 2010 | 面积/km² | 1509.2 | 46.8 | 778.1 | 6004.7 | 558.2 | 0.7 |
| | 比例/% | 17.0 | 0.5 | 8.7 | 67.5 | 6.3 | |

（f）鄂州市

| 年份 | 统计参数 | 森林 | 草地 | 湿地 | 农田 | 城镇 | 其他 |
|------|---------|------|------|------|------|------|------|
| 1980 | 面积/km² | 62.2 | 34.4 | 512.6 | 892.9 | 69.6 | 0.4 |
| | 比例/% | 4.0 | 2.2 | 32.6 | 56.8 | 4.4 | |
| 1990 | 面积/km² | 62.2 | 32.8 | 512.3 | 886.9 | 77.3 | 0.4 |
| | 比例/% | 4.0 | 2.1 | 32.6 | 56.4 | 4.9 | |
| 2000 | 面积/km² | 61.4 | 4.8 | 500.1 | 886.9 | 121.2 | 0.6 |
| | 比例/% | 3.9 | 0.3 | 31.8 | 56.3 | 7.7 | |
| 2005 | 面积/km² | 60.7 | 4.9 | 492.5 | 858.2 | 158.2 | 0.4 |
| | 比例/% | 3.9 | 0.3 | 31.3 | 54.5 | 10.0 | |
| 2010 | 面积/km² | 59.5 | 4.8 | 493.3 | 827.1 | 189.8 | 0.5 |
| | 比例/% | 3.8 | 0.3 | 31.3 | 52.5 | 12.1 | |

（g）仙桃市

| 年份 | 统计参数 | 森林 | 草地 | 湿地 | 农田 | 城镇 | 其他 |
|---|---|---|---|---|---|---|---|
| 1980 | 面积/km² | 8.5 | 1.3 | 679.6 | 1740.1 | 96.6 | |
| | 比例/% | 0.3 | 0.1 | 26.9 | 68.9 | 3.8 | |
| 1990 | 面积/km² | 8.5 | | 679.4 | 1727.4 | 110.6 | |
| | 比例/% | 0.3 | | 26.9 | 68.4 | 4.4 | |
| 2000 | 面积/km² | 8.5 | | 650.0 | 1713.2 | 156.4 | |
| | 比例/% | 0.3 | | 25.7 | 67.8 | 6.2 | |
| 2005 | 面积/km² | 9.3 | | 692.5 | 1657.8 | 168.4 | |
| | 比例/% | 0.4 | | 27.4 | 65.6 | 6.7 | |
| 2010 | 面积/km² | 8.2 | | 691.0 | 1635.3 | 193.6 | |
| | 比例/% | 0.3 | | 27.3 | 64.7 | 7.7 | |

（h）天门市

| 年份 | 统计参数 | 森林 | 草地 | 湿地 | 农田 | 城镇 | 其他 |
|---|---|---|---|---|---|---|---|
| 1980 | 面积/km² | 17.3 | 0.1 | 193.3 | 2333.7 | 91.2 | 0.1 |
| | 比例/% | 0.7 | | 7.3 | 88.5 | 3.5 | |
| 1990 | 面积/km² | 17.3 | | 193.7 | 2332.0 | 92.9 | 0.1 |
| | 比例/% | 0.7 | | 7.3 | 88.5 | 3.5 | |
| 2000 | 面积/km² | 16.7 | | 174.4 | 2262.1 | 185.5 | 0.1 |
| | 比例/% | 0.6 | | 6.6 | 85.7 | 7.0 | |
| 2005 | 面积/km² | 16.9 | | 174.2 | 2219.0 | 228.7 | |
| | 比例/% | 0.6 | | 6.6 | 84.1 | 8.7 | |
| 2010 | 面积/km² | 16.5 | | 173.8 | 2182.3 | 266.1 | 0.1 |
| | 比例/% | 0.6 | | 6.6 | 82.7 | 10.1 | |

（i）潜江市

| 年份 | 统计参数 | 森林 | 草地 | 湿地 | 农田 | 城镇 | 其他 |
|---|---|---|---|---|---|---|---|
| 1980 | 面积/km² | 10.5 | | 259.5 | 1672.9 | 80.1 | |
| | 比例/% | 0.5 | | 12.8 | 82.7 | 4.0 | |
| 1990 | 面积/km² | 10.5 | | 259.5 | 1672.8 | 80.1 | |
| | 比例/% | 0.5 | | 12.8 | 82.7 | 4.0 | |
| 2000 | 面积/km² | 10.5 | | 215.7 | 1659.3 | 140.0 | |
| | 比例/% | 0.5 | | 10.6 | 81.9 | 6.9 | |
| 2005 | 面积/km² | 10.5 | | 214.1 | 1656.2 | 144.8 | |
| | 比例/% | 0.5 | | 10.6 | 81.8 | 7.1 | |
| 2010 | 面积/km² | 10.6 | | 214.8 | 1638.5 | 161.5 | |
| | 比例/% | 0.5 | | 10.6 | 80.9 | 8.0 | |

（2）武汉城市群各城市一级生态系统构成特征

武汉城市群各城市一级生态系统构成特征如图 4-11 所示。

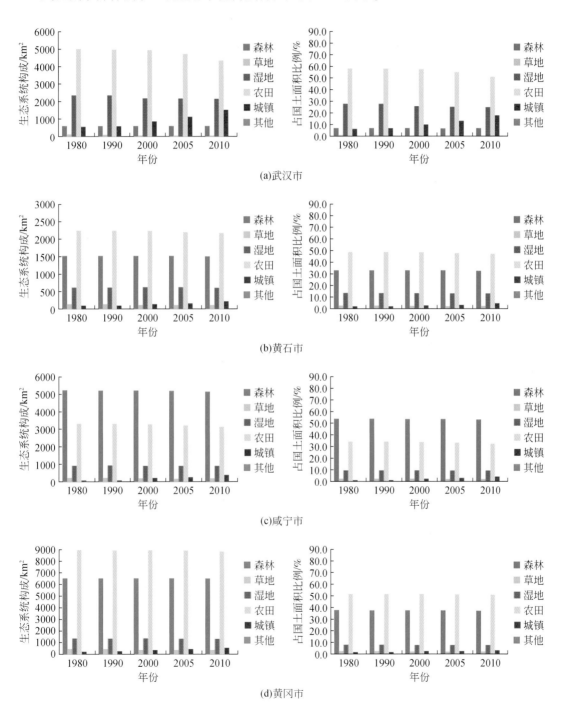

(a)武汉市

(b)黄石市

(c)咸宁市

(d)黄冈市

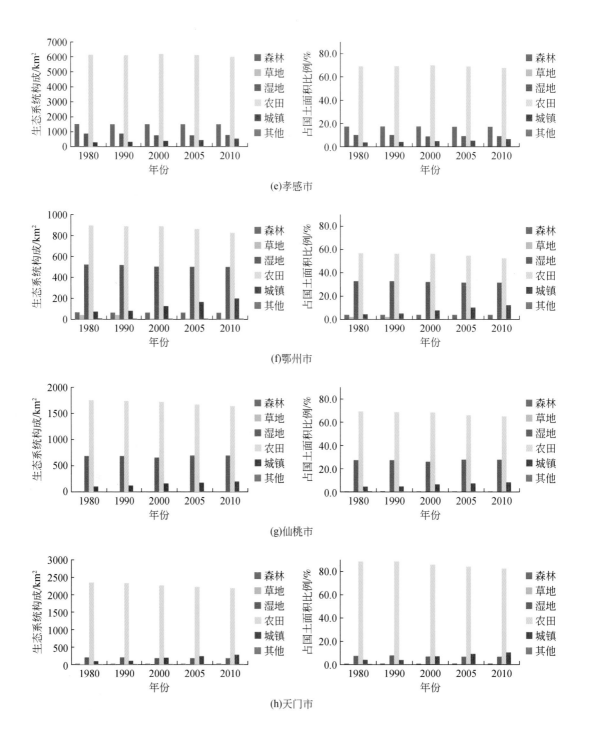

(e)孝感市

(f)鄂州市

(g)仙桃市

(h)天门市

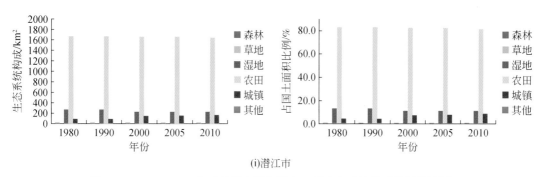

(i)潜江市

图 4-11　1980～2010 年武汉城市群各城市一级生态系统构成特征统计图

（3）武汉城市群各城市扩展

从表 4-10、图 4-12 和图 4-13 来看，1980 年、1990 年、2000 年、2005 年、2010 年武汉市人工表面面积分别为 557.4 km²、590.3 km²、861.4 km²、1112.4 km²、1505.8km²，均明显高于城市群其他城市；孝感、黄冈市人工表面面积处于居中的位置，黄石、咸宁、鄂州、仙桃、天门、潜江市人工表面面积最少；从人工表面所占比例变化图来看，城市群各城市在 1980～1990 年增速缓慢，1990～2010 年增速明显；1990～2000 年、2000～2005 年、2005～2010 年，武汉市人工表面所占比例分别增加 3.2%、2.9%、4.6%，除 1990～2000 年天门人工表面增速（3.5%）大于武汉市外，2000～2005 年、2005～2010 年武汉市人工表面增速都是最快的。1980～2010 年，黄冈市人工表面所占比例由 1.3% 增至 3.0%，是城市群各市增速最慢的。

表 4-10　1980～2010 年武汉城市群各城市人工表面面积及比例变化表

| 年份 | 人工表面 | 武汉 | 黄石 | 咸宁 | 黄冈 | 孝感 | 鄂州 | 仙桃 | 天门 | 潜江 |
|---|---|---|---|---|---|---|---|---|---|---|
| 1980 | 面积/km² | 557.4 | 95.5 | 77.4 | 228.8 | 302.4 | 69.6 | 96.6 | 91.2 | 80.1 |
| | 比例/% | 6.5 | 2.1 | 0.8 | 1.3 | 3.4 | 4.4 | 3.8 | 3.5 | 4.0 |
| 1990 | 面积/km² | 590.3 | 96.2 | 79.4 | 231.9 | 322.4 | 77.3 | 110.6 | 92.9 | 80.1 |
| | 比例/% | 6.9 | 2.1 | 0.8 | 1.3 | 3.6 | 4.9 | 4.4 | 3.5 | 4.0 |
| 2000 | 面积/km² | 861.4 | 129.7 | 216.6 | 375.2 | 389.0 | 121.2 | 156.4 | 185.5 | 140.0 |
| | 比例/% | 10.1 | 2.8 | 2.2 | 2.2 | 4.4 | 7.7 | 6.2 | 7.0 | 6.9 |
| 2005 | 面积/km² | 1112.4 | 156.1 | 270.6 | 429.6 | 437.8 | 158.2 | 168.4 | 228.7 | 144.8 |
| | 比例/% | 13.0 | 3.4 | 2.8 | 2.5 | 4.9 | 10.0 | 6.7 | 8.7 | 7.1 |
| 2010 | 面积/km² | 1505.8 | 215.9 | 403.2 | 530.3 | 558.2 | 189.8 | 193.6 | 266.1 | 161.5 |
| | 比例/% | 17.6 | 4.7 | 4.1 | 3.0 | 6.3 | 12.1 | 7.7 | 10.1 | 8.0 |

（4）武汉城市群各城市农田变化

1980 年、1990 年、2000 年、2005 年、2010 年，武汉城市群各城市农田生态系统面积呈减少的趋势，其中武汉市最为明显，由 1980 年的 4975.80km² 减少至 2010 年的 4336.90 km²，减少 12.84%（表 4-11，图 4-14）。

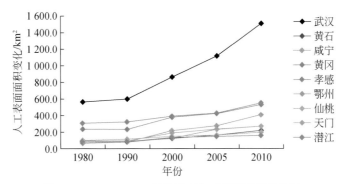

图 4-12　1980～2010 年各城市人工表面面积变化图

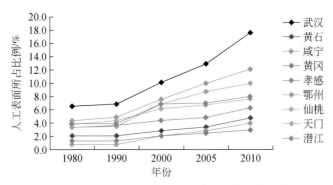

图 4-13　1980～2010 年各市人工表面所占比例变化图

**表 4-11　1980～2010 年武汉城市群各城市农田面积变化表**　　　　　单位：km²

| 年份 | 武汉 | 黄石 | 咸宁 | 黄冈 | 孝感 | 鄂州 | 仙桃 | 天门 | 潜江 |
|---|---|---|---|---|---|---|---|---|---|
| 1980 | 4975.80 | 2236.24 | 3314.45 | 8929.12 | 6135.76 | 892.89 | 1740.10 | 2333.70 | 1672.89 |
| 1990 | 4953.65 | 2235.72 | 3312.47 | 8927.48 | 6118.80 | 886.94 | 1727.42 | 2331.96 | 1672.84 |
| 2000 | 4927.40 | 2229.30 | 3267.00 | 8920.20 | 6189.20 | 886.90 | 1713.20 | 2262.10 | 1659.30 |
| 2005 | 4693.20 | 2206.60 | 3208.80 | 8881.30 | 6114.00 | 858.20 | 1657.80 | 2219.00 | 1656.20 |
| 2010 | 4336.90 | 2161.70 | 3119.40 | 8796.40 | 6004.70 | 827.10 | 1635.30 | 2182.30 | 1638.50 |

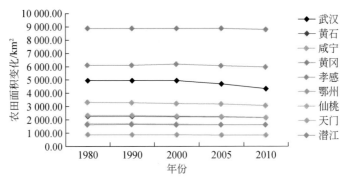

图 4-14　1980～2010 年武汉城市群各城市农田面积变化图

（5）武汉城市群各城市湿地变化

1980～2010年，武汉城市群各城市湿地生态系统面积呈减少的趋势，其中武汉市最为明显，由1980年的2335.80km²减少至2010年的2129.40km²，减少8.84%（表4-12，图4-15）。

表4-12　武汉城市群各城市湿地面积变化表　　　　　单位：km²

| 年份 | 武汉 | 黄石 | 咸宁 | 黄冈 | 孝感 | 鄂州 | 仙桃 | 天门 | 潜江 |
|---|---|---|---|---|---|---|---|---|---|
| 1980 | 2335.80 | 614.38 | 915.92 | 1323.78 | 878.47 | 512.57 | 679.59 | 193.29 | 259.45 |
| 1990 | 2335.65 | 613.83 | 915.64 | 1324.91 | 878.56 | 512.28 | 679.42 | 193.66 | 259.45 |
| 2000 | 2170.40 | 611.20 | 894.20 | 1308.00 | 756.40 | 500.10 | 650.00 | 174.40 | 215.70 |
| 2005 | 2165.50 | 610.80 | 892.90 | 1294.50 | 785.70 | 492.50 | 692.50 | 174.20 | 214.10 |
| 2010 | 2129.40 | 600.30 | 891.80 | 1290.90 | 778.10 | 493.30 | 691.00 | 173.80 | 214.80 |

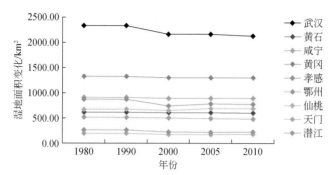

图4-15　1980～2010年武汉城市群各城市湿地面积变化图

## 4.3.2　经济城市化

地区生产总值是反映一个国家或地区经济总量及经济发展水平的一个重要指标，可以划分为第一产业、第二产业和第三产业三个部分。在城市化的推进过程中，城市产业结构遵循高度化规律，具体表现为第一产业向第二、第三产业升级演进。第二产业和第三产业在整个国民经济构成中所占的比例越高，则城市化水平越高。2000～2010年武汉城市群持续推进产业结构调整和经济发展方式转变，经济结构趋于优化。第一、第二、第三产业比重分别从2000年的14.59%、44.67%、40.73%变为2010年的9.88%、46.46%、43.65%。第一产业比重的稳步下降和第二、第三产业比重的快速上升，说明武汉城市群经济结构层次正在逐年提高，但是第三产业比重的相对滞后表明武汉城市群产业发展结构尚存在不合理之处（表4-13，图4-16）。

表4-13　2000～2010年武汉城市群各城市三产比重变化表　　　　　单位：%

| 城市 | 年份 | 一产比重 | 二产比重 | 三产比重 | 城市 | 年份 | 一产比重 | 二产比重 | 三产比重 |
|---|---|---|---|---|---|---|---|---|---|
| 城市群 | 2000 | 14.59 | 44.67 | 40.73 | 城市群 | 2004 | 12.29 | 46.45 | 41.26 |
|  | 2001 | 13.45 | 45.14 | 41.41 |  | 2005 | 12.80 | 43.35 | 43.85 |
|  | 2002 | 12.73 | 45.29 | 41.98 |  | 2006 | 11.77 | 44.42 | 43.81 |
|  | 2003 | 12.28 | 45.77 | 41.95 |  | 2007 | 11.52 | 44.57 | 43.91 |

| 城市 | 年份 | 一产比重 | 二产比重 | 三产比重 | 城市 | 年份 | 一产比重 | 二产比重 | 三产比重 |
|---|---|---|---|---|---|---|---|---|---|
| 城市群 | 2008 | 10.92 | 45.47 | 43.61 | 咸宁市 | 2009 | 20.8 | 42.82 | 36.38 |
| | 2009 | 10.28 | 46.28 | 43.44 | | 2010 | 19.41 | 45.7 | 34.9 |
| | 2010 | 9.88 | 46.46 | 43.65 | 仙桃市 | 2000 | 20.76 | 42.47 | 36.78 |
| 黄石市 | 2000 | 8.77 | 52.42 | 38.8 | | 2001 | 22.7 | 40.58 | 36.72 |
| | 2001 | 8.67 | 52.52 | 38.81 | | 2002 | 21.84 | 41.37 | 36.79 |
| | 2002 | 8.12 | 53.04 | 38.83 | | 2003 | 21.02 | 43.08 | 35.9 |
| | 2003 | 7.92 | 53.14 | 38.95 | | 2004 | 23.39 | 40.8 | 35.81 |
| | 2004 | 8.57 | 53.96 | 37.48 | | 2005 | 23.48 | 42.24 | 34.28 |
| | 2005 | 8.9 | 51.3 | 39.8 | | 2006 | 22.05 | 44.36 | 33.6 |
| | 2006 | 7.93 | 53 | 39.07 | | 2007 | 21.16 | 45.15 | 33.7 |
| | 2007 | 8.04 | 53.06 | 38.9 | | 2008 | 19.17 | 46.47 | 34.36 |
| | 2008 | 7.45 | 53.45 | 39.1 | | 2009 | 19.58 | 47.65 | 32.77 |
| | 2009 | 7.92 | 54.96 | 37.13 | | 2010 | 18.6 | 47.4 | 34 |
| | 2010 | 7.77 | 57.22 | 35.01 | 武汉市 | 2000 | 6.74 | 44.19 | 49.07 |
| 鄂州市 | 2000 | 15.95 | 52.07 | 31.98 | | 2001 | 6.31 | 44.13 | 49.56 |
| | 2001 | 14.66 | 52.17 | 33.17 | | 2002 | 6 | 44.24 | 49.76 |
| | 2002 | 14.06 | 51.34 | 34.61 | | 2003 | 5.67 | 44.63 | 49.7 |
| | 2003 | 13.52 | 51.78 | 34.7 | | 2004 | 5.21 | 46.17 | 48.62 |
| | 2004 | 13.31 | 52.23 | 34.46 | | 2005 | 4.9 | 45.53 | 49.57 |
| | 2005 | 16.13 | 47.35 | 36.52 | | 2006 | 4.47 | 46.15 | 49.37 |
| | 2006 | 14.93 | 50.25 | 34.82 | | 2007 | 4.11 | 45.83 | 50.06 |
| | 2007 | 15.34 | 51.89 | 32.77 | | 2008 | 3.65 | 46.15 | 50.19 |
| | 2008 | 15.39 | 54.889 | 29.72 | | 2009 | 3.23 | 46.36 | 50.41 |
| | 2009 | 13.59 | 55.36 | 31.05 | | 2010 | 3.06 | 45.51 | 51.44 |
| | 2010 | 13.02 | 58.53 | 28.46 | 孝感市 | 2000 | 27.51 | 39.84 | 32.65 |
| 咸宁市 | 2000 | 25.82 | 43.99 | 30.19 | | 2001 | 25.3 | 41.13 | 33.57 |
| | 2001 | 24.3 | 45.14 | 30.57 | | 2002 | 24.19 | 41.93 | 33.88 |
| | 2002 | 22.96 | 44.8 | 32.24 | | 2003 | 23.68 | 42.29 | 34.03 |
| | 2003 | 21.56 | 46.62 | 31.82 | | 2004 | 23.47 | 41.81 | 34.72 |
| | 2004 | 22.12 | 47.08 | 30.8 | | 2005 | 26.27 | 37.49 | 36.24 |
| | 2005 | 26.3 | 38.53 | 35.17 | | 2006 | 24.64 | 38.24 | 37.11 |
| | 2006 | 23.69 | 40.99 | 35.32 | | 2007 | 22.7 | 39.7 | 37.6 |
| | 2007 | 23.84 | 41.8 | 34.36 | | 2008 | 22.21 | 41.13 | 36.66 |
| | 2008 | 22.8 | 42.78 | 34.42 | | 2009 | 21.57 | 43.43 | 35 |
| | | | | | | 2010 | 21.38 | 45.08 | 33.54 |

续表

| 城市 | 年份 | 一产比重 | 二产比重 | 三产比重 | 城市 | 年份 | 一产比重 | 二产比重 | 三产比重 |
|---|---|---|---|---|---|---|---|---|---|
| 黄冈市 | 2000 | 25.83 | 45.24 | 28.93 | 潜江市 | 2005 | 26.76 | 35.12 | 38.12 |
| | 2001 | 23.85 | 46.61 | 29.54 | | 2006 | 21.39 | 45.08 | 33.53 |
| | 2002 | 22.88 | 46.56 | 30.56 | | 2007 | 21.3 | 44.97 | 33.73 |
| | 2003 | 23.04 | 46.2 | 30.76 | | 2008 | 16.86 | 53.21 | 29.93 |
| | 2004 | 25.07 | 44.98 | 29.95 | | 2009 | 17.6 | 51.75 | 30.65 |
| | 2005 | 33.14 | 30.94 | 35.91 | | 2010 | 16.58 | 52.31 | 31.1 |
| | 2006 | 30.97 | 32.26 | 36.77 | 天门市 | 2000 | 22.75 | 43.63 | 33.63 |
| | 2007 | 31.74 | 33.22 | 35.04 | | 2001 | 21.17 | 44.36 | 34.47 |
| | 2008 | 32.06 | 34 | 33.95 | | 2002 | 20.44 | 44.26 | 35.3 |
| | 2009 | 29.5 | 37.45 | 33.05 | | 2003 | 20.45 | 45.37 | 34.18 |
| | 2010 | 28.64 | 38.06 | 33.3 | | 2004 | 21.64 | 45.39 | 32.97 |
| 潜江市 | 2000 | 21.97 | 43.19 | 34.84 | | 2005 | 20.17 | 46.01 | 33.82 |
| | 2001 | 18.01 | 47.5 | 34.49 | | 2006 | 24.14 | 36.96 | 38.9 |
| | 2002 | 17.12 | 47.67 | 35.21 | | 2007 | 26.41 | 37.22 | 36.37 |
| | 2003 | 15.8 | 49.83 | 34.37 | | 2008 | 25.02 | 39.53 | 35.45 |
| | 2004 | 15.36 | 51.7 | 32.94 | | 2009 | 25.67 | 45.8 | 28.53 |
| | | | | | | 2010 | 25.36 | 46.14 | 28.5 |

由表 4-13 和图 4-16 可以看出城市群各城市中除武汉市呈现明显的工业化中后期的"三二一"型的现代型产业结构外,其他城市均呈现"二三一"型的产业结构。各城市中,仅有武汉市的第三产业所占比重刚过 50%,其余 8 市的第三产业所占比重均低于 40%,其中还有 4 个市的第一产业比重均高于 20%,产业结构层次呈低端化。从产业结构的变化看,武汉市、黄石市和鄂州市,第一产业的比例基本上呈逐年递减的趋势,且第一产业占 GDP 的比重也相对较小,说明这三个城市的城市化进程较快,城市群的三大支柱产业汽车、钢铁、石化也位于这三个市,其中鄂州、黄石市的二产比例超过 50%,第三产业的发展还相对滞后。

## 4.3.3　人口城市化

武汉城市群人口城市化水平在研究时段内整体呈稳步增长趋势,但群内各城市间人口城市化差距明显。表 4-14 表明,至 2010 年,武汉城市群城非农业人口比例达到 41%。图 4-17 武汉城市群总人口数和非农业人口比例变化图在城市总人口方面,武汉城市群体现出明显的人口增加趋势,由 2000 年的 3130.33 万人增加至 2010 年 3192.35 万人,增加约 62 万人。从各城市来看,除武汉市体现出较为明显的城市人口增加的趋势外,其他各城市的总人口数基本保持平稳,略有增长(图 4-18)。在非农业人口方面,2000~2010 年城市群城市化人口比重总体上呈上升趋势,表明 2000~2010 年武汉城市群的非农业人口具有逐步增加的趋势。

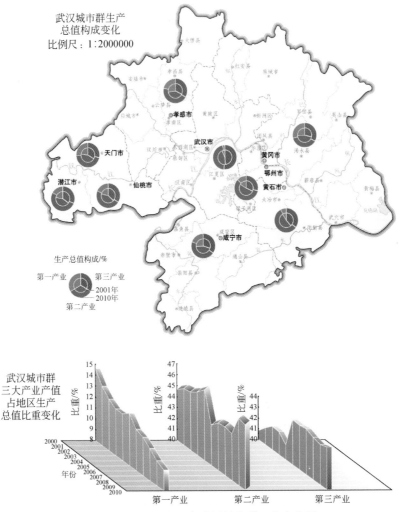

图 4-16　2000~2010 年武汉城市群三产变化图

**表 4-14　2000~2010 年武汉城市群及各城市非农业人口比例**

| 城市 | 年份 | 总人口数 | 非农业人口 | 非农业人口比例/% | 城市 | 年份 | 总人口数 | 非农业人口 | 非农业人口比例/% |
|---|---|---|---|---|---|---|---|---|---|
| 城市群 | 2000 | 31 303 312 | 9 749 573 | 31 | | 2006 | 31 233 766 | 15 711 121 | 50 |
| | 2001 | 30 563 982 | 9 759 789 | 32 | | 2007 | 31 489 441 | 15 967 613 | 51 |
| | 2002 | 30 707 688 | 9 915 270 | 32 | 城市群 | 2008 | 31 618 911 | 15 675 028 | 50 |
| | 2003 | 30 889 568 | 10 323 550 | 33 | | 2009 | 31 795 185 | 16 999 317 | 53 |
| | 2004 | 30 943 952 | 12 724 555 | 41 | | 2010 | 31 923 504 | 13 128 551 | 41 |
| | 2005 | 30 867 413 | 15 945 346 | 52 | 黄石市 | 2000 | 2 508 733 | 885 798 | 35 |

| 城市 | 年份 | 总人口数 | 非农业人口 | 非农业人口比例/% | 城市 | 年份 | 总人口数 | 非农业人口 | 非农业人口比例/% |
|---|---|---|---|---|---|---|---|---|---|
| 黄石市 | 2001 | 2 526 508 | 907 230 | 36 | 仙桃市 | 2000 | 1 589 558 | 422 515 | 27 |
| | 2002 | 2 533 187 | 917 646 | 36 | | 2001 | 1 597 715 | 425 967 | 27 |
| | 2003 | 2 538 136 | 1 095 719 | 43 | | 2002 | 1 599 864 | 433 034 | 27 |
| | 2004 | 2 549 218 | 1 128 844 | 44 | | 2003 | 1 598 376 | 436 423 | 27 |
| | 2005 | 2 521 295 | 2 506 136 | 99 | | 2004 | 1 597 187 | 476 969 | 30 |
| | 2006 | 2 543 630 | 2 535 896 | 100 | | 2005 | 1 481 048 | 406 881 | 27 |
| | 2007 | 2 553 906 | 2 551 166 | 100 | | 2006 | 1 483 505 | 379 799 | 26 |
| | 2008 | 2 573 105 | 2 568 687 | 100 | | 2007 | 1 501 463 | 407 947 | 27 |
| | 2009 | 2 585 575 | 2 581 315 | 100 | | 2008 | 1 506 662 | 409 232 | 27 |
| | 2010 | 2 601 383 | 1 227 586 | 47 | | 2009 | 1 517 641 | 415 018 | 27 |
| 鄂州市 | 2000 | 1 022 760 | 298 274 | 29 | | 2010 | 1 532 914 | 420 680 | 27 |
| | 2001 | 1 031 342 | 303 552 | 29 | 武汉市 | 2000 | 7 491 943 | 4 411 400 | 59 |
| | 2002 | 1 036 397 | 305 560 | 29 | | 2001 | 7 582 259 | 4 488 892 | 59 |
| | 2003 | 1 043 314 | 308 889 | 30 | | 2002 | 7 680 958 | 4 593 410 | 60 |
| | 2004 | 1 050 157 | 346 371 | 33 | | 2003 | 7 811 855 | 4 749 794 | 61 |
| | 2005 | 1 043 248 | 369 619 | 35 | | 2004 | 7 859 017 | 6 557 899 | 83 |
| | 2006 | 1 067 261 | 405 311 | 38 | | 2005 | 8 013 612 | 8 001 541 | 100 |
| | 2007 | 1 070 140 | 411 196 | 38 | | 2006 | 8 188 431 | 8 174 427 | 100 |
| | 2008 | 1 068 212 | 409 872 | 38 | | 2007 | 8 282 137 | 8 258 336 | 100 |
| | 2009 | 1 075 512 | 359 779 | 33 | | 2008 | 8 332 425 | 8 274 825 | 99 |
| | 2010 | 1 084 585 | 355 689 | 33 | | 2009 | 8 355 473 | 8 338 046 | 100 |
| 咸宁市 | 2000 | 2 772 106 | 772 063 | 28 | | 2010 | 8 367 323 | 6 161 362 | 74 |
| | 2001 | 2 776 204 | 779 201 | 28 | 孝感市 | 2000 | 5 942 685 | 990 566 | 17 |
| | 2002 | 2 778 354 | 751 546 | 27 | | 2001 | 5 053 165 | 867 384 | 17 |
| | 2003 | 2 783 232 | 763 917 | 27 | | 2002 | 5 063 208 | 917 950 | 18 |
| | 2004 | 2 769 845 | 859 470 | 31 | | 2003 | 5 089 115 | 940 765 | 18 |
| | 2005 | 2 767 219 | 769 320 | 28 | | 2004 | 5 072 194 | 1 101 014 | 22 |
| | 2006 | 2 817 582 | 739 130 | 26 | | 2005 | 5 060 082 | 1 734 488 | 34 |
| | 2007 | 2 860 833 | 773 973 | 27 | | 2006 | 5 146 453 | 1 272 488 | 25 |
| | 2008 | 2 882 071 | 782 320 | 27 | | 2007 | 5 217 591 | 1 354 637 | 26 |
| | 2009 | 2 906 252 | 776 137 | 27 | | 2008 | 5 250 643 | 1 225 074 | 23 |
| | 2010 | 2 918 108 | 788 169 | 27 | | 2009 | 5 287 315 | 1 987 225 | 38 |

续表

| 城市 | 年份 | 总人口数 | 非农业人口 | 非农业人口比例/% | 城市 | 年份 | 总人口数 | 非农业人口 | 非农业人口比例/% |
|------|------|---------|-----------|----------------|------|------|---------|-----------|----------------|
| 孝感市 | 2010 | 5 310 516 | 1 416 124 | 27 | | 2005 | 1 000 235 | 300 077 | 30 |
| | 2000 | 7 227 448 | 1 283 309 | 18 | | 2006 | 1 000 086 | 302 015 | 30 |
| | 2001 | 7 227 302 | 1 293 477 | 18 | 潜江市 | 2007 | 1 002 265 | 304 904 | 30 |
| | 2002 | 7 239 516 | 1 293 076 | 18 | | 2008 | 1 006 554 | 306 390 | 30 |
| | 2003 | 7 246 961 | 1 307 055 | 18 | | 2009 | 1 016 254 | 310 240 | 31 |
| | 2004 | 7 263 419 | 1 457 951 | 20 | | 2010 | 1 021 411 | 491 023 | 48 |
| 黄冈市 | 2005 | 7 262 960 | 1 630 194 | 22 | | 2000 | 1 741 878 | 376 445 | 22 |
| | 2006 | 7 289 406 | 1 658 496 | 23 | | 2001 | 1 757 621 | 382 362 | 22 |
| | 2007 | 7 309 788 | 1 653 324 | 23 | | 2002 | 1 763 431 | 388 559 | 22 |
| | 2008 | 7 351 368 | 1 672 628 | 23 | | 2003 | 1 763 933 | 404 204 | 23 |
| | 2009 | 7 396 068 | 1 877 603 | 25 | | 2004 | 1 767 854 | 490 229 | 28 |
| | 2010 | 7 420 644 | 1 876 489 | 25 | 天门市 | 2005 | 1 717 714 | 227 090 | 13 |
| | 2000 | 1 006 201 | 309 203 | 31 | | 2006 | 1 697 412 | 243 559 | 14 |
| | 2001 | 1 011 866 | 311 724 | 31 | | 2007 | 1 691 318 | 252 130 | 15 |
| 潜江市 | 2002 | 1 012 773 | 314 489 | 31 | | 2008 | 1 647 871 | 26 000 | 20 |
| | 2003 | 1 014 646 | 316 784 | 31 | | 2009 | 1 655 095 | 353 954 | 21 |
| | 2004 | 1 015 061 | 305 808 | 30 | | 2010 | 1 666 620 | 391 429 | 23 |

注：2000~2009 年总人口和非农业人口来源于《湖北省市县人口统计》，2010 年总人口和非农业人口来源于《中华人民共和国全国分县市人口统计资料 2010》；由于数据来源不同，且 2010 年是人口普查年份，因此，2010 年的数据与其他年份有一定的差别

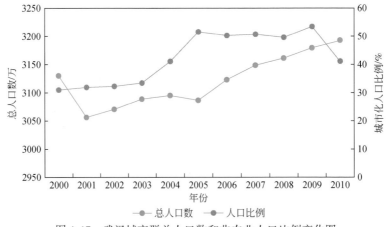

图 4-17　武汉城市群总人口数和非农业人口比例变化图

　　城镇化是指随着城镇数量的增加和城镇规模的扩大，人口向城镇聚集，以及由此所引起的一系列社会变化的过程。其实质是经济结构、社会结构和空间结构的变迁。从经济结

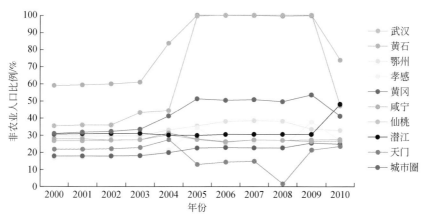

图 4-18 武汉城市群各城市非农业人口比例变化图

构变迁看，城镇化过程也就是农业活动逐步向非农业活动转化和产业结构升级的过程；从社会结构变迁看，城镇化是乡村人口逐步转变为城镇人口以及城镇文化、生活方式和价值观念向农村扩散的过程；从空间结构变迁看，城镇化是各种生产要素和产业活动向城镇地区聚集以及聚集后的再分散过程（魏后凯，2005）。

城镇化水平是衡量一个国家和一个地区社会经济发展水平的重要标志，通常以城镇常住人口占该地区常住总人口的比重来衡量。城镇人口的实质内涵是居住在城市或集镇地域范围之内，享受城镇服务设施，以从事二三产业为主的特定人群，它既包括城镇中的非农业人口，又包括在城镇从事非农产业或城郊农业的农业人口，其中一部分是长期居住在城镇，但人户分离的流动人口。据有关资料表明，城镇人口每提高一个百分点，GDP 增长 1.5 个百分点；城镇化率每递增 1%，经济就增长 1.2%。

城镇化率是指一个国家（地区）常住于城镇的人口占该国家（地区）总人口的比例，是反映城镇化水平高低、提示城镇化进程的一个重要指标。根据国家统计局指标释意，城镇化率的计算为城镇人口与总人口之比，且城镇人口和总人口均按照常住人口计算，即使用城镇常住人口与常住人口之比作为城镇化率。其中，城镇人口是指居住在城镇范围内的全部常住人口；乡村人口是除上述人口以外的全部人口。在实际数据收集时发现，获取城镇常住人口数较为困难，因此，我们整理了 2010 年不同渠道发布的武汉城市群城镇化率数据，如表 4-15 所示。

表 4-15 武汉城市群各市 2010 年城镇化率

| 城市 | 城镇化率/% | 数据来源 |
|---|---|---|
| 城市群 | 54.0 | 综合各市数据计算所得 |
| 武汉市 | 72.8 | 依据《武汉统计年鉴 2011》中数据计算所得 |
| 黄石市 | 56.8 | 黄石统计年鉴 2012 |
| 孝感市 | 46.0 | 《孝感统计年鉴 2011》 |
| 鄂州市 | 58.0 | 依据《鄂州市统计年鉴 2011》中数据计算所得 |
| 黄冈市 | 35.7 | 新华网湖北频道–黄冈市人民政府网站 |
| 咸宁市 | 49.3 | 2011 年咸宁市政府工作报告 |

| 城市 | 城镇化率/% | 数据来源 |
| --- | --- | --- |
| 仙桃市 | 47.1 | 依据《湖北统计年鉴 2011》中数据计算所得 |
| 潜江市 | 46.3 | 依据《湖北统计年鉴 2011》中数据计算所得 |
| 天门市 | 43.2 | 依据《湖北统计年鉴 2011》中数据计算所得 |

从表 4-15 可以看出，2010 年，除黄冈外，武汉城市群内其他城市的城镇化率均已超过 40%。武汉市的城镇化率最高，为 72.8%；黄冈的城镇化率最低，为 35.7%；城市群整体的城镇化率已达 54.0%。

## 4.3.4 综合评价

武汉城市群的城镇用地扩展具有逐渐加速的特点，并且扩展具有明显的空间集中性。从时间上看，武汉城市群的扩展具有逐步加快的特征，尤其是 2005 年之后，城镇用地呈现高强度迅猛之势，这与国家中部崛起战略的提出以及"1+8"武汉城市圈的建设密切相关。空间的集中性主要表现为以武汉为扩展中心的圈层状形态，由武汉市中心向外，城镇用地扩展速率随之下降，城镇用地扩展水平高于群内整体水平的主要是武汉市、黄石市、鄂州市、黄冈市、咸宁市等中心城市的市辖区；武汉城市群城镇用地扩展呈现出沿长江黄金水道、京广大动脉、沪蓉干线等交通干道的轴带分布形态。

武汉城市群的产业结构中，农业企业尚未实现生产经营的规模化，导致农产品生产效率低下。且农产品加工业不发达，大量特色农产品的生产没有得到充分开发，导致该群第一产业发展滞后；群内工业结构偏重，导致的结果是区域经济发展对投资的依赖性强，影响了稳定的产业链形成和延伸，城市群产业链比较短。第三产业的发展对于促进区域经济一体化具有重要的作用，但是城市群内除武汉市外其他城市第三产业并不发达，且以消费性第三产业为主，而新兴服务业，包括金融、保险、信息咨询、法律服务、旅游服务等所占比重低。

武汉城市群的产业结构与长三角城市群相比还存在较大差距。如 2004 年，武汉城市群生产总值中第一、第二、第三产业构成为 12∶46∶41，这与长三角城市群的 6∶53∶40 相比，第一产业比重高了 6 个百分点，第二产业比重低了 7 个百分点，充分说明武汉城市群一产比重较高，第二产业比重偏低，即农业比重过高，工业比重过低的问题，进而说明工业对农业支持力度不够、带动作用不强，城乡二元结构矛盾较为突出。

武汉城市群的人口城市化水平不断增长，但与国内其他城市群相比相对较低，不仅大大低于东部的长三角与珠三角，与中部的长株潭相比也有一定的距离。以 2007 年为例，长三角、珠三角、长株潭城市群的人口城市化水平分别为 59.14%、81.98%、53.44%，武汉城市群的人口城市化水平则为 41.85%。武汉城市群的人口城镇化主要通过农转非实现就地转移，其发展的动力主要来自本地的力量。而长三角、珠三角的城镇化动力不仅来自于当地的非农化，还来自于中西部地区农村剩余劳动力的非农化。

在城市群各城市中，武汉市人工表面面积最大，增速也最明显；其第一产业比重在各城市中最低，并且呈逐年下降的趋势；其人口总数呈逐年上升趋势，城市化人口比例呈逐年上升趋势；因此，从土地城市化、经济城市化、人口城市化这三个方面来说，武汉市都是城市化进程最明显的。除武汉市之外，鄂州市城市化进程也很明显：从土地城市化来看，鄂州市是除武汉市之外人工表面面积最大的城市，1980~2010 年鄂州市人工表面比重分别为 4.4%、4.9%、7.7%、10.0%、12.1%，呈现出明显的增加趋势；从经济城市化来说，鄂州市第一产业比重是除了武汉、黄石市之外排在第一位的城市；从人口城市化来说，鄂州市城市化人口比例呈现明显的上升趋势。

# 4.4　生 态 质 量

## 4.4.1　植被破碎化程度

植被破碎化程度采用植被（林地和草地）的斑块密度来度量。根据武汉城市群 2000 年、2005 年、2010 年的遥感影像解译结果分析，2000~2010 年武汉城市群植被破碎度整体呈现下降趋势（表 4-16、表 4-17、图 4-19、图 4-20）。

表 4-16　2000~2010 年武汉城市群植被斑块密度

| 年份 | 植被斑块密度/（个/km²） |
|---|---|
| 2000 | 0.3319 |
| 2005 | 0.3307 |
| 2010 | 0.3275 |
| 2000~2005 年变动 | −0.0012 |
| 2005~2010 年变动 | −0.0032 |
| 2000~2010 年变动 | −0.0044 |

表 4-17　武汉城市群各城市植被斑块密度　　　　　　　　单位：个/km²

| 年份 | 鄂州 | 黄冈 | 黄石 | 潜江 | 天门 | 武汉 | 咸宁 | 仙桃 | 孝感 |
|---|---|---|---|---|---|---|---|---|---|
| 2000 | 0.0900 | 0.4833 | 0.3498 | 0.0396 | 0.0605 | 0.1345 | 0.3706 | 0.0711 | 0.2939 |
| 2005 | 0.0900 | 0.4842 | 0.3398 | 0.0387 | 0.0595 | 0.1312 | 0.3710 | 0.0811 | 0.2902 |
| 2010 | 0.0832 | 0.4815 | 0.3356 | 0.0399 | 0.0591 | 0.1302 | 0.3593 | 0.0734 | 0.2941 |
| 2000~2005 年变动 | 0.0000 | 0.0009 | −0.0100 | −0.0009 | −0.0010 | −0.0033 | 0.0004 | 0.0100 | −0.0037 |
| 2005~2010 年变动 | −0.0068 | −0.0027 | −0.0042 | 0.0012 | −0.0004 | −0.0010 | −0.0117 | −0.0077 | 0.0039 |
| 2000~2010 年变动 | −0.0068 | −0.0018 | −0.0142 | 0.0003 | −0.0014 | −0.0043 | −0.0113 | 0.0023 | 0.0002 |

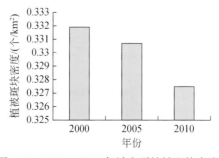

图 4-19　2000~2010 年城市群植被斑块密度

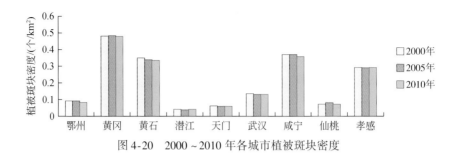

图 4-20 2000～2010 年各城市植被斑块密度

## 4.4.2 植被覆盖

### 4.4.2.1 武汉城市群及群内各城市植被覆盖

植被是区域生态环境中十分重要的因子，在保持水土流失、调节大气、维持气候及整个生态系统稳定等方面都具有十分重要的作用。根据 1980～2010 年遥感影像解译结果，由林地和草地来计算植被覆盖面积及比例（表 4-18～表 4-20，图 4-21～图 4-24），1980～2010 年三十年来城市群内植被覆盖整体呈现下降趋势，从各城市来看，以鄂州、武汉、咸宁市的植被覆盖下降最为明显，30 年来植被覆盖比例均下降超过 1%。植被覆盖以黄冈、黄石、咸宁、孝感最多，这是因为城市群的生态屏障幕阜山脉和大别山脉位于这几个城市，森林覆盖率较高；而武汉、鄂州是城镇和产业建设密集地区，天门、潜江、仙桃市位于城市群中西部的江汉平原，因此这几个城市的森林覆盖率较低。

表 4-18 2000～2010 年武汉城市群植被覆盖面积及比例

| 年份 | 植被面积/km² | 比例/% |
|---|---|---|
| 1980 | 16 377.89 | 28.28 |
| 1990 | 16 335.78 | 28.21 |
| 2000 | 16 050.30 | 27.70 |
| 2005 | 16 046.30 | 27.70 |
| 2010 | 15 972.90 | 27.60 |

表 4-19 1980～2010 年武汉城市群各城市植被覆盖面积　　　单位：km²

| 年份 | 鄂州 | 黄冈 | 黄石 | 潜江 | 天门 | 武汉 | 咸宁 | 仙桃 | 孝感 |
|---|---|---|---|---|---|---|---|---|---|
| 1980 | 96.58 | 6924.80 | 1637.69 | 10.46 | 17.35 | 675.80 | 5413.19 | 9.80 | 1564.97 |
| 1990 | 95.04 | 6923.14 | 1638.06 | 10.46 | 17.26 | 664.63 | 5413.25 | 8.51 | 1562.36 |
| 2000 | 66.20 | 6824.10 | 1617.60 | 10.50 | 16.70 | 590.80 | 5353.90 | 8.50 | 1562.10 |
| 2005 | 65.60 | 6824.50 | 1614.80 | 10.50 | 16.90 | 582.10 | 5362.70 | 9.30 | 1559.80 |
| 2010 | 64.30 | 6810.20 | 1609.90 | 10.60 | 16.50 | 579.90 | 5317.50 | 8.20 | 1556.00 |
| 1980～1990 年变动 | -1.5 | -1.7 | 0.4 | 0.0 | -0.1 | -11.2 | 0.1 | -1.3 | -2.6 |
| 1990～2000 年变动 | -28.8 | -99.0 | -20.5 | 0.0 | -0.6 | -73.8 | -59.3 | 0.0 | -0.3 |
| 2000～2005 年变动 | -0.6 | 0.4 | -2.8 | 0.0 | 0.2 | -8.7 | 8.8 | 0.8 | -2.3 |
| 2005～2010 年变动 | -1.3 | -14.3 | -4.9 | 0.1 | -0.4 | -2.2 | -45.2 | -1.1 | -3.8 |
| 1980～2010 年变动 | -32.3 | -114.6 | -27.8 | 0.1 | -0.8 | -95.9 | -95.7 | -1.6 | -9.0 |

表 4-20　1980～2010 年武汉城市群各城市植被覆盖比例　　　　单位:%

| 年份 | 鄂州 | 黄冈 | 黄石 | 潜江 | 天门 | 武汉 | 咸宁 | 仙桃 | 孝感 |
|---|---|---|---|---|---|---|---|---|---|
| 1980 | 6.14 | 39.78 | 35.73 | 0.52 | 0.66 | 7.90 | 55.67 | 0.39 | 17.62 |
| 1990 | 6.05 | 39.76 | 35.73 | 0.52 | 0.65 | 7.77 | 55.67 | 0.34 | 17.59 |
| 2000 | 4.20 | 39.20 | 35.30 | 0.50 | 0.60 | 6.90 | 55.00 | 0.30 | 17.50 |
| 2005 | 4.20 | 39.20 | 35.20 | 0.50 | 0.60 | 6.80 | 55.10 | 0.40 | 17.50 |
| 2010 | 4.10 | 39.10 | 35.10 | 0.50 | 0.60 | 6.80 | 54.60 | 0.30 | 17.50 |
| 1980～1990 年变动 | -0.10 | -0.01 | 0.01 | 0.00 | 0.00 | -0.13 | 0.00 | -0.05 | -0.03 |
| 1990～2000 年变动 | -1.85 | -0.56 | -0.43 | -0.02 | -0.05 | -0.87 | -0.67 | -0.04 | -0.09 |
| 2000～2005 年变动 | -1.86 | -0.22 | -0.56 | -0.16 | -1.65 | -2.91 | -0.51 | -2.12 | -0.89 |
| 2005～2010 年变动 | -2.06 | -0.57 | -1.08 | -0.86 | -1.39 | -4.16 | -1.39 | -0.96 | -1.26 |
| 1980～2010 年变动 | -2.04 | -0.68 | -0.63 | -0.02 | -0.06 | -1.10 | -1.07 | -0.09 | -0.12 |

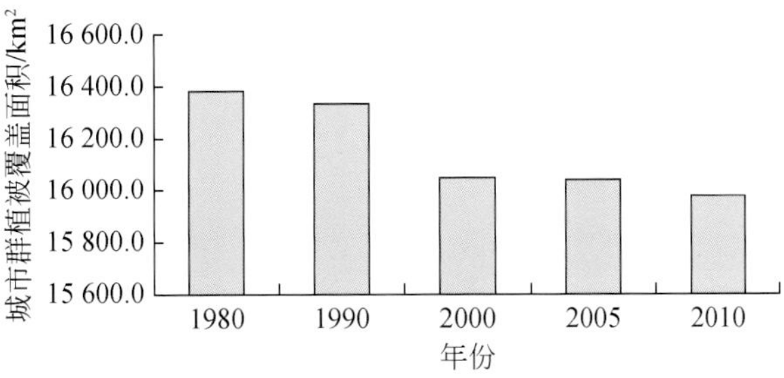

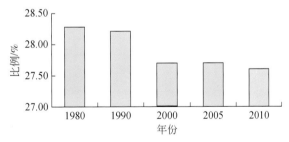

图 4-21　1980～2010 年武汉城市群植被覆盖面积

图 4-22　1980～2010 年武汉城市群植被覆盖比例

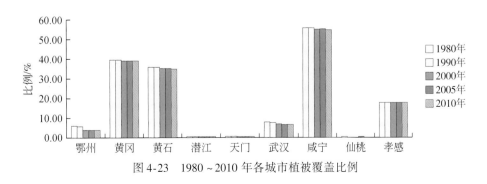

图 4-23　1980～2010 年各城市植被覆盖比例

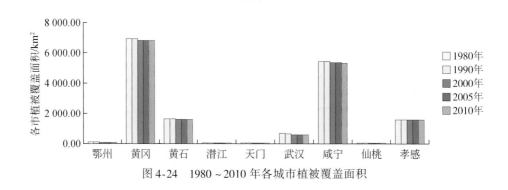

图 4-24　1980～2010 年各城市植被覆盖面积

#### 4.4.2.2　武汉城市群天然绿地分布

武汉城市群绿地（林地和草地）主要分布于幕阜山脉和大别山脉（图 4-25），是城市群的重要生态屏障，在水土涵养、资源保护、气候调节和区域生态稳定性维护方面具有不可替代的作用。2000～2010 年，武汉城市群绿地面积减少 80km²，总的来说变化不大。

图 4-25　2010 年武汉城市群绿地分布图

### 4.4.3　生物量

植被地上生物量包括森林（含灌木）、农田与草地的地上生物量，其他生态类型如湿地、人工表面等不包括在内；其中森林为当年的地上生物量，草地为 8 月上旬的地上植被鲜重，农田为 8 月的农作物干重，单位为 $g/m^2$。

2000～2010 年，武汉城市群生物量呈增加趋势；除潜江、天门、仙桃市生物量 2010 年较 2005 年略有减少外，其他各市生物量均逐渐增加；另外，咸宁市生物量在整个城市群中是最多的（表 4-21，图 4-26，图 4-27）。

表 4-21　2000～2010 年武汉城市群生物量　　　　　　单位：$g/m^2$

| 年份 | 城市群 | 鄂州 | 黄冈 | 黄石 | 潜江 | 天门 | 武汉 | 仙桃 | 咸宁 | 孝感 |
|---|---|---|---|---|---|---|---|---|---|---|
| 2000 | 1468.8 | 601.8 | 1680.7 | 1714.9 | 453.6 | 522.5 | 733.8 | 407.1 | 2690.8 | 936.7 |
| 2005 | 2138.8 | 1224.4 | 2283.9 | 2324.3 | 1394.0 | 1429.3 | 1354.3 | 1391.4 | 3280.0 | 1670.1 |
| 2010 | 2158.0 | 1304.0 | 2315.2 | 2410.3 | 1365.1 | 1358.6 | 1356.2 | 1295.2 | 3293.1 | 1671.6 |

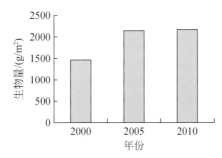

图 4-26　2000～2010 年武汉城市群生物量

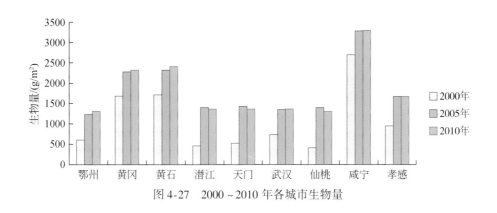

图 4-27　2000～2010 年各城市生物量

## 4.4.4　景观格局分析

通过形状指数、多样性指数和聚集度指数，分析武汉城市群 1980～2010 年的变化（表 4-22），表明斑块形态趋于复杂多样，景观破碎化程度加剧。

表 4-22 1980~2010 年武汉城市群及各城市景观格局分析表

| 城市 | 年份 | 形状指数 | 多样性指数 | 聚集度指数 | 城市 | 年份 | 形状指数 | 多样性指数 | 聚集度指数 |
|---|---|---|---|---|---|---|---|---|---|
| 武汉城市群 | 1980 | 154.44 | 1.115 | 94.70 | 天门 | 1980 | 18.33 | 0.449 | 97.20 |
| | 1990 | 154.73 | 1.118 | 94.69 | | 1990 | 18.41 | 0.451 | 97.18 |
| | 2000 | 161.30 | 1.131 | 94.46 | | 2000 | 25.17 | 0.533 | 96.10 |
| | 2005 | 164.28 | 1.153 | 94.36 | | 2005 | 27.42 | 0.574 | 95.75 |
| | 2010 | 164.22 | 1.187 | 94.36 | | 2010 | 26.66 | 0.605 | 95.86 |
| 鄂州 | 1980 | 24.38 | 1.038 | 94.60 | 武汉 | 1980 | 55.60 | 1.082 | 94.69 |
| | 1990 | 24.42 | 1.047 | 94.60 | | 1990 | 56.70 | 1.051 | 94.69 |
| | 2000 | 24.91 | 1.031 | 94.48 | | 2000 | 59.18 | 1.095 | 94.34 |
| | 2005 | 25.79 | 1.070 | 94.28 | | 2005 | 60.52 | 1.136 | 94.21 |
| | 2010 | 25.32 | 1.100 | 94.39 | | 2010 | 58.78 | 1.193 | 94.38 |
| 黄冈 | 1980 | 94.85 | 1.056 | 93.83 | 咸宁 | 1980 | 58.98 | 1.050 | 94.99 |
| | 1990 | 94.85 | 1.057 | 93.83 | | 1990 | 59.01 | 1.050 | 94.99 |
| | 2000 | 95.70 | 1.067 | 93.77 | | 2000 | 62.23 | 1.082 | 94.71 |
| | 2005 | 96.40 | 1.074 | 93.73 | | 2005 | 63.42 | 1.092 | 94.61 |
| | 2010 | 96.78 | 1.091 | 93.70 | | 2010 | 63.04 | 1.128 | 94.64 |
| 黄石 | 1980 | 44.00 | 1.166 | 94.84 | 仙桃 | 1980 | 32.81 | 0.758 | 95.09 |
| | 1990 | 44.01 | 1.166 | 94.84 | | 1990 | 33.44 | 0.769 | 94.99 |
| | 2000 | 44.94 | 1.176 | 94.73 | | 2000 | 36.07 | 0.810 | 94.59 |
| | 2005 | 45.75 | 1.190 | 94.63 | | 2005 | 35.80 | 0.839 | 94.63 |
| | 2010 | 46.07 | 1.220 | 94.60 | | 2010 | 36.05 | 0.858 | 94.59 |
| 潜江 | 1980 | 24.61 | 0.576 | 95.96 | 孝感 | 1980 | 54.92 | 0.931 | 94.87 |
| | 1990 | 24.61 | 0.576 | 95.96 | | 1990 | 55.27 | 0.936 | 94.84 |
| | 2000 | 27.42 | 0.616 | 95.49 | | 2000 | 56.31 | 0.925 | 94.75 |
| | 2005 | 27.40 | 0.621 | 95.49 | | 2005 | 58.05 | 0.946 | 94.58 |
| | 2010 | 27.87 | 0.641 | 95.68 | | 2010 | 58.95 | 0.979 | 94.50 |

形状指数是通过计算某一斑块形状与相同面积的圆或正方形之间的偏离程度来测量形状复杂程度。当斑块是最大紧凑（即正方形或近似正方形）时，形状指数等于 1，随着斑块形状越来越不规则，形状指数无上限增加。1980~2010 年，大部分城市的形状指数呈逐渐增加趋势，这表明随着城市化进程的推进，各城市的斑块形状趋于不规则。另外，各个城市比较来看，黄冈市的形状指数最大，表明黄冈市斑块形状最不规则（图 4-28）。

多样性指数反映景观异质性，特别对景观中各斑块类型非均衡分布状况较为敏感，即强调稀有斑块类型对信息的贡献，适用于比较和分析不同景观或同一景观不同时期的多样性与异质性变化。多样性指数为 0 时表明整个景观仅由一个斑块组成；其值增大，说明斑块类型

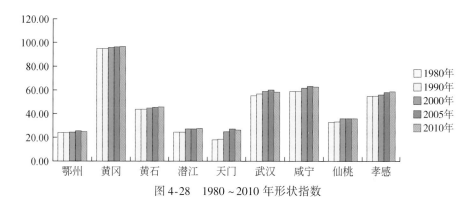

图 4-28　1980～2010 年形状指数

增加或各斑块类型在景观中呈均衡化趋势分布。例如，在一个景观系统中，土地利用越丰富，破碎化程度越高，其不确定性的信息含量越大，值也越高。由图 4-29 可以发现，1980～2010 年，武汉城市群各城市多样性指数逐渐增高，表明各城市土地利用越来越丰富，景观破碎化程度变高。

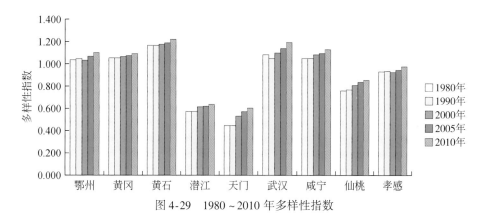

图 4-29　1980～2010 年多样性指数

聚集度指数反映景观中不同斑块类型的非随机性或聚集程度。聚集度指数值大，代表景观由少数团聚的大斑块组成；值小，代表景观由许多小斑块组成。一般经过规划建设的城镇具有更高的景观聚集度，对生态系统的压力也相应较小。从图 4-30 中可以发现，1980～2010 年，城市群大部分城市聚集度指数呈下降趋势；鄂州、潜江、天门、武汉、咸宁市在 2005～2010 年聚集度指数均有所增加，表明近几年来这几个城市在城市规划方面有所改善。

## 4.4.5　水土流失

据统计，武汉城市群内水土流失面积 16 093.2 km²，约占土地总面积的 27.8%，其中轻度水土流失面积 6605.73 km²，中度水土流失面积 5894.97 km²，强度水土流失面积 2945.63km²，极强度水土流失面积 646.85 km²。水土流失主要类型是水力侵蚀，包括面蚀

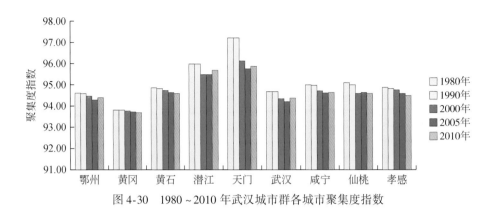

图 4-30　1980～2010 年武汉城市群各城市聚集度指数

和沟蚀，局部地区重力侵蚀也较为明显，崩塌、滑坡、泥石流时有发生。

　　群内各城市中，黄石市属鄂东南低山丘陵区，土壤淋溶严重，植被覆盖率低，加之长期的矿产开采，水土流失成为该区主要的生态环境问题。根据黄石市水利部门发布：据 1:10 万土壤侵蚀遥感调查，目前黄石共有水土流失面积 1312.72 km²，成为武汉城市群水土流失重点治理区之一。黄冈市地处鄂东北，地形以低山丘陵为主，地表起伏较大，森林覆盖率低，土壤淋溶强烈，团粒结构差，加之降水充沛，雨水冲刷强烈，水土流失严重。此外，武汉市水务局的一份调查报告显示，2006 年武汉市的水土流失面积达 1330 km²，而全市共治理水土流失 465 km²，治理速度明显赶不上破坏速度。同时，武汉城市群中的其他城市也存在不同程度的水土流失问题。

## 4.4.6　综合评价

　　随着武汉城市群区域内土地利用结构的改变以及各土地利用类型之间频繁的动态变化，武汉城市群景观中的斑块数量随时间变化明显增加，斑块形态趋于复杂多样，景观破碎化程度加剧。群内植被覆盖度的降低，尤其是天然林地的减少，致使水源涵养功能减弱，水土流失加剧。再加上城市群人口稠密，高强度社会经济活动频繁，例如在丘陵坡地毁林开荒、对矿产资源大规模的不合理开发以及修建基础设施而破坏天然植被等，导致土壤侵蚀、水土流失严重。

　　用武汉城市群各城市自然生态系统比例、农田生态系统比例、建成区比例、生态系统生物量、景观破碎度 5 个指标和各指标在该主题中的相对权重，构建生态质量指数，用来反映城市群各城市生态质量状况。各指标中，自然生态系统比例、农田生态系统比例、生态系统生物量为正效应指标，建成区比例、景观破碎度为负效应指标。

$$\text{EQI}_i = \sum_{j=1}^{n} w_j r_{ij}$$

式中，$\text{EQI}_i$ 为第 $i$ 市生态质量指数，$w_j$ 为各指标相对权重，$r_{ij}$ 为第 $i$ 市各指标的标准化值。$\text{EQI}$ 值越大，表明生态质量越好，反之，$\text{EQI}$ 值越小，生态质量越差。根据各城市的生态质量指数，求其平均值作为城市群的生态质量指数。

2000～2010 年，武汉城市群及各城市生态质量指数先上升后下降，表明其 2000～2005 年生态质量逐年转好，而 2005～2010 年生态质量有变差的趋势（表4-23，图4-31，图4-32）。

表 4-23　2000～2010 年武汉城市群及各城市生态质量指数

| 地区 | 2000 年 | 2005 年 | 2010 年 |
| --- | --- | --- | --- |
| 武汉 | 41.68 | 42.57 | 37.11 |
| 黄石 | 60.78 | 63.58 | 62.94 |
| 咸宁 | 64.59 | 67.52 | 66.04 |
| 黄冈 | 58.12 | 61.52 | 61.17 |
| 孝感 | 47.58 | 51.05 | 48.90 |
| 鄂州 | 51.85 | 52.46 | 50.87 |
| 仙桃 | 37.99 | 47.35 | 44.59 |
| 天门 | 47.00 | 48.97 | 47.09 |
| 潜江 | 34.17 | 40.63 | 38.70 |
| 城市群 | 49.31 | 52.85 | 50.82 |

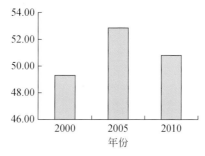

图 4-31　2000～2010 年城市群生态质量指数

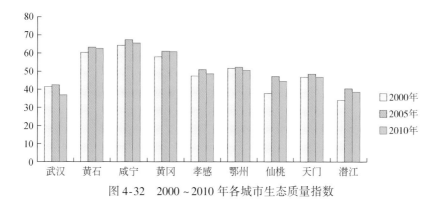

图 4-32　2000～2010 年各城市生态质量指数

# 4.5 环境质量

## 4.5.1 地表水环境

### 4.5.1.1 城市群河流Ⅲ类水体以上的比例

2002～2010 年，武汉城市群河流Ⅲ类水体以上的比例除 2004 年升高之外，其余年份基本保持在 80%，说明整个城市群近年来河流水质状况比较稳定（表 4-24，图 4-33，图 4-34），并且除 2004 年外，2010 年河流Ⅲ类水体以上比例达到 84.09%，是 2005 年以来最高的。

从各个城市来看，黄石、仙桃、潜江市河流Ⅲ类水体以上比例为 100%，说明这几个城市河流水质状况较好；武汉市河流水质状况存在一定波动，2009 年是近几年来河流水质状况较差的，为 61.54%；而孝感市河流水质状况是整个城市群最差的，其 2006 年为 37.50%，是近年来整个城市群最低的。

**表 4-24　2002～2010 年武汉城市群河流Ⅲ类水体以上的比例**　　　　　单位：%

| 年份 | 城市群 | 武汉 | 黄石 | 咸宁 | 黄冈 | 孝感 | 鄂州 | 仙桃 | 天门 | 潜江 |
|---|---|---|---|---|---|---|---|---|---|---|
| 2002 | 77.78 | 87.50 | 100.00 | 66.67 | — | 60.00 | 100.00 | 100.00 | 66.67 | 100.00 |
| 2003 | 77.27 | 71.43 | 100.00 | 66.67 | 83.33 | 75.00 | — | 100.00 | 66.67 | 100.00 |
| 2004 | 100.00 | 100.00 | 100.00 | — | — | 100.00 | — | 100.00 | 100.00 | 100.00 |
| 2005 | 76.74 | 71.43 | 100.00 | 100.00 | 100.00 | 50.00 | — | 100.00 | 66.67 | 100.00 |
| 2006 | 75.61 | 69.23 | 100.00 | 100.00 | 100.00 | 37.50 | 50.00 | 100.00 | 100.00 | 100.00 |
| 2007 | 80.95 | 76.92 | 100.00 | 100.00 | 100.00 | 50.00 | 50.00 | 100.00 | 100.00 | 100.00 |
| 2008 | 83.72 | 76.92 | 100.00 | 100.00 | 100.00 | 75.00 | 50.00 | 100.00 | 66.67 | 100.00 |
| 2009 | 81.82 | 61.54 | 100.00 | 100.00 | 100.00 | 87.50 | 66.67 | 100.00 | 100.00 | 100.00 |
| 2010 | 84.09 | 76.92 | 100.00 | 100.00 | 100.00 | 75.00 | 100.00 | 100.00 | 66.67 | 100.00 |

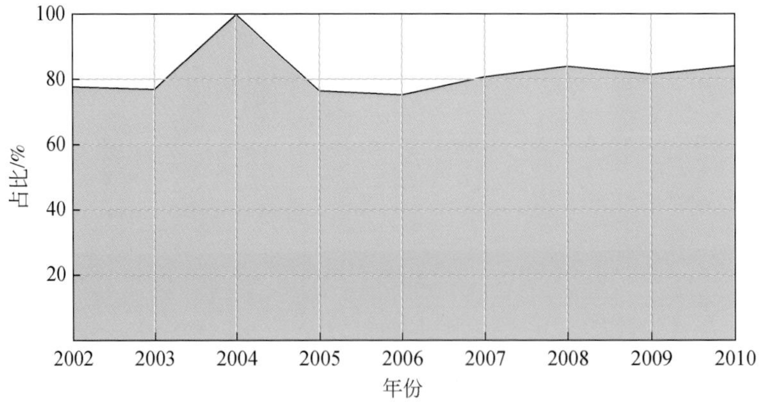

图 4-33　武汉城市群河流Ⅲ类水体以上比例

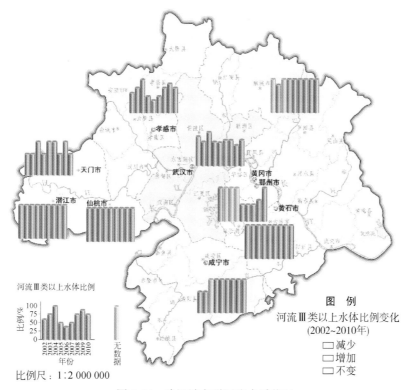

图 4-34　武汉城市群河流水质状况

### 4.5.1.2　主要湖库面积加权富营养化指数

由图 4-35 和图 4-36 武汉城市群地表水环境可以看出，武汉城市群内各城市中黄石市、咸宁市和鄂州市的湖库营养状态较为平稳，其他城市存在一定波动。湖库营养状态数据主要来源于《湖北省环境状况公报》，该公报自 2003 年起公布具体的湖库营养状况指标，但有些湖泊的营养状态在某些年份存在数据缺失的情况。

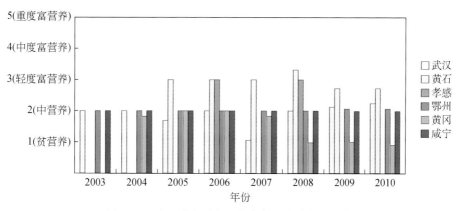

图 4-35　武汉城市群主要湖库加权富营养化指数

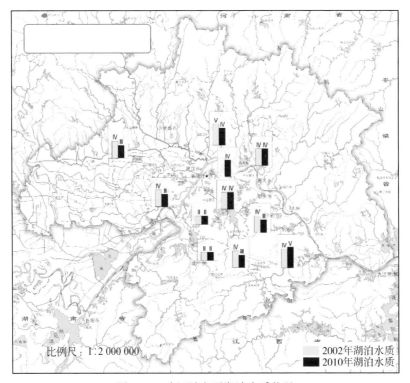

图 4-36　武汉城市群湖泊水质状况

　　结合河流Ⅲ类水体以上的比例和主要湖库加权富营养化指数对城市群地表水环境综合分析：武汉城市群部分水体污染较为严重。经环境质量监测网络对城市群内长江、汉江两大水系及其 19 条主要支流（共计 39 个断面）、23 个主要水库和湖泊进行监测的情况看，2009～2010 年度监测结果显示：

　　1）干流水质优良：长江干流 7 个监测断面、汉江干流 9 个监测断面，水质全部符合Ⅱ～Ⅲ类。

　　2）支流局部污染：长江 17 条支流中水质稳定达标的河流有 7 条，占监测支流总数的41%；中度污染的支流有 6 条，占总数的 35%；严重污染的支流有东荆河、通顺河、涢水和长港，占总数的 24%。汉江有 2 条支流水质总体为中度污染。

　　3）水库水质远好于湖泊：16 座水库中 88% 的水质达Ⅲ类以上，7 个城市内湖的水质均为达不到Ⅲ类。富营养化指数评价结果显示，除夏家寺水库、梅店水库、陆水水库、道观河水库为中营养化状态，其他水库均处于贫营养化；洋澜湖、磁湖和东湖为轻度富营养化湖泊，东西湖为中营养状态，沙湖、墨水湖和南湖为重度富营养化。另外，汉江中下游近年来多次发生"水华"。

## 4.5.2　空气环境

　　武汉城市群近年来大气污染程度有下降趋势。2002～2010 年，除武汉、黄冈、黄石市外，城市群各市空气质量二级达标天数比例基本在80%以上；咸宁、仙桃、天门、潜江市空气质量二级达标天数比例均在90%以上，说明其空气环境转好。城市群空气质量二级天数达标率如图4-37所示。

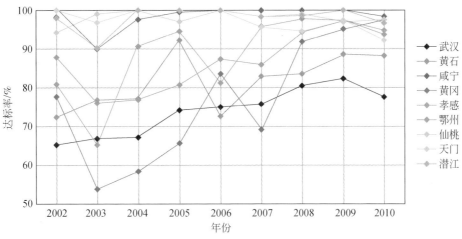

图 4-37　武汉城市群空气质量二级天数达标率

## 4.5.3　酸雨强度与频度

根据湖北省环境公报数据，统计武汉城市群2002~2010年酸雨检出率及酸雨年均pH情况。从酸雨检出率看，武汉城市群的酸雨以咸宁、黄冈、武汉的发生情况较为严重，酸雨率基本在30%以上；黄石、鄂州的酸雨除个别年份未检出外，酸雨率大体处于10%左右；孝感、仙桃、天门、潜江在研究时段内未检出酸雨。从年均酸雨pH看，武汉市的酸雨强度最强，酸雨pH均在5以下，但pH整体有上升的趋势，说明武汉市酸雨的强度有减弱的趋势；群内其他城市的酸雨pH则呈现有升有降的波动（表4-25，表4-26，图4-38）。

表 4-25　2002~2010 年武汉城市群各城市酸雨 pH（强度）

| 年份 | 武汉市 | 黄石市 | 鄂州市 | 黄冈市 | 孝感市 | 咸宁市 | 仙桃市 | 天门市 | 潜江市 |
|---|---|---|---|---|---|---|---|---|---|
| 2002 | 4.67 | 5.44 | 4.63 | — | — | 4.12 | — | — | — |
| 2003 | 4.83 | 5.52 | 4.46 | 5.11 | — | 3.97 | — | — | — |
| 2004 | 4.91 | 5.09 | 4.99 | 4.64 | — | 4.54 | — | — | — |
| 2005 | 4.87 | 4.97 | 5.50 | 4.55 | — | 4.74 | — | — | — |
| 2006 | 4.77 | 5.33 | 4.78 | 5.07 | — | 5.05 | — | — | — |
| 2007 | 4.95 | 5.32 | — | — | — | 5.43 | — | — | — |
| 2008 | 4.87 | 5.46 | 5.36 | 5.08 | — | 5.13 | — | — | — |
| 2009 | 4.98 | 5.30 | 5.07 | 5.00 | — | 4.48 | — | — | — |
| 2010 | 4.93 | — | 4.79 | 4.78 | — | 4.59 | — | — | — |

"—"表示未检出酸雨

表 4-26  2002～2010 年武汉城市群各城市酸雨检出率（频度）　　　　单位:%

| 年份 | 武汉市 | 黄石市 | 鄂州市 | 黄冈市 | 孝感市 | 咸宁市 | 仙桃市 | 天门市 | 潜江市 |
|---|---|---|---|---|---|---|---|---|---|
| 2002 | 24 | 4 | 16 | — | — | 88 | — | — | — |
| 2003 | 29.9 | 0.8 | 4.3 | 50 | — | 64.7 | — | — | — |
| 2004 | 30 | 4 | 2.5 | 55.2 | — | 51.4 | — | — | — |
| 2005 | 33.8 | 2.5 | 2.8 | 43.9 | — | 68.1 | — | — | — |
| 2006 | 33.5 | 2.4 | 1 | 34.5 | — | 37.8 | — | — | — |
| 2007 | 34 | 3.3 | — | | — | 30 | — | — | — |
| 2008 | 27.9 | 3.2 | 1.1 | 46.6 | — | 42.9 | — | — | — |
| 2009 | 38.5 | 5 | 2.5 | 49.3 | | 55 | — | — | — |
| 2010 | 33.84 | — | 15.5 | 50 | | 60.95 | — | — | — |

"—"表示未检出酸雨

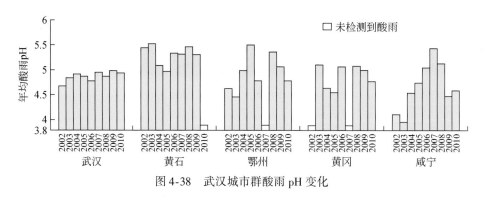

图 4-38　武汉城市群酸雨 pH 变化

## 4.5.4　综合评价

武汉城市群部分水体污染较为严重。长江部分支流，如府河、通顺河、涢水、长港等已遭到一定程度的污染，省控湖泊受氮、磷污染出现富营养化现象，城市内湖污染较为严重。这些充分暴露了武汉城市群水环境形势的严峻性。

武汉城市群空气环境质量整体处于较高水平，多数城市的空气质量二级达标天数占全年的 80% 以上（表 4-27，图 4-39，图 4-40）。

表 4-27　武汉城市群及各城市环境质量指数

| 城市 | 2003 年 | 2005 年 | 2010 年 |
|---|---|---|---|
| 武汉 | 43.36 | 59.18 | 63.44 |
| 黄石 | 82.81 | 72.20 | 63.61 |
| 鄂州 | 69.66 | 53.84 | 65.37 |
| 黄冈 | 51.90 | 55.90 | 71.81 |
| 咸宁 | 42.82 | 59.12 | 60.89 |
| 孝感 | 34.04 | 80.92 | 74.79 |

续表

| 城市 | 2003 年 | 2005 年 | 2010 年 |
|------|---------|---------|---------|
| 仙桃 | 98.91 | 96.40 | 97.60 |
| 天门 | 69.84 | 73.33 | 64.93 |
| 潜江 | 89.41 | 100.00 | 96.40 |
| 城市群 | 64.75 | 72.32 | 73.20 |

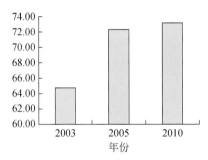

图 4-39　城市群环境质量指数

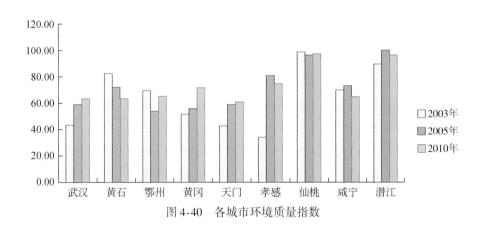

图 4-40　各城市环境质量指数

　　土壤污染与大气、水体污染相比较，具有潜伏性、隐蔽性、累积性等特点，因此在短期内往往不易为人们所发现、所重视。从武汉城市群近年来生态环境污染防治的实践来看，三大污染防治中存在重大气和水体污染防治、轻土壤污染防治现象。土壤保护中重数量保护、轻质量保护，土壤污染防治中重农村、轻城市的现象依然存在。武汉城市群作为两型社会的试验区，务必充分认识土壤污染的严重危害和严峻形势，将土壤污染防治放在与大气、水体污染防治同等重要的地位。

　　武汉城市群城市大气中 $SO_2$ 等污染物迁移扩散而导致的酸雨危害与污染比较严重。且随着机动车数量增加，汽车尾气导致氮氧化物急剧上升，酸雨成分由过去的硫酸盐类变为硝酸盐类。

　　根据武汉城市群各城市河流监测断面水质优良率、主要湖库湿地面积加权富营养化指数、全年 API 指数小于（含等于）100 天的天数占全年天数的比例、年均酸雨 pH、酸雨频率、热岛效应强度，构建环境质量指数，用来反映城市群各城市环境质量状况（由于各市收集到的数据情况不同，武汉、黄石、鄂州、黄冈、咸宁市由全部 6 个指标构建；孝感、仙桃、天门、潜江市由河流监测断面水质优良率、空气质量、热岛效应强度 3 个指标构建；另外，由于大部分指标 2000～2002 年数据缺失，环境质量指数计算 2003 年、2005年、2010 年三期，其中 2003 年热岛强度由 2000 年热岛强度数据替代）。各指标中，河流监测断面水质优良率、全年 API 指数小于（含等于）100 天的天数占全年天数的比例、年均酸雨 pH 为正效应指标，主要湖库湿地面积加权富营养化指数、酸雨频率、热岛效应强度为负效应指标。

$$EHI_i = \sum_{j=1}^{n} w_j r_{ij}$$

式中，$EHI_i$ 为第 $i$ 市环境质量指数，$w_j$ 为各指标相对权重，$r_{ij}$ 为第 $i$ 市各指标的标准化值。$EHI_i$ 值越大，表明环境质量越好，反之，$EHI_i$ 值越小，环境质量越差。根据各城市的环境质量指数，求其平均值作为城市群的环境质量指数。

2003～2010 年，武汉城市群环境质量呈逐年转好的趋势，尤其是 2003～2005 年环境质量改善明显，2005～2010 年略有改善。从各城市来看，武汉、黄冈、咸宁市环境质量指数逐渐增大，说明其环境质量呈逐年转好的趋势；鄂州、仙桃市先减小后增大，表明其近几年环境质量也有所改善；孝感、天门、潜江市环境质量指数先增大后减小，表明 2003～2005 年其环境质量变好，而 2005～2010 年其环境质量有所下降；黄石市环境质量指数逐年减小，说明 2003～2010 年其环境质量变差，主要原因是黄石市热岛效应增强、酸雨率增加。

# 4.6 资源环境效率

## 4.6.1 水资源利用效率

从表 4-28 中可以看出，2003～2010 年武汉城市群万元 GDP 用水量是呈逐年下降的趋势（万元 GDP 用水数据来源于《湖北省水资源公报》），也从一个侧面反映出武汉城市群的水资源利用效率是逐年提高的。

**表 4-28 2003～2010 年武汉市群万元 GDP 用水量**　　　　　　单位：m³

| 城市 | 2003 年 | 2004 年 | 2005 年 | 2006 年 | 2007 年 | 2008 年 | 2009 年 | 2010 年 |
|---|---|---|---|---|---|---|---|---|
| 武汉市 | 251 | 211 | 163 | 142 | 116 | 93 | 83 | 71 |
| 黄石市 | 475 | 408 | 363 | 330 | 330 | 282 | 265 | 235 |
| 孝感市 | 407 | 476 | 628 | 662 | 434 | 364 | 376 | 340 |
| 黄冈市 | 617 | 644 | 629 | 601 | 559 | 478 | 382 | 353 |

续表

| 城市 | 2003 年 | 2004 年 | 2005 年 | 2006 年 | 2007 年 | 2008 年 | 2009 年 | 2010 年 |
|---|---|---|---|---|---|---|---|---|
| 鄂州市 | 486 | 474 | 459 | 402 | 413 | 341 | 296 | 239 |
| 仙桃市 | 688 | 420 | 620 | 575 | 518 | 385 | 394 | 326 |
| 天门市 | 696 | 536 | 645 | 540 | 454 | 349 | 447 | 388 |
| 潜江市 | 492 | 334 | 410 | 346 | 317 | 239 | 260 | 217 |
| 咸宁市 | 763 | 680 | 656 | 565 | 487 | 421 | 365 | 299 |

## 4.6.2 能源利用效率

从图 4-41 可以看出，武汉城市群各城市单位 GDP 能源消耗量基本呈下降趋势，也从一个侧面反映出武汉城市群能源利用强度不断增加。

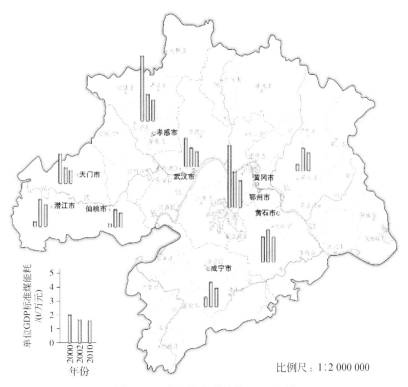

图 4-41 武汉城市群单位 GDP 能耗

在能源利用效率资料收集过程中，使用了部分年限的"能源消费折标煤（万 t）"、"GDP（亿元）"以及部分年限的"单位 GDP 能耗（tce/万元）"。通过前两项计算结果与第三项进行年份互补（互补时以"单位 GDP 能耗"为准）得到能源利用效率。

## 4.6.3 环境利用效率

### 4.6.3.1 城市群各城市单位 GDP 工业 $CO_2$ 排放量

由表 4-29 可以看出，武汉城市群的碳排放增速得到有效抑制，单位 GDP 工业 $CO_2$ 排放量由 2005 年的 2.72t/万元下降为 2.19t/万元，下降了 0.53t/万元。但是由于各个城市工业化程度和产业结构不同，$CO_2$ 排放的降低程度也存在差异，但总体趋势是得到有效控制。

表 4-29  武汉城市群各城市单位 GDP 工业 $CO_2$ 排放量　　单位：$tCO_2$/万元

| 地区 | 2005 年 | 2008 年 | 2009 年 | 2010 年 |
|------|---------|---------|---------|---------|
| 湖北省 | 2.59 | 2.25 | 2.11 | 2.03 |
| 城市群 | 2.72 | 2.34 | 2.23 | 2.19 |
| 武汉 | 2.34 | 2.05 | 1.91 | 1.82 |
| 黄石 | 4.01 | 3.94 | 3.30 | 3.15 |
| 鄂州 | 4.42 | 2.89 | 3.52 | 3.35 |
| 孝感 | 3.35 | 2.86 | 2.73 | 2.59 |
| 黄冈 | 2.77 | 2.44 | 2.27 | 2.15 |
| 咸宁 | 3.08 | 2.31 | 2.52 | 2.41 |
| 仙桃 | 1.75 | 1.53 | 1.89 | 1.81 |
| 潜江 | 3.39 | 2.99 | 2.77 | 2.68 |
| 天门 | 2.05 | 1.68 | 1.58 | 1.62 |

### 4.6.3.2 城市群各城市单位 GDP 工业 $SO_2$ 排放量

由表 4-30 可以看出，黄石、鄂州单位 GDP 工业 $SO_2$ 排放量较其他城市要高；除武汉的单位 GDP 工业 $SO_2$ 排放量呈递减趋势外，其他 5 个城市在 2004～2006 年均出现一定幅度的增长，但从 2006 年起又呈现降低的趋势。从图 4-42 可以看出，自 2006 年以来多数城市的单位 GDP 工业 $SO_2$ 排放量是逐步减少的，也反映出其环境利用效率在一定程度上的逐步提高。

表 4-30  武汉城市群各城市单位 GDP 工业 $SO_2$ 排放量　　单位：t/亿元

| 城市 | 2000 年 | 2001 年 | 2002 年 | 2003 年 | 2004 年 | 2005 年 | 2006 年 | 2007 年 | 2008 年 | 2009 年 | 2010 年 |
|------|---------|---------|---------|---------|---------|---------|---------|---------|---------|---------|---------|
| 武汉 | 97.745 | 86.950 | 77.894 | 66.840 | 68.343 | 59.619 | 51.187 | 40.829 | 30.047 | 24.796 | 15.677 |
| 黄石 | 201.265 | 165.771 | 174.143 | 148.169 | 230.309 | 230.809 | 214.847 | 201.307 | 162.797 | 139.856 | 107.923 |
| 孝感 | 19.185 | 0.462 | 97.014 | 88.001 | 92.662 | 106.851 | 119.542 | 96.350 | 74.207 | 61.971 | 45.306 |
| 黄冈 | 1.722 | 0.994 | 22.247 | 21.430 | 20.800 | 28.586 | 28.589 | 21.607 | 18.475 | 16.010 | 16.145 |
| 鄂州 | 137.766 | 189.082 | 173.172 | 154.177 | 136.739 | 248.799 | 248.797 | 180.030 | 129.256 | 105.992 | 107.584 |
| 咸宁 | 7.991 | 6.265 | 46.149 | 43.523 | 42.193 | 134.710 | 137.448 | 104.637 | 67.020 | 33.072 | 25.753 |

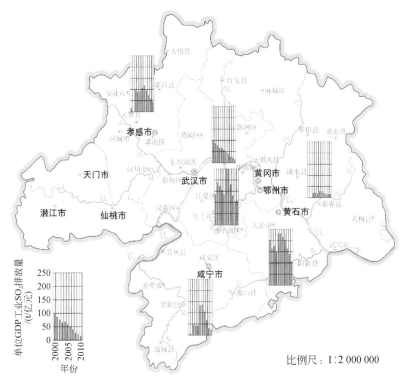

图 4-42　武汉城市群各城市单位 GDP 工业 SO₂ 排放量

图 4-43 为武汉、黄石、鄂州、孝感 4 个城市工业废气 SO₂生产率与国家和湖北省的比较，它直观地反映了各地工业企业的废气减排能力与其措施上的力度。湖北省与国家废气生产率相近且微有上升；而黄石、鄂州及孝感的废气生产率基数较低，工业 SO₂生产率低于国家及省的平均水平，甚至还出现了下降的情况；武汉市的废气生产率基数远高于国家平均水平，且上升势头明显，这表示武汉市在废气减排上的有着巨大潜力，对武汉城市群整体废气 SO₂排放量的控制起着重要的作用。

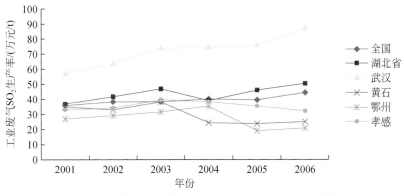

图 4-43　城市群部分城市工业废气 SO₂生产率对比图

## 4.6.4　综合评价

城市化过程中的技术水平提高和工业布局集中，有利于实现污染集中治理，减少污染治理的难度，提高废弃物的重新利用率，有利于资源的循环利用，提高资源的使用效率。从单位工业产值排放的污染物来看，武汉城市群单位 GDP 的水耗、能耗、$CO_2$ 排放量、$SO_2$ 排放量呈下降趋势，这表明在技术进步、环境压力等因素作用下，经济增长对环境造成的污染程度正在逐渐减轻。

根据水资源利用效率、能源利用效率和环境利用效率 3 个指标和各指标权重，构建资源效率指数，用来反映各市资源利用效率状况。其中，武汉市由这 3 个指标构建，黄石、孝感、鄂州、黄冈、咸宁市由于水资源利用效率数据缺失，由能源利用效率和环境利用效率指标构建，潜江、仙桃、天门市由于水资源利用效率和环境利用效率数据缺失，由能源利用效率指标构建。水资源利用效率、能源利用效率和环境利用效率均为负效应指标。

$$\mathrm{REI}_i = \sum_{j=1}^{n} w_j^* r_{ij}$$

式中，$\mathrm{REI}_i$ 为第 $i$ 市资源效率指数；$w_j$ 为资源效率主题中各指标相对权重；$r_{ij}$ 为第 $i$ 市各指标的标准化值。$\mathrm{REI}_i$ 值越大，表明资源利用效率越高，反之，$\mathrm{REI}_i$ 值越小，资源利用效率越低。根据各市资源效率指数，求其平均值作为城市群资源效率指数。

由表 4-31、图 4-44 和图 4-45 可知，2000～2010 年，武汉城市群资源效率指数先下降后上升，表明城市群资源利用效率 2000～2005 年降低，2005～2010 年提高；武汉、孝感、天门市资源效率指数逐渐增大，表示资源利用效率逐渐提高；黄石、鄂州、黄冈、咸宁、潜江、仙桃市资源效率指数先下降后上升，说明 2000～2005 年这些城市资源利用效率降低，2005～2010 年资源利用效率提高。从整体来看，2005～2010 年城市群各城市资源效率指数呈增大趋势，表明城市群资源利用效率逐渐提高。

表 4-31　2000～2010 年武汉城市群及各城市资源效率指数

| 城市 | 2000 年 | 2005 年 | 2010 年 |
| --- | --- | --- | --- |
| 武汉 | 39.83 | 70.43 | 91.45 |
| 黄石 | 40.98 | 29.91 | 60.19 |
| 孝感 | 46.27 | 59.12 | 76.28 |
| 鄂州 | 25.03 | 23.77 | 58.93 |
| 黄冈 | 97.00 | 78.54 | 84.93 |
| 咸宁 | 92.21 | 55.18 | 81.45 |
| 潜江 | 96.47 | 60.42 | 69.51 |
| 仙桃 | 98.09 | 74.84 | 80.54 |
| 天门 | 56.38 | 77.68 | 83.05 |
| 城市群 | 65.81 | 58.87 | 76.26 |

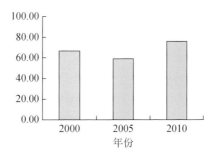

图 4-44　2000～2010 年城市群资源效率指数

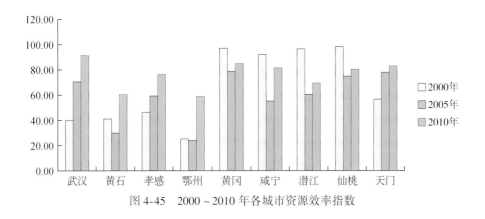

图 4-45　2000～2010 年各城市资源效率指数

# 4.7　生态环境胁迫

## 4.7.1　人口密度

武汉城市群各城市的人口密度是通过《湖北统计年鉴》中人口总数,与行政区划面积进行有关计算得到的。2000～2010 年武汉城市群人口密度总体增长缓慢(表 4-32,图 4-46)。从整体趋势上说,除天门市 2010 年比 2009 年人口密度降低外,其余各城市自2005 年以来,人口密度均呈现逐年上升的趋势,这也说明武汉城市群内的人口呈逐年增加的趋势。从武汉城市群各城市的人口密度来看(图 4-47),城市群范围内人口的地区分布很不平衡,趋势是中部多,南部和北部少。

表 4-32　2000～2010 年武汉城市群各城市人口密度　　　　单位:人/km²

| 年份 | 城市群 | 武汉市 | 黄石市 | 咸宁市 | 黄冈市 | 孝感市 | 鄂州市 | 仙桃市 | 天门市 | 潜江市 |
|------|--------|--------|--------|--------|--------|--------|--------|--------|--------|--------|
| 2000 | 521.18 | 882.02 | 540.34 | 281.12 | 414.01 | 567.87 | 642.35 | 626.32 | 615.56 | 502.10 |
| 2001 | 526.44 | 892.67 | 550.92 | 281.53 | 414.01 | 567.14 | 648.24 | 630.42 | 670.33 | 504.99 |
| 2002 | 524.29 | 904.29 | 552.38 | 281.76 | 414.73 | 568.24 | 650.56 | 583.77 | 616.51 | 505.39 |

| 年份 | 城市群 | 武汉市 | 黄石市 | 咸宁市 | 黄冈市 | 孝感市 | 鄂州市 | 仙桃市 | 天门市 | 潜江市 |
|------|--------|--------|--------|--------|--------|--------|--------|--------|--------|--------|
| 2003 | 527.46 | 919.70 | 553.45 | 282.24 | 415.13 | 571.17 | 656.21 | 583.18 | 616.86 | 506.29 |
| 2004 | 528.36 | 925.24 | 555.87 | 280.88 | 416.07 | 569.25 | 660.73 | 582.74 | 617.47 | 506.54 |
| 2005 | 530.17 | 943.44 | 551.24 | 280.62 | 416.05 | 567.91 | 665.06 | 579.94 | 618.23 | 499.10 |
| 2006 | 536.41 | 964.02 | 554.64 | 285.73 | 417.54 | 577.61 | 667.75 | 581.72 | 618.23 | 499.05 |
| 2007 | 540.75 | 975.05 | 556.91 | 290.11 | 418.74 | 585.63 | 671.36 | 583.45 | 618.23 | 500.15 |
| 2008 | 544.67 | 980.97 | 561.08 | 292.27 | 421.11 | 589.34 | 672.77 | 593.66 | 628.49 | 503.99 |
| 2009 | 547.65 | 983.69 | 563.89 | 294.73 | 423.68 | 593.41 | 675.03 | 597.95 | 631.24 | 508.98 |
| 2010 | 549.30 | 985.09 | 567.25 | 295.06 | 425.28 | 596.02 | 680.68 | 604.02 | 627.00 | 509.48 |

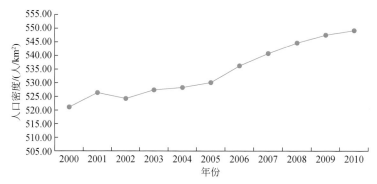

图 4-46　武汉城市群人口密度

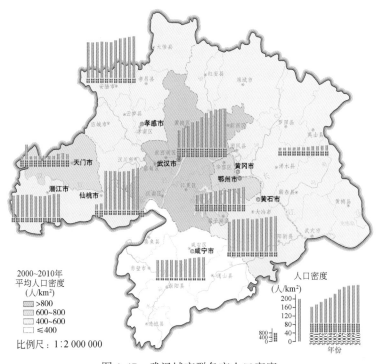

图 4-47　武汉城市群各市人口密度

武汉城市群的人口密度与长三角、珠三角相比相对较低。2007 年武汉城市群人口密度是 540.75 人/km², 长三角、珠三角的人口密度分别是武汉城市群的 1.72 倍和 1.66 倍, 这说明武汉城市群的人口承载空间比较大。因为, 武汉城市群的气候条件比较好, 水资源也比较丰富, 人口承载能力较强, 完全可以达到长三角、珠三角的人口密集程度。

## 4.7.2 能源利用强度

能源利用强度方面（图 4-48）, 主要是通过能源利用效率相关指标进行相应计算得到。从已有数据来看, 各城市单位国土面积能耗量呈上升趋势, 也从一个侧面反映出武汉城市群能源利用强度不断增加。从各个城市来看, 在武汉城市群中, 单位国土面积能耗量武汉是最高的, 黄冈、咸宁是最低的。

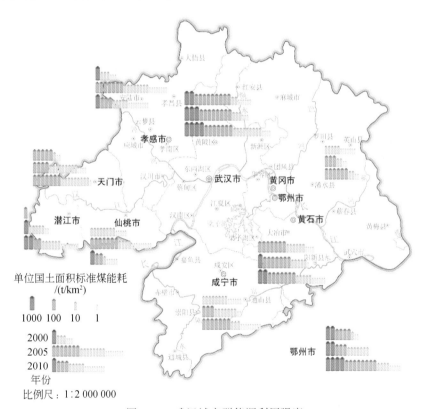

图 4-48 武汉城市群能源利用强度

## 4.7.3 经济活动强度

从单位国土面积 GDP 所反映的经济活动强度来看, 武汉市经济活动强度明显大于城市群其他城市, 黄冈、咸宁单位国土面积 GDP 最低; 2000～2010 年, 武汉城市群中各城市均呈现总体增长的趋势，说明武汉城市群的生产能力不断提高，为经济发展起到推动和促进作用（表4-33，图4-49）。

表4-33　2000~2010年武汉城市群各城市单位国土面积GDP　　　单位：万元/km²

| 年份 | 城市群 | 武汉 | 黄石 | 咸宁 | 黄冈 | 孝感 | 鄂州 | 仙桃 | 天门 | 潜江 |
|------|--------|------|------|------|------|------|------|------|------|------|
| 2000 | 384.20 | 1420.81 | 408.66 | 115.10 | 135.74 | 218.09 | 536.39 | 330.46 | 236.46 | 301.80 |
| 2001 | 468.84 | 1586.77 | 485.43 | 146.81 | 196.51 | 323.01 | 636.07 | 398.12 | 359.27 | 397.70 |
| 2002 | 513.32 | 1757.41 | 535.32 | 158.81 | 209.26 | 352.53 | 698.49 | 433.93 | 379.56 | 426.35 |
| 2003 | 567.73 | 1956.89 | 596.69 | 176.15 | 222.26 | 385.63 | 788.58 | 485.22 | 427.88 | 471.16 |
| 2004 | 639.08 | 2215.96 | 691.23 | 207.90 | 247.75 | 427.95 | 890.34 | 506.90 | 485.89 | 473.30 |
| 2005 | 688.95 | 2635.07 | 748.39 | 206.70 | 199.67 | 404.30 | 922.02 | 567.65 | 414.95 | 531.74 |
| 2006 | 792.25 | 3050.09 | 874.47 | 238.01 | 224.09 | 453.65 | 1056.02 | 640.31 | 466.44 | 625.15 |
| 2007 | 959.73 | 3698.96 | 1017.66 | 290.85 | 271.38 | 539.62 | 1309.35 | 750.20 | 577.73 | 859.33 |
| 2008 | 1224.36 | 4845.20 | 1213.63 | 364.25 | 344.13 | 665.61 | 1692.53 | 920.02 | 641.30 | 1061.98 |
| 2009 | 1382.44 | 5440.15 | 1303.49 | 424.35 | 418.28 | 755.20 | 2030.82 | 955.67 | 712.66 | 1167.71 |
| 2010 | 1659.44 | 6552.74 | 1504.84 | 527.66 | 493.96 | 898.62 | 2479.86 | 1146.45 | 837.07 | 1450.45 |

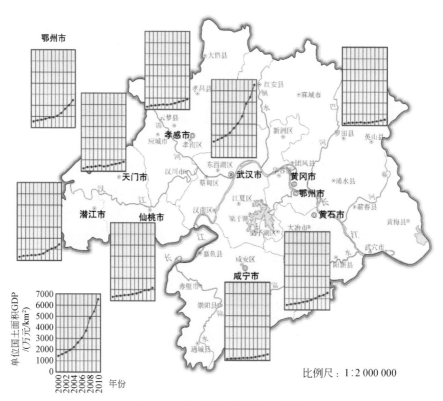

图4-49　武汉城市群经济活动强度

## 4.7.4 大气污染

在大气污染方面，未能获取全部工业与生活相关污染物排放量数据，因此仅使用所查到的工业污染物排放量来计算。从表4-34可以看出，这6个城市的工业 $SO_2$ 的排放强度基本都大于其他污染物的排放强度，且多数城市工业 $SO_2$ 的排放强度出现先增后降的趋势；而工业烟尘的排放则在不同城市体现出不同的特点（表4-35），如武汉工业烟尘的排放强度呈现逐步降低的趋势，其他城市则有波动。

表 4-34　武汉城市群工业二氧化硫排放强度　　　　单位：$t/km^2$

| 城市 | 2000 年 | 2001 年 | 2002 年 | 2003 年 | 2004 年 | 2005 年 | 2006 年 | 2007 年 | 2008 年 | 2009 年 | 2010 年 |
|---|---|---|---|---|---|---|---|---|---|---|---|
| 武汉 | 13.888 | 13.797 | 13.689 | 13.080 | 15.145 | 15.710 | 15.613 | 15.103 | 14.559 | 13.489 | 10.273 |
| 黄石 | 8.225 | 8.047 | 9.322 | 8.841 | 15.920 | 17.273 | 18.788 | 20.486 | 19.758 | 18.230 | 16.241 |
| 孝感 | 0.418 | 0.015 | 3.420 | 3.394 | 3.965 | 4.320 | 5.423 | 5.199 | 4.939 | 4.680 | 4.071 |
| 黄冈 | 0.023 | 0.020 | 0.466 | 0.476 | 0.515 | 0.571 | 0.641 | 0.586 | 0.636 | 0.670 | 0.798 |
| 鄂州 | 7.390 | 12.027 | 12.096 | 12.158 | 12.174 | 22.940 | 26.274 | 23.572 | 21.877 | 21.525 | 26.679 |
| 咸宁 | 0.092 | 0.092 | 0.733 | 0.767 | 0.877 | 2.785 | 3.271 | 3.043 | 2.441 | 1.403 | 1.359 |

表 4-35　武汉城市群工业烟尘排放强度　　　　单位：$t/km^2$

| 城市 | 2000 年 | 2001 年 | 2002 年 | 2003 年 | 2004 年 | 2005 年 | 2006 年 | 2007 年 | 2008 年 | 2009 年 | 2010 年 |
|---|---|---|---|---|---|---|---|---|---|---|---|
| 武汉 | 6.699 | 7.170 | 6.958 | 6.628 | 5.923 | 5.448 | 5.257 | 4.814 | 4.368 | 3.637 | 1.476 |
| 黄石 | 3.271 | 3.096 | 2.922 | 2.350 | 1.890 | 1.699 | 4.265 | 2.543 | 2.338 | 2.113 | 2.980 |
| 孝感 | — | — | — | 2.525 | 2.452 | 2.764 | 2.702 | 2.535 | 2.892 | 1.903 | 1.401 |
| 黄冈 | — | — | — | 0.240 | 0.246 | 0.304 | 0.287 | 0.270 | 0.280 | 0.288 | 0.378 |
| 鄂州 | — | — | — | 8.552 | 8.454 | 10.737 | 12.210 | 12.533 | 11.210 | 10.169 | 8.263 |
| 咸宁 | — | — | — | 0.897 | 0.824 | 1.635 | 1.621 | 1.579 | 1.463 | 1.289 | 1.227 |

"—"表示未收集到数据

## 4.7.5 热岛效应

以多时相遥感影像作为数据源，对武汉城市群进行地面温度的遥感反演，分析了不同时期武汉城市群范围内地表温度的空间分布特征，并对各期地表温度进行正规化处理，使其具有时间上的可比性，制成不同时期的地表温度分布图（图4-50）。

结果表明武汉城市群地表温度的分布与城市发展有着较好的一致性，高温集中分布于建设密度大、人口集中的城市中心区和城镇的建成区，而低温则分布于大型水体及城市的近郊和郊区的植被覆盖区；随着城市化的发展对城市热环境特征的影响，武汉城市群低温等级的面积有减少的趋势，高温区面积则有着明显的增加趋势，热岛范围明显扩张。热岛效应的强度在2000年为3.85，2005年为3.65，2010年为4.71（表4-36）。

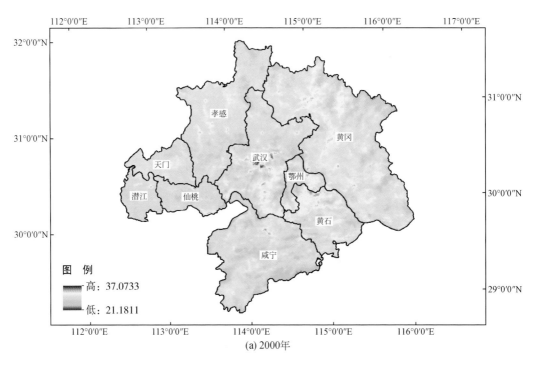

(a) 2000年

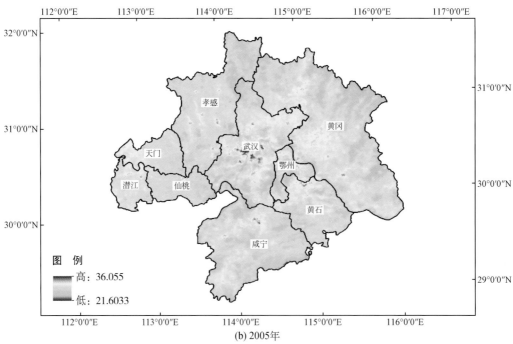

(b) 2005年

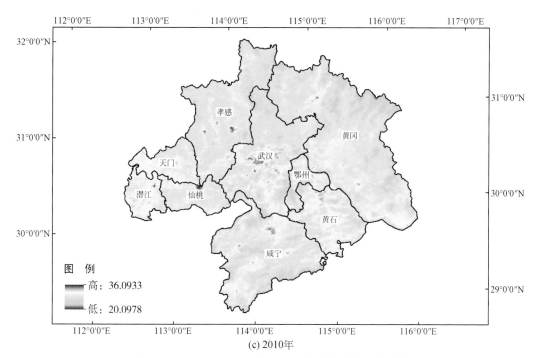

(c) 2010年

图 4-50  2000 年、2005 年、2010 年城市群温度分布图

**表 4-36  2000～2010 年武汉城市群地表温度及热岛强度**

| 年份 | 地表温度/℃ | 强度 |
| --- | --- | --- |
| 2000 | 29.76 | 3.85 |
| 2005 | 29.49 | 3.65 |
| 2010 | 29.01 | 4.71 |
| 2000～2005 年变动 | −0.27 | −0.2 |
| 2005～2010 年变动 | −0.48 | 1.06 |
| 2000～2010 年变动 | −0.75 | 0.86 |

注：2000～2010 年武汉城市群热岛强度呈逐年增强的趋势

　　从各城市来看，黄石、黄冈、潜江热岛强度 2000～2005 年减弱，2005～2010 年增强；天门 2000～2005 年热岛强度增强，2005～2010 年减弱；武汉、仙桃热岛效应强度在 2000～2005 年、2005～2010 年均呈逐渐减弱的趋势；而咸宁、孝感、鄂州热岛效应强度在 2000～2005 年、2005～2010 年均呈逐渐增大的趋势（表 4-37）。

**表 4-37  2000～2010 年武汉城市群各城市热岛效应强度**

| 年份 | 武汉 | 黄石 | 咸宁 | 黄冈 | 孝感 | 鄂州 | 仙桃 | 天门 | 潜江 |
| --- | --- | --- | --- | --- | --- | --- | --- | --- | --- |
| 2000 | 4.65 | 3.34 | 4.77 | 3.61 | 2.88 | 2.95 | 4.23 | 3.03 | 3.67 |
| 2005 | 4.62 | 2.96 | 4.9 | 3.45 | 3.95 | 3.55 | 3.61 | 3.17 | 3.42 |

| 年份 | 武汉 | 黄石 | 咸宁 | 黄冈 | 孝感 | 鄂州 | 仙桃 | 天门 | 潜江 |
|------|------|------|------|------|------|------|------|------|------|
| 2010 | 4.53 | 5.8 | 5.05 | 5.36 | 5.42 | 5.4 | 3.4 | 2.92 | 3.46 |
| 2000~2005 | -0.03 | -0.38 | 0.13 | -0.16 | 1.07 | 0.6 | -0.62 | 0.14 | -0.25 |
| 2005~2010 | -0.09 | 2.84 | 0.15 | 1.91 | 1.47 | 1.85 | -0.21 | -0.25 | 0.04 |
| 2000~2010 | -0.12 | 2.46 | 0.28 | 1.75 | 2.54 | 2.45 | -0.83 | -0.11 | -0.21 |

## 4.7.6 综合评价

城市化对生态环境的胁迫作用的直接表现在于人口的增长与迁移、资源及能源的高强度需求、污染物的排放、经济的扩张与推进等，在此链接过程中通过城市这个有机体的各类细胞活动（居民生产与生活、企业生产与销售）物化了资源的利用与环境的承载，源源不断地向区域排放废物来影响环境质量，并通过经济活动力度和污染排放强度作用于区域生态环境。

武汉城市群的人口密度逐渐增加，但与长三角、珠三角的人口密度相比，还相对偏低，未来人口承载空间还较大。武汉城市群的经济活动强度呈现显著增长的趋势，城市群的生产能力不断提高。随着群内人口的增长和经济的快速发展，对水资源、能源的利用强度逐年增强。虽然群内水资源较为丰富，但是部分水体受到严重的污染，制约着武汉城市群社会经济的发展。群内多数城市的单位国土面积 $SO_2$ 排放量呈现先增后降的趋势，说明前期污染日益加剧，后经及时治理后减排效果明显。武汉城市群城市"热岛效应"越来越严重，原因在于在城镇用地空间扩张过程中，比热大的绿地、草地和水面等自然表面，被水泥、沥青等比热小的表面代替，不仅改变了反射和吸收面的性质，还改变了近地面层的热交换和地面的粗糙度，城市密集的建筑群体阻挡风道，不利于城市热量的扩散。此外，城市消耗大量能源，排放大量的温室气体，释放出大量热能集中于城区范围内，导致武汉城市群的城市"热岛效应"现象越来越严重。

根据城市化率、二三产业比重、建设用地比例、能源利用强度、$SO_2$ 排放强度 6 个指标和各指标在该主题中的相对权重，构建生态环境胁迫指数，用来反映各市生态环境受胁迫状况（水资源开发强度、$CO_2$ 排放强度、COD 排放强度、氨氮排放强度、氮氧化物排放强度、固废排放强度指标缺失）。各指标均为正效应指标。

$$EESI_i = \sum_{j=1}^{n} w_j r_{ij}$$

式中，$EESI_i$ 为第 $i$ 市生态环境胁迫指数；$w_j$ 为生态环境胁迫主题中各指标相对权重；$r_{ij}$ 为第 $i$ 市各指标的标准化值。$EESI_i$ 值越大，表明生态环境胁迫程度越严重，反之，$EESI_i$ 值越小，生态环境胁迫程度越低。根据各城市生态环境胁迫指数，求其平均值作为城市群生态环境胁迫指数。

表 4-38、图 4-51 和图 4-52 表明，2000~2010 年，城市群生态环境胁迫指数逐渐增大，表明城市群生态环境胁迫越来越严重；从各个城市来看，除黄冈和天门外，武汉城市

群各市生态环境胁迫指数逐年增加，表明胁迫程度逐渐增大；从整体上来看，武汉、黄石、鄂州生态环境胁迫指数较其他城市要高，黄冈、咸宁、孝感生态环境胁迫指数在城市群各城市中处于较低位置。武汉、黄石、鄂州的人口密度、能源利用强度、经济活动强度在城市群中都处于较高的位置，其生态环境胁迫指数较高也是必然的。

表 4-38　2000~2010 年武汉城市群及各城市生态环境胁迫指数

| 城市 | 2000 年 | 2005 年 | 2010 年 |
|---|---|---|---|
| 武汉 | 60.52 | 69.66 | 81.75 |
| 黄石 | 38.33 | 47.11 | 52.14 |
| 咸宁 | 15.29 | 15.36 | 21.11 |
| 黄冈 | 8.98 | 8.27 | 12.03 |
| 孝感 | 15.06 | 18.48 | 24.43 |
| 鄂州 | 40.20 | 55.42 | 69.61 |
| 仙桃 | 26.09 | 26.41 | 34.11 |
| 天门 | 26.56 | 31.62 | 29.30 |
| 潜江 | 33.30 | 32.58 | 43.74 |
| 城市群 | 29.37 | 33.88 | 40.91 |

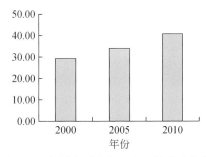

图 4-51　年城市群十年生态环境胁迫指数

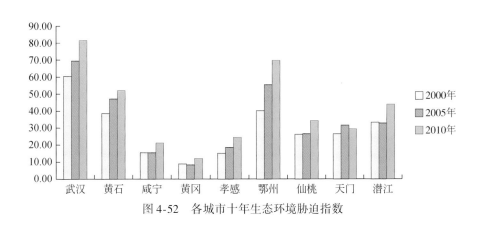

图 4-52　各城市十年生态环境胁迫指数

# 4.8　城市化生态环境效应综合评价

## 4.8.1　生态环境质量综合指数

用城市群各城市自然生态系统比例、农田生态系统比例、不透水地面比例、生态系统生物量、景观破碎度、河流监测断面水质优良率、主要湖库湿地面积加权富营养化指数、全年 API 指数小于（含等于）100 的天数占全年天数的比例、年均酸雨 pH、酸雨频率、热岛效应强度等 11 个指标及指标权重，构建生态环境质量综合指数，用来反映各市生态环境综合质量状况。自然生态系统比例、农田生态系统比例、生态系统生物量、河流监测断面水质优良率、全年 API 指数小于（含等于）100 天的天数占全年天数的比例、年均酸雨 pH 为正效应指标，建成区比例、景观破碎度、主要湖库湿地面积加权富营养化指数、酸雨频率、热岛效应强度为负效应指标。

$$\mathrm{CEQI}_i = \sum_{j=1}^{n} w_j r_{ij}$$

式中，$\mathrm{CEQI}_i$ 为第 $i$ 市生态环境综合质量指数；$w_j$ 为资源效率主题中各指标相对权重；$r_{ij}$ 为第 $i$ 市各指标的标准化值。$\mathrm{CEQI}_i$ 值越大，表明生态环境质量越好，反之，$\mathrm{CEQI}_i$ 值越小，生态环境质量越差。根据各城市生态环境质量综合指数，求其平均值作为城市群生态环境质量综合指数。

表 4-39、图 4-53 和图 4-54 表明，2000～2010 年，武汉城市群生态环境质量呈转好趋势，其中 2000～2005 年好转明显，2005～2010 年略有好转（是由于黄冈、鄂州 2005～2010 年有明显好转，而其余 7 个城市是变差的）；从各城市来看，2000～2005 年大部分城市（武汉、咸宁、孝感、仙桃、天门、潜江）生态环境质量综合指数增大，表明其生态环境质量转好；而 2005～2010 年，大部分城市生态环境质量综合指数下降，只有黄冈和鄂州有明显上升。

表 4-39　2000～2010 年武汉城市群及各城市生态环境质量综合指数

| 城市 | 2000 年 | 2005 年 | 2010 年 |
|---|---|---|---|
| 武汉 | 38.06 | 44.71 | 42.04 |
| 黄石 | 63.96 | 61.74 | 60.17 |
| 咸宁 | 50.50 | 60.33 | 59.56 |
| 黄冈 | 54.75 | 53.81 | 63.59 |
| 孝感 | 47.72 | 58.38 | 56.03 |
| 鄂州 | 52.10 | 43.28 | 50.94 |
| 仙桃 | 51.98 | 56.41 | 55.48 |
| 天门 | 47.79 | 48.59 | 45.47 |
| 潜江 | 53.45 | 56.01 | 54.05 |
| 城市群 | 51.15 | 53.70 | 54.15 |

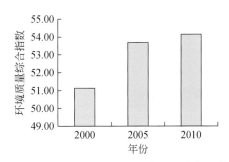

图 4-53 城市群十年生态环境质量综合指数

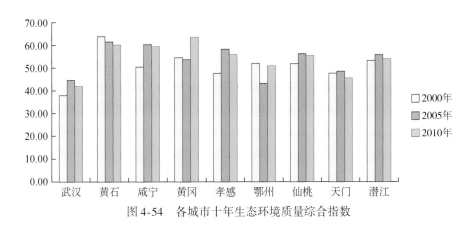

图 4-54 各城市十年生态环境质量综合指数

## 4.8.2 城市化的生态环境效应指数

用武汉城市群各城市自然生态系统比例变化、农田生态系统比例变化、不透水地面比例变化、生态系统生物量变化、景观破碎度变化、能源利用量变化、主要湖库湿地面积加权富营养化指数变化、全年 API 指数小于（含等于）100 的天数占全年天数的比例变化、酸雨强度变化、城市热岛效应强度指数变化 10 个指标及其指标权重，构建生态环境效应指数，用来反映各市城市化的生态环境效应状况。

$$\mathrm{UEEI}_i = \sum_{j=1}^{n} w_j r_{ij}$$

式中，$\mathrm{UEEI}_i$ 为第 $i$ 市城市化的生态环境效应指数；$w_j$ 为资源效率主题中各指标相对权重；$r_{ij}$ 为第 $i$ 市各指标的标准化值。根据各城市城市化的生态环境效应指数，求其平均值作为城市群城市化的生态环境效应指数。

表 4-40、图 4-55 和图 4-56 表明，由城市化的生态环境效应指数来看，2000～2005 年武汉城市群及各城市的生态环境变化比 2005～2010 年生态环境变化大。

表 4-40  武汉城市群及各城市城市化的生态环境效应指数

| 年份 | 城市群 | 武汉 | 黄石 | 咸宁 | 黄冈 | 孝感 | 鄂州 | 仙桃 | 天门 | 潜江 |
|------|--------|------|------|------|------|------|------|------|------|------|
| 2000~2005 | 45.53 | 42.32 | 48.02 | 50.75 | 40.02 | 44.01 | 44.59 | 56.48 | 39.19 | 44.35 |
| 2005~2010 | 34.62 | 34.83 | 40.21 | 32.38 | 43.32 | 34.36 | 34.09 | 31.33 | 28.63 | 32.40 |
| 2000~2010 | 43.07 | 37.35 | 50.30 | 44.58 | 47.93 | 40.96 | 40.12 | 48.29 | 34.57 | 43.49 |

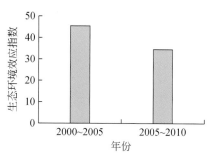

图 4-55  城市群城市化的生态环境效应指数

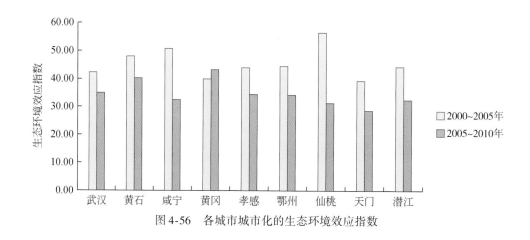

图 4-56  各城市城市化的生态环境效应指数

## 4.8.3  综合评价

武汉城市群建设伴随着人类活动的强烈作用,城市群的生态环境发生了一系列重大变化。生态环境效应主要体现在对区域水文、植被、土壤、气候、自然灾害、生物多样性等的影响,这些生态环境效应既有负面效应,也有正面效应。

### 4.8.3.1  负面效应

负面效应主要是环境污染严重,自然生态环境质量下降,自然生态景观强烈萎缩,破坏了城市化与生态环境的平衡,具体表现如下。

1)自然生态景观萎缩,功能退化。城市化中城市用地、建筑物、道路及其他基础设施不断向周围扩张，很多自然景观由人为景观代替，植被覆盖水平不断降低，植被结构发生变化，城市生境严重破碎化和岛屿化，许多天然绿地和城市水域生境往往被隔离形成人工建筑物中的"孤岛"，许多野生动植物的原生生境遭到不同程度破坏，珍稀物种濒临灭绝，生物多样性遭受严重破坏。如武汉城市群湖泊众多、水量充沛、资源丰富，历来具有调节河流、便利灌溉、发展水产、沟通航运、输送工业用水、美化环境、改善湖区气候等多种功能，但由于大规模的围湖造田，造成湖泊面积剧减，湿地功能退化。湖泊湿地的严重萎缩，带来明显的生态环境问题，主要表现为：一是水体、水面大幅减少后，纳污净化能力衰退甚至丧失，加速了湖泊水质的恶化；二是蓄水调节功能减弱，产生滞涝灾害的机会增多，受灾程度增加，加重了防洪排涝压力；三是水生类动植物、水禽等的生存环境受到破坏，其种类和数量大量减少。

2）城市群区域内土地利用结构的改变以及各土地利用类型之间频繁的动态变化，景观中的斑块数量明显增加，斑块形态趋于复杂多样，景观破碎化程度加剧。在城市用地不断扩张的过程中，植被覆盖减少，加上不合理的土地利用，土地资源开发利用的规模和强度不断加大，造成土地资源过度开发利用，导致土地退化程度进一步加重，加剧水土流失，引发滑坡、崩塌等地质灾害，不利于区域生态环境的可持续发展。

3）城市建设用地的不断扩张，使城市建筑及不透水地面面积不断增加，使得地表的洼蓄和下渗能力大大减弱，改变了城市及其周边地区的天然水循环模式，造成城市的"雨洪效应"，从而加重自然灾害的发生。

4）环境污染严重。城市化进程中产生了大量的废气、废水和废物，加剧了城市群地区的环境污染程度。从废水排放来看，无论是城镇居民生活污水排放量，还是第二、第三产业污水排放量，城市群的入河排污量总体呈现上升趋势。其中以武汉市（2010年为 $6.71×10^8 t$）、黄冈市（2010年为 $3.85×10^8 t$）、黄石市（2010年为 $3.39×10^8 t$）的年污水排放量较大。大量未经处理的工业废水和生活污水排入江河湖泊，使得群内水体受到不同程度的污染，湖泊富营养化严重。目前，群内地表水除大型水库水质较好外，其他中小河流、湖泊污染严重，甚至部分市区水质为劣Ⅴ类，不能成为居民饮用水源，导致部分城市（如孝感市）开发地下水源，对城市发展造成不良影响。从湖泊富营养化角度来看，圈内具有代表性的水库水质基本都为中营养程度，主要污染项目为氨氮、总氮、总磷等。过境流域汉江已经连续发生多次"水华"现象，发生频率与产生的经济损失呈现加大趋势，不仅对圈内生态环境产生巨大影响，同时对下游流域也将是巨大的灾难。

城市群中经济发展水平较高的武汉、黄石等城市，空气质量较差，空气质量达优良率较低，各种废气、颗粒物质和机动车尾气，改变了城市群大气环境的组成，致使大气中 $SO_2$、$NO_x$、TSP、PM10 等超标，个别区域酸雨严重。按照二氧化硫、二氧化氮、总悬浮颗粒物或可吸入颗粒物年均浓度综合评价，2010年武汉市、黄石市的空气达优良率分别为77.8%、88.2%。城市群酸雨率较大的为咸宁、黄冈、武汉等地，酸雨率分别为60.95%、50%、33.84%，大气污染重点控制区为沿江分布的酸雨控制区。此外，大气污染有从煤烟型向机动车尾气和煤烟混合型发展的变化趋势。

固体废物垃圾中许多有毒有害物质在堆放或填埋过程中发生腐化，对城市大气、水文和土壤产生一定污染。

5）对区域气候的影响，突出表现为城市"热岛效应"现象越来越严重。"热岛效应"引起城区地表温度升高，进一步影响城市生态系统的物质和能量流动，改变城市生态系统结构和功能，使城市气候、水文、土壤理化性质、大气环境、能量代谢及城市居民健康等受到显著影响，产生一系列生态环境效应。

### 4.8.3.2　正面效应

城市化除了对生态环境产生胁迫作用外，对生态环境还产生一些正面效应，主要表现为对资源的高效集约利用，对污染的集中处理以及增加生态投入等，具体表现为：

1）城市化进程中农业向非农业不断转变，工业比农业能够更有效地配置和利用资源，资源的高效利用在一定程度上也减轻了污染物的排放量。

2）城市化通过构建生态环境治理载体来改善生态环境，工业产业等的布局相对集中，不仅为资源的循环利用提供了方便，也利于污染物的集中治理。

3）城市化中技术水平的不断提高和产业结构的优化升级，有利于先进的、符合生态的技术的推广应用。

4）随着经济发展水平的提高，对生态建设和环境保护的投入能力也大大增强。

# 第5章 中心城市武汉市生态环境演变

本章以武汉市建成区为重点调查对象，调查评价城市扩展过程及其生态效应。具体调查与评估范围为江岸区、江汉区、硚口区、汉阳区、武昌区、洪山区、青山区7个主城区及周边的蔡甸区、东西湖区、江夏区等扩展的建成区，主要评估范围为武汉市外环（五环）线内（图5-1）。

图5-1 重点城市武汉市及评价范围

## 5.1 调查评价目标

### 5.1.1 调查评价内容

利用2000年、2005年和2010年武汉市的遥感、土地利用和地面调查数据，对武汉市十年来城市化进程与生态环境变化进行调查和评价。

### 5.1.1.1 武汉市城市化的状况、扩展过程、强度及其生态环境影响

利用 2000 年、2005 年和 2010 年的遥感、土地利用和地面调查数据，分析和评价 2000 ~ 2010 年武汉市生态系统格局的状况和变化，重点调查和分析城市化的状况、扩展过程和强度。以城市不透水地面提取结果为数据源，分析武汉市建成区不透水地面与城市绿地、湿地等透水地面的分布与变化。

### 5.1.1.2 武汉市生态系统与环境质量状况及变化

根据武汉市建成区生态环境遥感分类结果，结合地面调查，并利用统计和环境监测数据，调查和分析武汉市建成区不同生态系统类型的面积、分布及其变化。监测武汉城市群中日益严重的大气、水环境质量状况，分析武汉市建成区大气污染的状况和变化，以及相关气体排放量的变化趋势，找出与区域内大气污染相关性好的气象因子指标；监测武汉市建成区水质污染的分布、来源、程度及性质，分析其生态系统格局和变化的相互关系。

根据建成区城市化生态环境特征和变动趋势，建立武汉市的生态环境综合质量评价方法与指标，对 2000 年和 2010 年武汉市的生态质量、环境质量以及生态环境质量进行综合评价；通过对比分析两个年份的评价结果，得到武汉市生态环境质量十年间的变化，刻画和阐明武汉市生态环境质量的特征及演变。

### 5.1.1.3 武汉市城市化的生态环境胁迫与效应

分析武汉市城市化与城市生态环境变化的关系，阐明城市化过程的生态环境影响和胁迫，从生态系统破坏、资源能源消耗、大气环境污染、水环境污染、固体废弃物排放以及城市热岛效应等方面评估武汉市城市化的生态环境效应强度和格局。

## 5.1.2 调查评价指标

为了既充分了解武汉市的各方面特征，又科学、客观地评价武汉市的生态环境综合质量状况及城市化的生态环境效应，分别建立 6 套指标体系：①城市扩张指标体系；②生态环境状况调查指标体系；③资源效率评价指标体系；④城市化的生态环境胁迫指标体系；⑤生态环境质量综合指标体系；⑥城市化的生态环境效应综合指标体系。其中生态环境质量综合评价指标体系中的指标从前 4 个指标体系中筛选或通过组合计算获取；城市化的生态环境效应综合指标体系从前 4 个指标体系中筛选并根据变动率计算。这两类综合指标体系中的指标数量少于前 4 个指标体系中的指标数量，其指标的选取和构建将充分考虑指标的代表性、独立性、灵敏性和系统性。

通过对 2000 年、2005 年、2010 年遥感解译和统计数据的搜集，调查武汉市主要生态环境质量现状及其城市化的生态环境效应指标，主要调查指标包括：生态系统类型、面积、比例、分布及变化；城市扩展指数（不透水地面和透水地面的面积、比例、分布及变化）、生态质量指数、环境质量指数、资源效率指数、生态环境质量综合指数、城市化的

生态环境效应指数。

### 5.1.2.1 调查指标体系

根据调查和评价目标，从自然条件、社会经济与资源、城市扩张、生态质量、环境质量5个方面选择调查指标，以充分了解武汉市生态系统及环境质量的各方面特征，建立我国城市群生态环境信息基础数据库，为我国区域生态环境变化及其驱动力分析、城市化生态环境问题辨识、生态环境管理政策和制度建设提供基础性信息支撑。武汉市城区生态环境状况调查内容与指标如表5-1所示。

**表 5-1　武汉市生态环境状况调查内容与指标**

| 序号 | 调查内容 | 调查指标 | 数据来源 |
|---|---|---|---|
| 1 | 自然条件 | a. 年均气温；b. 年极端最高气温；c. 年极端最低气温；d. 月平均气温；e. 月极端最高气温；f. 月极端最低气温 | 气象部门 |
| | | a. 年均降雨量；b. 月均降雨量；c. 多年平均降雨量；d. 逐月多年平均降雨量 | 地面气象站监测数据 |
| 2 | 社会经济与资源 | a. 城市人口总数（人均收入、人均 GDP、人口年龄比例、受教育程度） | 统计数据 |
| | | a. 城市建成区面积及分布 | 遥感数据（武汉市高分）、统计数据 |
| | | a. 社会用水量；b. 分行业用水量 | 统计数据 |
| | | a. 能源消费总量：第一产业、第二产业、第三产业 | 统计数据 |
| 3 | 城市扩张与建成区格局特征 | a. 不透水地面（按人工建筑和道路分类）面积、比例与分布； | 遥感数据（武汉市高分） |
| 4 | 生态质量 | a. 城市绿地类型、面积与分布（斑块大小、斑块密度、边界密度、形状指数、连接度、破碎度） | TM-NDVI 数据 |
| | | | 遥感数据（武汉市高分） |
| | | a. 地表温度分布图 | 遥感数据 |
| 5 | 环境质量 | a. 河流监测断面水质与级别（常规监测各项指标：pH、溶解氧、高锰酸盐指数、$BOD_5$、氨氮、石油类、挥发酚、汞、铅等）；b. 湖泊水质；c. 河流和湖泊水功能与水质目标 | 环境监测数据 |
| | | a. 空气环境监测站点分布；b. 各站点主要空气污染物浓度：$SO_2$ 浓度、$NO_2$ 浓度、$PM_{10}$ 浓度等 | 环境监测数据 |
| | | a. 工业废水排放量、生活废水排放量；b. 工业 COD 排放量、生活 COD 排放量；c. 工业氨氮排放量、生活氨氮排放量 | 环境统计 |
| | | a. 工业废气排放量、生活废气排放量；b. 工业烟尘排放量、生活烟尘排放量；c. 工业粉尘排放量；d. 工业氮氧化物排放量、生活氮氧化物排放量；e. 工业 $SO_2$ 排放量、生活 $SO_2$ 排放量；f. 工业 $CO_2$ 排放量、生活 $CO_2$ 排放量 | 环境统计 |
| | | a. 工业固体废物排放量；b. 生活垃圾排放量；c. 城市固体垃圾堆放点、面积及分布 | 环境统计、遥感数据 |

### 5.1.2.2 评价指标体系

在调查指标的基础上，筛选一定数量的指标或组建一定数量的新指标来评价武汉市建成区的生态环境综合质量及其效应。指标框架包括城市化水平、生态质量、环境质量、资源效率、生态环境胁迫、城市化的生态环境效应等6个方面。武汉市城区评价内容和指标如表5-2所示。

**表5-2 武汉市生态环境评价内容和指标**

| 序号 | 评价目标 | 评价内容 | 评价指标 | 数据来源 |
|---|---|---|---|---|
| 1 | 城市化水平 | 城市化面积 | 建成区面积及其占国土面积比例 | 遥感数据（武汉市高分） |
| | | 城市化强度 | 不透水地面面积占建成区面积比例 | 遥感数据（武汉市高分） |
| | | 人口城市化水平 | 城市人口占总人口比例 | 统计数据 |
| | | 城市建成区人口密度 | 单位城市建成区人口数 | 遥感数据（全国）、统计数据 |
| 2 | 生态质量 | 生态系统类型与结构 | 各生态系统类型面积、面积比例、斑块大小、多样性、斑块密度、斑块边界密度、形状指数、连接度 | 遥感数据（武汉市高分） |
| | | 建成区景观格局特征 | 土地覆盖类型多样性；各土地覆盖类型面积、面积比例、斑块大小、多样性、斑块密度、斑块边界密度、形状指数、连接度 | 遥感数据（武汉市高分） |
| | | 城市绿地 | 城市建成区绿地面积比例、城市人均绿地面积 | 遥感数据 |
| 3 | 环境质量 | 河流水质 | 河流监测断面中Ⅰ～Ⅲ类水质断面比例 | 环境监测数据 |
| | | 湖泊水质 | 湖库湿地面积加权富营养化指数 | 环境监测数据、遥感数据 |
| | | 地下水环境 | 地下水水质 | 环境监测数据 |
| | | 空气质量 | 空气质量达二级标准的天数比例 | 环境监测数据 |
| | | 土壤质量 | 土壤污染程度 | 环境监测数据+实地调查 |
| | | 酸雨强度与频度 | 年均降雨pH、酸雨年发生频率 | 统计数据 |
| 4 | 资源环境效率 | 水资源利用效率 | 单位GDP水耗（不变价） | 统计数据 |
| | | 能源利用效率 | 单位GDP能耗（不变价） | 统计数据 |
| | | 环境利用效率 | 单位GDP $CO_2$ 排放量、单位GDP $SO_2$ 排放量、单位GDP烟粉尘排放量、单位GDP COD排放量 | 统计数据 |

续表

| 序号 | 评价目标 | 评价内容 | 评价指标 | 数据来源 |
|---|---|---|---|---|
| 5 | 生态环境胁迫 | 人口密度 | 单位国土面积人口数 | 统计数据 |
| | | 水资源开发强度 | 国民经济用水量占可利用水资源总量的比例 | 统计数据 |
| | | 地下水利用强度 | 地下水用水量占可利用地下水水资源总量的比例；地下水水位 | 统计数据 |
| | | 能源利用强度 | 单位国土面积能源消费量 | 统计数据 |
| | | 大气污染 | 单位国土面积 $CO_2$ 排放量、单位国土面积 $SO_2$ 排放量、单位国土面积烟粉尘排放量、单位国土面积氮氧化物排放量 | 统计数据 |
| | | 水污染物排放强度 | 单位国土面积 COD 排放量、单位国土面积氨氮排放量 | 统计数据 |
| | | 固体废弃物 | 单位国土面积固体废弃物总量 | 遥感数据+统计数据 |
| | | 经济活动强度 | 单位国土面积 GDP | 统计数据 |
| | | 热岛效应 | 城乡温度差异、建成区地表温度差异 | 遥感数据 |

# 5.2  分析与评价方法

## 5.2.1  遥感数据分析方法

武汉市建成区土地覆盖分类和生态系统遥感信息提取将主要基于高分辨率的 SPOT 4/5 卫星影像数据。建成区包括城市生态系统中最基本的 5 种土地覆盖类型：人工建筑、道路、植被、裸地和水体。建成区生态系统首先分为透水地面和不透水地面 2 个一级类别。透水地面进一步分为植被、裸地和水体 3 个二级类；不透水地面分为人工建筑和道路 2 个二级类。

建成区土地覆盖的分类和变化检测将采用基于回溯（backdate）的土地覆盖变化检测和土地覆盖分类方法（图 5-2）。该方法以 2010 年作为基准年，首先采用基于对象的图像分析方法生成高精度的 2010 年的土地覆盖分类图，然后以 2010 年土地分类结果为基准图（basemap），通过回溯的方法分别获取 2000 年和 2005 年的土地覆盖分类结果、并分析 2000 年、2005 年和 2010 年武汉市建成区各生态系统类型的面积、比例、分布，及其在 2000 年、2005 年、2010 年的变化情况。不同年份间建成区生态系统类型的变化将采用生态系统类型转移矩阵分析方法。

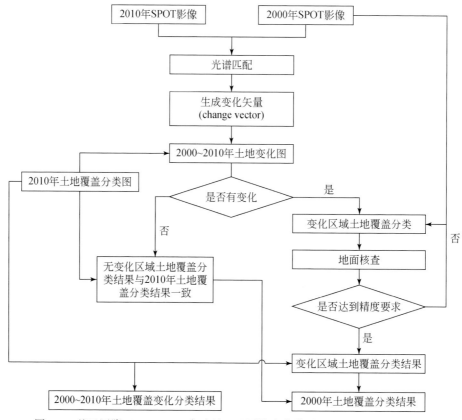

图 5-2　基于回溯（backdate）方法的土地覆盖变化检测和土地覆盖分类流程图

## 5.2.2　城市化及其对生态环境影响的分析与评价方法

### 5.2.2.1　城市化的状况、扩展过程、强度和影响

基于遥感解译得到的结果，采用生态系统转移矩阵分析方法和指数分析法，量化武汉市建成区的状况、扩展速度和强度；采用格局指数方法，从单个斑块、斑块类型和景观镶嵌体 3 个层次上，重点分析 2000 年、2005 年和 2010 年武汉市生态系统景观结构组成特征、空间配置关系及其十年变化；采用的指数将包括形状指数、丰富度指数、多样性指数、聚集度指数、破碎度指数等。景观指数的计算将使用 Fragstats 软件程序。

### 5.2.2.2　生态系统与环境质量状况及十年变化

建立武汉市生态环境质量评价方法与指标，对 2000 年、2005 年和 2010 年武汉市的生态环境质量进行综合评价。主要评价方法为单指标分级法和综合指标法，综合指标权重通过层次分析方法确定。通过分析和对比武汉市在不同年份的生态环境质量，获取武汉市生态环境质量十年间的变化，刻画和阐明武汉市生态环境质量特征及演变。不同年份和不同城市之间生态环境质量的对比研究主要采用生态系统类型面积和百分比统计方法、生态系统转移矩阵分析方法，以及生态系统动态度、变化速度等指数分析方法。

### 5.2.2.3　城市化生态环境效应的主要分析方法

（1）相关性和回归分析方法

采用相关性分析衡量生态环境效应指标与城市化水平、经济发展水平之间相互关系；利用多元回归分析方法研究城市化和经济发展水平对不同生态环境指标影响的重点程度，量化城市化水平提高和 GDP 增长的生态环境效应。

（2）建立生态环境胁迫指数

建立生态环境胁迫指数是指量化城市化水平、经济增长对生态环境的胁迫效应。

## 5.2.3　生态环境质量及胁迫评价方法（归一法）

构建六个综合指数对生态环境质量及胁迫进行评价，包括生态质量指数（ecosystem quality index，EQI）、环境质量指数（environmental quality index，EHI）、资源效率指数（resource efficiency index，REI）、生态环境胁迫指数（eco-environmental stress index，EESI）、生态环境质量综合指数（comprehensive eco-environmental quality index，CEQI）和城市化的生态环境效应指数（urbanization's eco-environmental effect index，UEEI），以反映城市生态环境状况和城市化效应。

### 5.2.3.1　生态质量指数

用武汉市评价指标体系中生态质量主题中的城市自然生态系统比例、不透水地面比例、城市绿地比例、生态系统生物量、生态系统退化程度、景观破碎度六个指标和各指标在该主题中的相对权重，构建生态质量指数，用来反映各城市生态质量状况。

$$EQI_i = \sum_{j=1}^{n} w_j r_{ij}$$

式中，$EQI_i$ 为第 $i$ 市生态质量指数；$w_j$ 为各指标相对权重；$r_{ij}$ 为第 $i$ 市各指标的标准化值。

### 5.2.3.2　环境质量指数

用指标体系中环境质量主题中的河流监测断面水质优良率、主要湖库湿地面积加权富营养化指数、全年 API 指数（Air Pollution Index，空气污染指数）小于（含等于）100 的天数占全年天数的比例、酸雨强度、热岛效应强度 5 个指标和各指标在该主题中的相对权重，构建环境质量指数，用来反映各市环境质量状况。

$$\text{EHI}_i = \sum_{j=1}^{n} w_j r_{ij}$$

式中，$\text{EHI}_i$ 为第 $i$ 市环境质量指数；$w_j$ 为各指标相对权重；$r_{ij}$ 为第 $i$ 市各指标的标准化值。

### 5.2.3.3 资源效率指数

用指标体系中资源效率主题中水资源利用效率和能源利用效率两个指标和各指标在该主题中的相对权重，构建资源效率指数，用来反映各市资源利用效率状况。

$$\text{REI}_i = \sum_{j=1}^{n} w_j r_{ij}$$

式中，$\text{REI}_i$ 为第 $i$ 市资源效率指数；$w_j$ 为资源效率主题中各指标相对权重；$r_{ij}$ 为第 $i$ 市各指标的标准化值。

### 5.2.3.4 生态环境胁迫指数

用生态环境胁迫指标体系中第二和第三产业比重、建设用地比例、水资源开发强度、能源利用强度、$CO_2$ 排放强度、COD 排放强度、$SO_2$ 排放强度、氨氮排放强度、氮氧化物排放强度、固废排放强度十个指标和各指标在该主题中的相对权重，构建生态环境胁迫指数，用来反映各市生态环境受胁迫状况。

$$\text{EESI}_i = \sum_{j=1}^{n} w_j r_{ij}$$

式中，$\text{EESI}_i$ 为第 $i$ 市生态环境胁迫指数；$w_j$ 为生态环境胁迫主题中各指标相对权重；$r_{ij}$ 为第 $i$ 市各指标的标准化值。

### 5.2.3.5 生态环境质量综合指数

用城市自然生态系统比例、城市绿地比例、不透水地面比例、生态系统生物量、生态系统退化程度、景观破碎度、河流监测断面水质优良率、主要湖库湿地面积加权富营养化指数、全年 API 指数小于（含等于）100 的天数占全年天数的比例、酸雨强度、热岛效应强度十一个生态环境质量综合指标及指标权重，构建生态环境质量综合指数，用来反映各市生态环境综合质量状况。

$$\text{CEQI}_i = \sum_{j=1}^{n} w_j r_{ij}$$

式中，$\text{CEQI}_i$ 为第 $i$ 市生态环境综合质量指数；$w_j$ 为资源效率主题中各指标相对权重；$r_{ij}$ 为第 $i$ 市各指标的标准化值。

### 5.2.3.6 城市化的生态环境效应指数

用城市自然生态系统比例变化、农田生态系统比例变化、不透水地面比例变化、生态系统生物量变化、景观破碎度变化、全社会用水量变化、能源利用量变化、河流监测断面水质优良率变化、主要湖库湿地面积加权富营养化指数变化、全年 API 指数小于（含等于）100 的天数占全年天数的比例变化、酸雨强度变化、固废排放量变化、城市热岛效应强度指数变化十三个指标及各自权重，构建生态环境效应指数，用来反映各市城市化的生态环境效应状况。

$$\text{UEEI}_i = \sum_{j=1}^{n} w_j r_{ij}$$

式中，$\text{UEEI}_i$ 为第 $i$ 市城市化的生态环境效应指数；$w_j$ 为资源效率主题中各指标相对权重；$r_{ij}$ 为第 $i$ 市各指标的标准化值。

## 5.2.4 武汉市主要评价指标含义与计算方法

### 5.2.4.1 自然条件指标

蒸发散量：包括蒸腾和蒸发两个部分。蒸发散量是生态系统环境净化/面源污染控制功能评价中需要用到的重点参数。计算采用 ETWatch 方法，反演地表蒸散。

### 5.2.4.2 生态质量评价指标

（1）类斑块平均面积

评价城市群区域内，类斑块平均面积，其计算方法如下：

$$\overline{A}_i = \frac{1}{N_i} \sum_{j=1}^{N_i} A_{ij}$$

式中，$N_i$ 为第 $i$ 类景观要素的斑块总数；$A_{ij}$ 为第 $i$ 类景观要素第 $j$ 个斑块的面积。

（2）城市绿地密度

城市绿地密度指城市绿地面积占城市建成区面积的比率。

（3）城市人均绿地面积

城市人均绿地面积指城市人口每人拥有的绿地面积。

（4）不透水地面比例

不透水地面比例指不透水地面占国土面积的比率，分为城市群和建成区两部分，不透水地面信息提取流程如下：

$$\text{ISA} = (1 - F_r)_{\text{dev}}$$
$$F_r = (\text{NDVI} - \text{NDVI}_{\text{soil}})^2 / (\text{NDVI}_{\text{veg}} - \text{NDVI}_{\text{soil}})^2$$

式中，ISA 为硬化地表面积；$F_r$ 为植被覆盖度；$\text{NDVI}_{\text{soil}}$ 为完全是裸土或无植被覆盖像元的 NDVI 值；$\text{NDVI}_{\text{veg}}$ 则代表完全被植被所覆盖的像元的 NDVI 值，即纯植被像元的 NDVI 值。一般情况下，可以直接取研究区中 NDVI 的最大值与最小值分别代表 $\text{NDVI}_{\text{veg}}$ 和 $\text{NDVI}_{\text{soil}}$。下标 dev 表示该关系式只适用于被划分为城市建成区的区域。

（5）单位建设用地人口

单位建设用地人口指单位建成区建设用地上的人口数。

### 5.2.4.3 环境系质量评价指标

（1）河流监测断面水质优良率

河流监测断面中Ⅰ~Ⅲ类水质断面数占总监测断面数的百分比，反映河流生态系统受到的污染状况。

（2）主要湖库湿地面积加权富营养化指数

用来评价各省份湖库生态系统受到的污染状况，其计算方法为：

$$\mathrm{WEI}_i = \frac{\sum\limits_{k} \mathrm{EI}_{ik} \times A_{ik}}{\sum\limits_{k} A_{ik}}$$

式中，$\mathrm{WEI}_i$为第$i$市湖库加权富营养化指数；$\mathrm{EI}_{ik}$为第$i$市第$k$湖富营养化指数，环境监测数据；$A_{ik}$为第$i$市第$k$湖面积，遥感影像。

（3）空气质量二级达标天数比例

空气质量二级达标天数比例指空气质量达到二级标准的天数占全年天数的百分比。

（4）酸雨强度与频度

酸雨强度指年均酸雨pH，酸雨频度指酸雨年发生频率。

### 5.2.4.4 资源利用效率评价指标

（1）水资源利用效率

水资源利用效率指单位GDP的用水量。

（2）能源利用效率

能源利用效率指能源利用效率指单位GDP的能源消耗量。

### 5.2.4.5 生态环境胁迫评价指标

（1）水资源开发强度

水资源开发强度指用水量占可利用水资源总量的百分比。

（2）能源利用强度

能源利用强度指单位国土面积的能源消耗量。

（3）$CO_2$排放状况

$CO_2$排放状况包括$CO_2$排放强度和单位GDP $CO_2$排放量，$CO_2$排放强度指单位地区面积的$CO_2$排放强度。

（4）COD排放状况

COD排放状况包括COD排放强度和单位GDP COD排放量，COD排放强度指单位地区面积的COD排放强度。

（5）$SO_2$排放状况

$SO_2$排放状况包括$SO_2$排放强度和单位GDP $SO_2$排放量，$SO_2$排放强度指单位地区面积的$SO_2$排放强度。

（6）氨氮排放状况

氨氮排放状况包括氨氮排放强度和单位 GDP 氨氮排放量，氨氮排放强度指单位地区面积的氨氮排放强度。

（7）氮氧化物排放状况

氮氧化物排放状况包括氮氧化物排放强度和单位 GDP 氮氧化物排放量，氮氧化物排放强度指单位地区面积的氮氧化物排放强度。

（8）城市热岛效应

城市热岛效应利用城市温度场来反映。

参数一：地表温度（$T_s$）。利用 TM 或者 MODIS 数据提取地表温度。

参数二：城市热岛强度。

城市热岛强度计算公式：

$$T_{NORi} = (T_i - T_{min}) / (T_{max} - T_{min})$$

式中，$T_{NORi}$ 表示第 $i$ 个像元正规化后的值，处于 0～1；$T_i$ 为第 $i$ 个像元的绝对地表温度；$T_{min}$ 表示绝对地表温度的最小值；$T_{max}$ 表示绝对地表温度的最大值。根据 $T_{NORi}$ 的数值可以划分城市热岛强度大小，也可以对不同时期遥感影像的热岛强度进行比较分析。

### 5.2.4.6 武汉市城市化效应评价指标

武汉市城市化的生态环境效应综合评价指标主要是生态质量、环境质量、资源效率、生态环境胁迫等指标前后年份的差值与前年数值的百分比值。城市热岛效应指城市热岛效应强度和幅度，强度以城市建成区平均温度与城市群平均温度的差值与地区平均温度的百分比值，幅度指城市热岛向城市外围的扩张。

# 5.3 城市化特征与进程

城市化是指人口向城市地区集中和农村地区转变为城市地区的过程，主要表现为人口职业的转变、产业结构的转变、土地及地域空间的变化等。武汉市作为武汉城市群的中心城市，城市化进程尤其显著，下面分别从土地、经济、人口三个方面评价武汉市城市化特征。

## 5.3.1 土地城市化

城市化表现在空间上就是建成区面积的变化，具体体现为城市居民居住用地的增加和城市道路面积的扩展，建成区面积的变化从一定程度上反映一个城市的扩展速度和发展程度。武汉市 2000 年以来的建成区面积变化及分布情况如图 5-3 ~ 图 5-5 及表 5-3 所示。

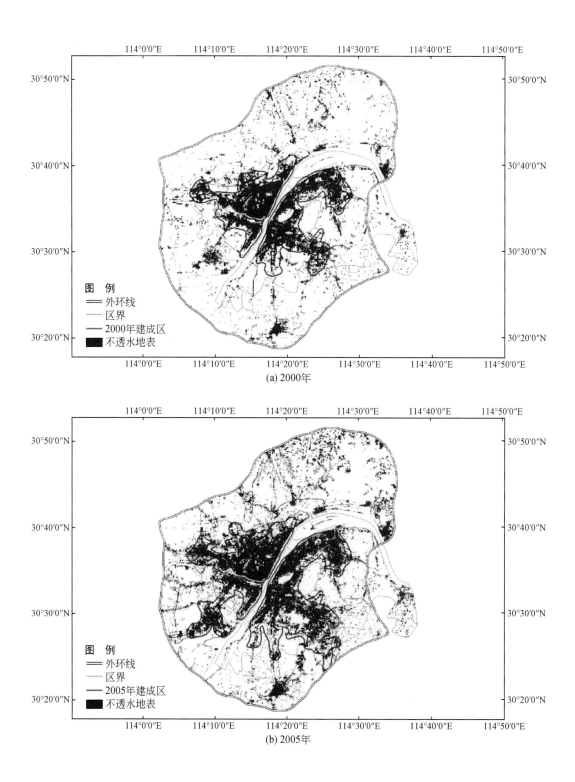

(a) 2000年

(b) 2005年

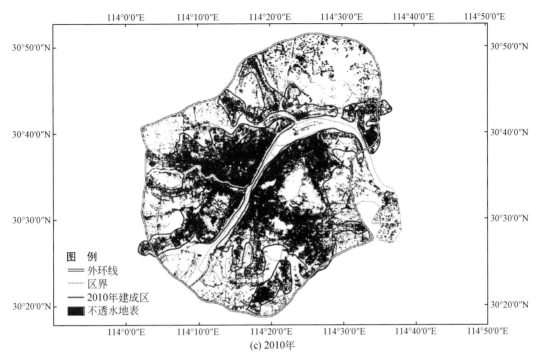

(c) 2010年

图 5-3  武汉市外环内建设用地分布图

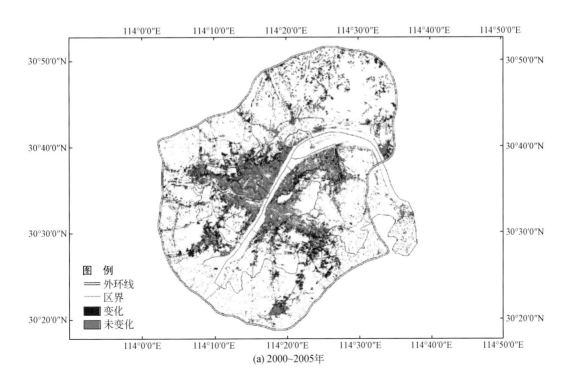

(a) 2000~2005年

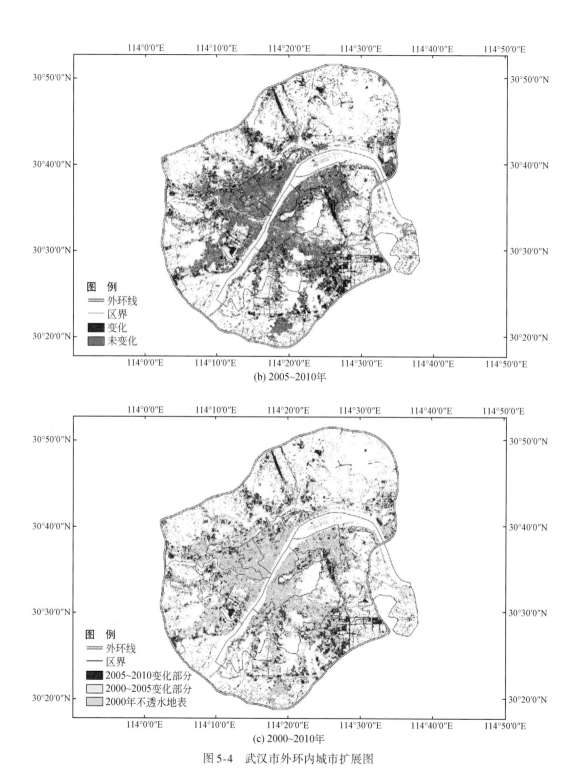

(b) 2005~2010年

(c) 2000~2010年

图 5-4　武汉市外环内城市扩展图

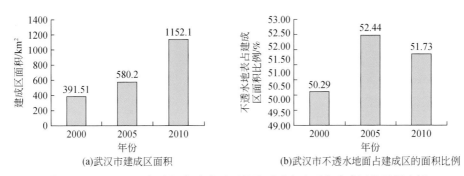

(a)武汉市建成区面积　　　　　　(b)武汉市不透水地面占建成区的面积比例

图 5-5　2000～2010 年武汉市建成区面积及不透水地面占建成区的面积比例

**表 5-3　2000～2010 年武汉市土地城市化强度**

| 重点城市 | 年份 | 土地城市化 | |
| --- | --- | --- | --- |
| | | 建成区面积/km² | 不透水地面面积占建成区面积比例/% |
| 武汉市 | 2000 | 391.51 | 50.26 |
| | 2005 | 580.20 | 52.41 |
| | 2010 | 1152.10 | 50.60 |
| | 2000～2005 年变动 | 188.70 | 2.15 |
| | 2005～2010 年变动 | 571.90 | −1.81 |
| | 2000～2010 年变动 | 760.59 | 0.34 |

由表 5-3 可知，2000 年武汉市城区建成区面积为 391.51km²；2005 年这一数值上升为 580.20km²；到 2010 年，建成区已经扩大至 1152.10km²。武汉城市群城镇建设用地通过占用近郊平原区耕地迅速扩展，空间扩张显著，建成区面积呈现出明显增长的趋势。建成区面积的快速扩大在一定程度上反映出武汉市土地城市化进程加速，势头迅猛。图 5-6 更直观地展示了 2000 年、2005 年、2010 年武汉市建成区的空间范围变化。

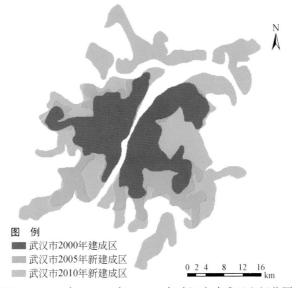

图　例
■ 武汉市2000年建成区
武汉市2005年新建成区
武汉市2010年新建成区

0　2　4　　8　　12　　16
km

图 5-6　2000 年、2005 年、2010 年武汉市建成区空间范围

武汉市的城市扩展表现为核心-放射空间模式，且2005～2010年的扩展幅度明显大于2000～2005年的扩展幅度，城市扩展呈现出加速的趋势。关于武汉市城市扩展时空特征在第6章中还有更加详细的讨论。

## 5.3.2 经济城市化

产业结构与城市化进程有着密切的联系。总的来说，在工业化初期，工业发展对城市有较大的带动作用，而工业化后期带动城市化的主要动力则是第三产业。2000～2010年，武汉市产业结构变化如图5-7和表5-4所示。

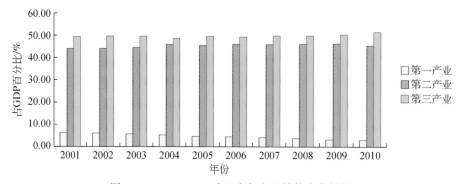

图 5-7　2000～2010 武汉市年产业结构变化情况

**表 5-4　2000～2010 年武汉市经济城市化强度**　　　　单位:%

| 年份 | 经济城市化强度 | | |
| --- | --- | --- | --- |
| | 第一产业 GDP 比重 | 第二产业 GDP 比重 | 第三产业 GDP 比重 |
| 2001 | 6.31 | 44.13 | 49.56 |
| 2002 | 6.00 | 44.24 | 49.76 |
| 2003 | 5.67 | 44.63 | 49.70 |
| 2004 | 5.21 | 46.17 | 48.62 |
| 2005 | 4.90 | 45.53 | 49.57 |
| 2006 | 4.47 | 46.15 | 49.38 |
| 2007 | 4.11 | 45.83 | 50.06 |
| 2008 | 3.65 | 46.16 | 50.19 |
| 2009 | 3.23 | 46.36 | 50.41 |
| 2010 | 3.06 | 45.50 | 51.44 |
| 2000～2005 年变动 | -1.41 | 1.4 | 0.01 |
| 2005～2010 年变动 | -1.84 | -0.02 | 1.87 |
| 2000～2010 年变动 | -3.25 | 1.38 | 1.8 |

由图5-7和表5-4可以看出，第一产业国民收入在整个国民收入中所占比例最低，且呈现非常明显的不断下降的趋势；第二产业和第三产业的比重均呈现缓慢上升。整体上

看，武汉市产业结构整体走势趋于合理化，但存在着工业结构偏重、传统工业比重过大、新兴产业发展不足、结构调整滞后等问题。

### 5.3.3 人口城市化

人口城市化是农村人口比重相对减少，城市人口比重相对增加的过程，是城市化的重要体现。武汉市各区县2000~2010年的人口城市化情况见表5-5和图5-8。

表5-5 2000~2010年武汉市各区县城市户籍人口占总人口比重     单位:%

| 地区 | 城市户籍人口占总人口比重 | | | | | |
|------|--------|--------|--------|----------------|----------------|----------------|
| | 2000年 | 2005年 | 2010年 | 2000~2005年变动 | 2005~2010年变动 | 2000~2010年变动 |
| 武汉市 | 58.88 | 65.28 | 68.18 | 6.40 | 2.90 | 9.30 |
| 蔡甸区 | 23.74 | 25.32 | 27.62 | 1.58 | 2.29 | 3.88 |
| 东西湖区 | 23.16 | 30.89 | 31.35 | 7.74 | 0.46 | 8.20 |
| 汉南区 | 24.17 | 23.23 | 25.05 | -0.94 | 1.82 | 0.88 |
| 汉阳区 | 88.60 | 88.84 | 94.20 | 0.24 | 5.36 | 5.60 |
| 洪山区 | 68.84 | 79.59 | 79.72 | 10.75 | 0.13 | 10.88 |
| 黄陂区 | 16.46 | 17.93 | 18.27 | 1.47 | 0.35 | 1.81 |
| 江岸区 | 96.46 | 96.72 | 97.99 | 0.26 | 1.27 | 1.53 |
| 江汉区 | 97.93 | 99.99 | 99.58 | 2.06 | -0.41 | 1.65 |
| 江夏区 | 27.41 | 31.47 | 37.22 | 4.07 | 5.75 | 9.82 |
| 硚口区 | 97.70 | 97.94 | 98.63 | 0.24 | 0.70 | 0.93 |
| 青山区 | 99.56 | 99.93 | 98.02 | 0.37 | -1.92 | -1.54 |
| 武昌区 | 98.78 | 99.66 | 96.21 | 0.88 | -3.44 | -2.57 |
| 新洲区 | 21.36 | 22.40 | 22.54 | 1.04 | 0.15 | 1.19 |

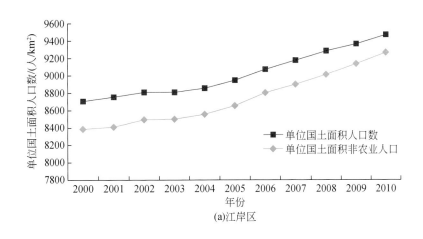

(a)江岸区

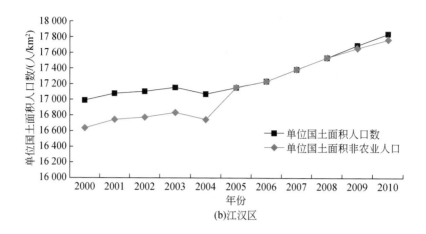

(b)江汉区

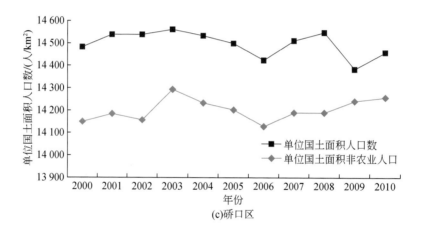

(c)硚口区

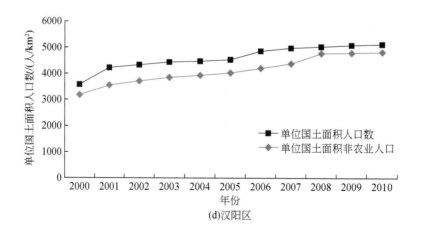

(d)汉阳区

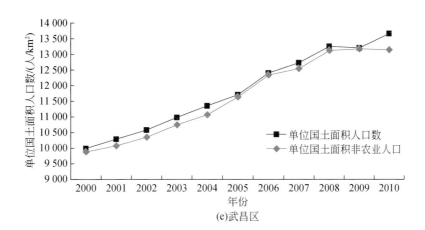

(e)武昌区

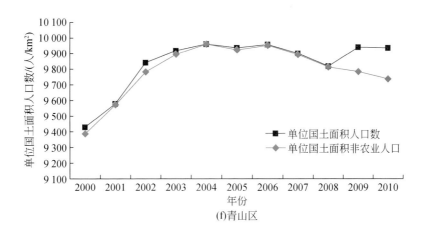

(f)青山区

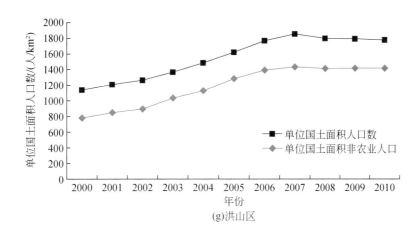

(g)洪山区

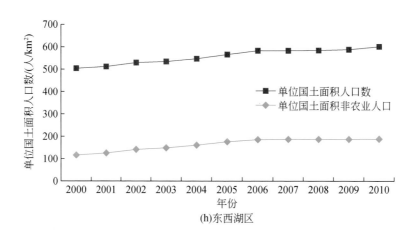

(h)东西湖区

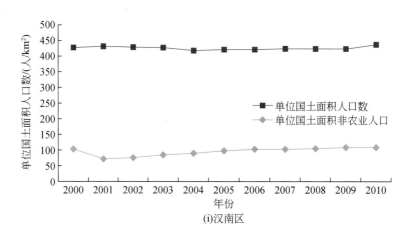

(i)汉南区

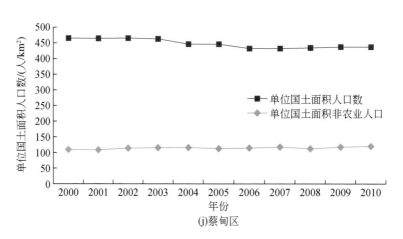

(j)蔡甸区

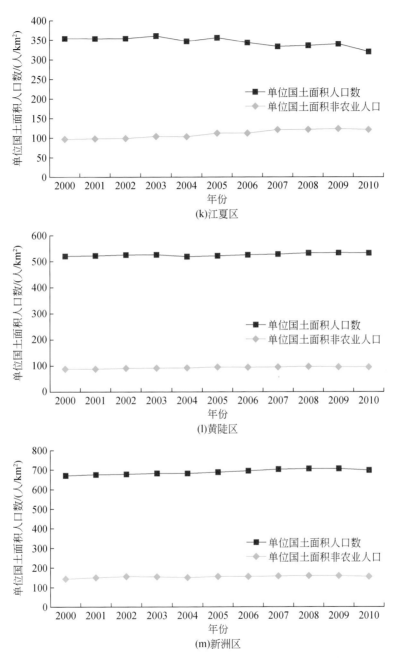

(k)江夏区

(l)黄陂区

(m)新洲区

图 5-8　2000~2010 年武汉市各区县非农业人口比例变化图

从表 5-6 和图 5-8 可以看出，2000~2010 年，武汉市江岸、江汉、武昌、汉阳、东西湖等主城区的人口密度呈稳定增长的趋势，硚口、洪山两区则有所波动；汉南、青山、黄陂、新洲等市郊区域人口密度基本保持不变；蔡甸和江夏两区略有下降。江岸、江汉、武昌、洪山、青山五城区的城镇人口比例较高，并且比例呈逐年上升趋势。城市人口的增加说明人口由乡村向城市的转移十分显著，人口的城市化的过程一直持续。

## 5.3.4 综合评价

对武汉市城市化强度的评价是从土地城市化、经济城市化以及人口城市化三个方面进行。从各项指标的计算以及图表的显示情况来看，可以作出以下分析评价：

1）武汉市建成区的面积急剧增加，但是 2005 年以后，不透水地面占建成区面积的比例却在减少。出现这种情况与武汉市近年来加大绿化力度的环保措施有关，尽管 2000～2010 年武汉市土地城市化的进程在不断推进，但是 2005 年以后建成区内的绿化比例提高，从而不透水地面的比例有所下降。

2）在武汉市经济城市化结构中，第二、第三产业，尤其是第三产业所占比例明显增加，第一产业的比重远小于第二、第三产业，并且所占比重逐步减小，说明武汉市经济城市化进程较快。

3）武汉市城市户籍人口比例逐年增加，这种情况也表现在武汉市各区县中，说明武汉市人口城市化的进程也在加快。而青山区与武昌区的城市户籍人口比例自 2005 年后逐渐减小的原因在于，武汉市的大学基本分布在武昌区与青山区，大学生户籍的迁入与迁出对这两个区的城市户籍人口比例有重要影响。

武汉市迅速扩张的城市面积、二三产业为主的经济结构、数量和百分比持续上升的城市人口数，说明了十年间武汉市加速的城市化发展格局。

从宏观上看，武汉市建成区、主城区和主城区各个区建设用地中心的迁移反映出 2000～2010 年武汉市以老城区为核，向四周辐射扩张的趋势，因此武汉市的城市扩张整体上表现为核心–放射空间模式。

具体看来，主城区各个区建设用地中心的迁移方向并不一致。武昌和江汉两个区由于城市发展已经接近饱和，因此其城市迁移与其他区不一致，其城市中心往老城区的中心迁移。比较而言，洪山区国土面积大，可扩展空间大，在 2000～2010 年，其扩展面积也大，因此使得整个武汉市建成区和主城区城市建设用地中心往东南方向迁移。

武汉市城市扩张特征可以归纳为：以老城区、汉阳经济技术开发区、江夏城区为核的多核生长的外延式扩展为主；以东湖高新技术开发区、吴家山经济技术开发区和盘龙城为点的扇状模式的外延式扩展为辅；部分城市发展接近饱和的主城区城市扩展模式为内涵式扩展模式。

# 5.4 城市景观格局

## 5.4.1 范围

武汉市的城市景观格局及下一节的生态质量主要从外环内、主城区、建成区及新增建成区四个范围来分析和评价。对这几个范围的说明如下：

1）外环内。以武汉外环线（又称武汉五环线）为主体，并包括整个洪山区的行政区划范围。

2）主城区。武汉市主城区包括汉阳区、洪山区、江岸区、江汉区、硚口区、青山区和武昌区，为武汉市的中心城区，均包含在"外环内"的范围内，基本没有农田。

3）建成区。根据 2000 年、2005 年、2010 年武汉市建设用地的分布、密度及联通性划分，分别为这三个年度建设用地分布密集的连通区域。

4）新增建成区。2000～2010 年新增的建成区范围。

## 5.4.2 地表覆盖比例

分别对武汉市外环内、主城区、建成区及新增建成区四个范围的地表覆盖比例进行分析。

### 5.4.2.1 外环内

武汉市外环内 2000 年、2005 年、2010 年的土地覆盖类型分布如图 5-9 所示，三个年度地表覆盖比例如图 5-10 所示。

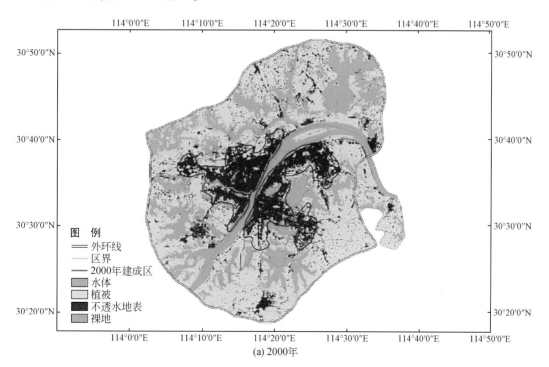

(a) 2000 年

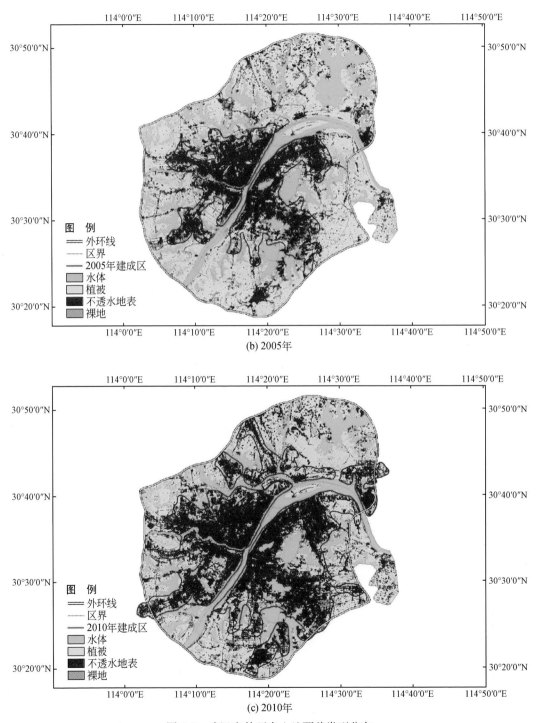

图 5-9　武汉市外环内土地覆盖类型分布

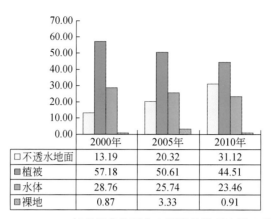

| | 2000年 | 2005年 | 2010年 |
|---|---|---|---|
| □ 不透水地面 | 13.19 | 20.32 | 31.12 |
| ▨ 植被 | 57.18 | 50.61 | 44.51 |
| ▨ 水体 | 28.76 | 25.74 | 23.46 |
| ▨ 裸地 | 0.87 | 3.33 | 0.91 |

图 5-10　2000～2010 年武汉市外环内土地覆盖类型比例（单位:%）

随着武汉市城区的扩张，市区不透水地面所占的比例明显快速上升，植被（包括农田）、水体所占比例呈现明显的下降趋势，裸地出现先增加后减少的变化趋势。

由图 5-10 可知，尽管植被的面积比例由 57.18% 至 44.51% 逐渐减小，武汉市外环内所占比例最大的地物仍是植被。不透水地面的面积比例由 13.19% 至 31.12% 逐渐增大，而水体面积比例由 28.76% 至 23.46% 逐渐减小，到 2010 年不透水地面的面积已经超过水体面积。

### 5.4.2.2　主城区

武汉市主城区各区县 2000 年、2005 年、2010 年的不透水地面和植被的分布如图 5-11 所示，三个年度地表覆盖比例如图 5-12 所示。

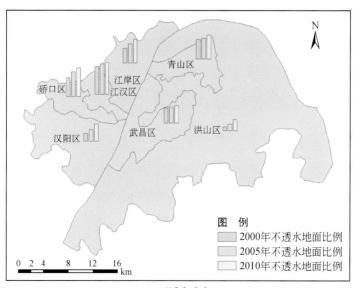

(a)不透水地表

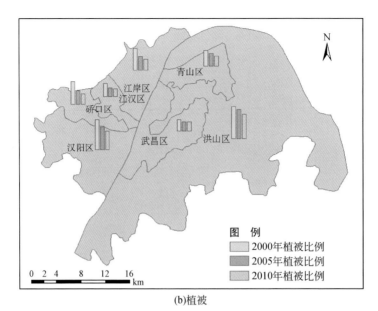

(b)植被

图 5-11　2000～2010 年武汉市主城区不透水地面、植被比例分布图

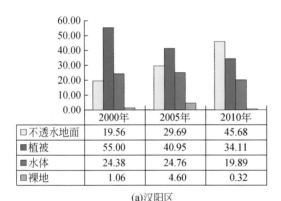

| | 2000年 | 2005年 | 2010年 |
|---|---|---|---|
| 不透水地面 | 19.56 | 29.69 | 45.68 |
| 植被 | 55.00 | 40.95 | 34.11 |
| 水体 | 24.38 | 24.76 | 19.89 |
| 裸地 | 1.06 | 4.60 | 0.32 |

(a)汉阳区

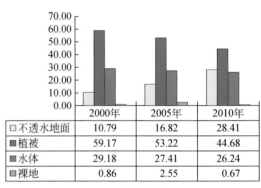

| | 2000年 | 2005年 | 2010年 |
|---|---|---|---|
| 不透水地面 | 10.79 | 16.82 | 28.41 |
| 植被 | 59.17 | 53.22 | 44.68 |
| 水体 | 29.18 | 27.41 | 26.24 |
| 裸地 | 0.86 | 2.55 | 0.67 |

(b)洪山区

| | 2000年 | 2005年 | 2010年 |
|---|---|---|---|
| 不透水地面 | 38.78 | 50.49 | 61.69 |
| 植被 | 39.88 | 25.44 | 20.13 |
| 水体 | 20.89 | 17.49 | 18.09 |
| 裸地 | 0.46 | 6.58 | 0.09 |

(c)江岸区

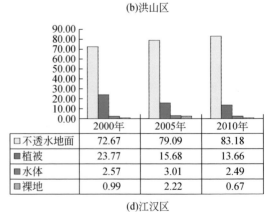

| | 2000年 | 2005年 | 2010年 |
|---|---|---|---|
| 不透水地面 | 72.67 | 79.09 | 83.18 |
| 植被 | 23.77 | 15.68 | 13.66 |
| 水体 | 2.57 | 3.01 | 2.49 |
| 裸地 | 0.99 | 2.22 | 0.67 |

(d)江汉区

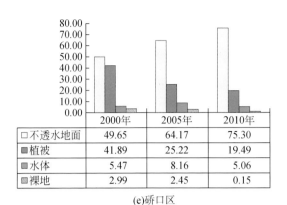

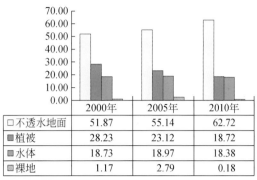

| | 2000年 | 2005年 | 2010年 |
|---|---|---|---|
| □ 不透水地面 | 49.65 | 64.17 | 75.30 |
| ■ 植被 | 41.89 | 25.22 | 19.49 |
| ■ 水体 | 5.47 | 8.16 | 5.06 |
| ▨ 裸地 | 2.99 | 2.45 | 0.15 |

(e)硚口区

| | 2000年 | 2005年 | 2010年 |
|---|---|---|---|
| □ 不透水地面 | 51.87 | 55.14 | 62.72 |
| ■ 植被 | 28.23 | 23.12 | 18.72 |
| ■ 水体 | 18.73 | 18.97 | 18.38 |
| ▨ 裸地 | 1.17 | 2.79 | 0.18 |

(f)青山区

| | 2000年 | 2005年 | 2010年 |
|---|---|---|---|
| □ 不透水地面 | 38.85 | 42.15 | 45.13 |
| ■ 植被 | 20.78 | 16.45 | 15.97 |
| ■ 水体 | 39.88 | 39.35 | 38.61 |
| ▨ 裸地 | 0.49 | 2.05 | 0.29 |

(g)武昌区

图 5-12 2000~2010 年武汉市主城区各区县地表覆盖比例 (单位:%)

总的来看, 不同的区县的情况大致相同, 不透水地面都呈不同程度的增长趋势, 其中增长的幅度最大的是汉阳区; 植被都呈不同程度的减少趋势, 其中, 减少幅度最大的是硚口区; 水体比例中, 汉阳区、洪山区、江岸区略有减少, 其他区基本维持不变。

### 5.4.2.3 建成区及新增建成区

武汉市 2000~2010 年新增建成区的土地覆盖类型分布图如图 5-13 所示, 建成区和新增建成区的土地覆盖类型分布如图 5-14 所示。

从图 5-14 中可以看出, 2000~2010 年建成区过渡带中的主要地物是植被和不透水地面, 并且植被的比例 (41.20%) 比不透水地面的比例 (40.76%) 略高, 反观 2000 年的植被比例 (38.97%) 和不透水地面比例 (50.29%), 不透水地面的比例远远高于植被的比例, 说明在建成区的扩张过程中, 城市景观格局得到了改善。

## 5.4.3 地表覆盖分布

分别对武汉市主城区、建成区及新增建成区三个范围内不同地表覆盖的斑块密度和边界密度进行分析和评价。

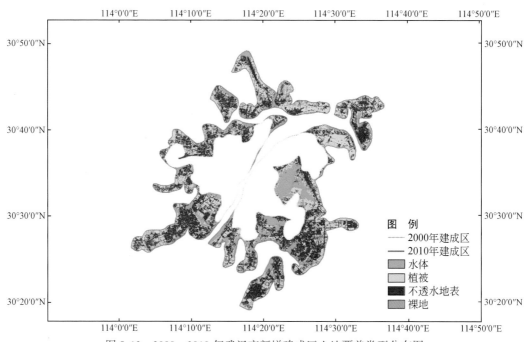

图 5-13　2000~2010 年武汉市新增建成区土地覆盖类型分布图

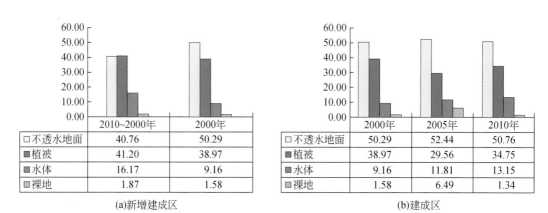

| | 2010~2000年 | 2000年 |
|---|---|---|
| □不透水地面 | 40.76 | 50.29 |
| ■植被 | 41.20 | 38.97 |
| ■水体 | 16.17 | 9.16 |
| ■裸地 | 1.87 | 1.58 |

(a)新增建成区

| | 2000年 | 2005年 | 2010年 |
|---|---|---|---|
| □不透水地面 | 50.29 | 52.44 | 50.76 |
| ■植被 | 38.97 | 29.56 | 34.75 |
| ■水体 | 9.16 | 11.81 | 13.15 |
| ■裸地 | 1.58 | 6.49 | 1.34 |

(b)建成区

图 5-14　2000~2010 年新增建成区和建成区地表覆盖比例（单位:%）

### 5.4.3.1　斑块密度

（1）主城区

武汉市主城区各区县 2000 年、2005 年、2010 年不同地表覆盖的斑块密度如表 5-6 和图 5-15 所示。

表 5-6 武汉市主城区不同地表覆盖的斑块密度 单位：个/km²

| 年份 | 类型 | 汉阳区 | 洪山区 | 江岸区 | 江汉区 | 硚口区 | 青山区 | 武昌区 |
|---|---|---|---|---|---|---|---|---|
| 2000 | 不透水地面 | 5.97 | 3.15 | 3.55 | 3.35 | 4.42 | 5.26 | 4.41 |
| | 植被 | 12.51 | 4.18 | 18.91 | 38.69 | 25.60 | 31.32 | 27.24 |
| | 水体 | 1.02 | 1.03 | 0.97 | 0.51 | 1.21 | 0.65 | 0.49 |
| | 裸地 | 0.20 | 0.18 | 0.19 | 0.62 | 0.25 | 0.36 | 0.32 |
| 2005 | 不透水地面 | 13.10 | 5.92 | 7.00 | 3.32 | 7.03 | 8.24 | 5.73 |
| | 植被 | 25.96 | 7.78 | 32.11 | 48.41 | 36.52 | 36.30 | 34.43 |
| | 水体 | 5.52 | 2.50 | 3.42 | 1.37 | 3.97 | 3.09 | 1.66 |
| | 裸地 | 1.58 | 1.07 | 1.80 | 2.04 | 1.02 | 1.44 | 0.91 |
| 2010 | 不透水地面 | 5.25 | 6.22 | 2.90 | 1.62 | 2.95 | 3.54 | 3.34 |
| | 植被 | 28.86 | 10.46 | 35.52 | 50.36 | 43.63 | 40.14 | 35.76 |
| | 水体 | 1.87 | 1.55 | 1.13 | 0.71 | 1.04 | 0.63 | 0.60 |
| | 裸地 | 0.10 | 0.20 | 0.07 | 0.16 | 0.09 | 0.04 | 0.06 |

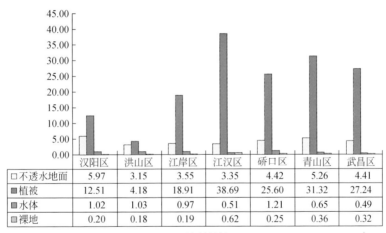

(a) 2000年

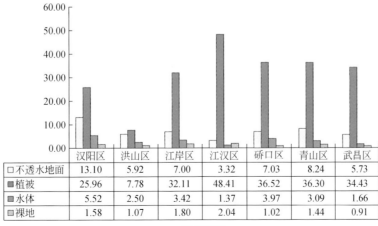

(b) 2005年

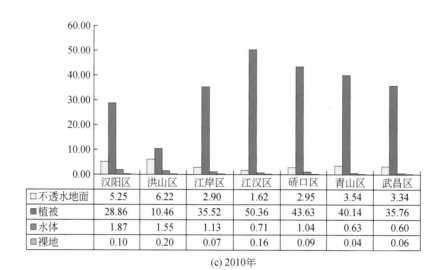

(c) 2010年

图 5-15  武汉市主城区各区县不同地表覆盖的斑块密度（单位：个/km²）

1）江汉区植被的斑块密度最大，洪山区植被的斑块密度最小。这表明江汉区植被的破碎化程度最高，而洪山区植被的破碎化程度最低，原因在于洪山区集中了多所大学，学校内的绿化措施做得较好。

2）汉阳区不透水地面的斑块密度较大，表明汉阳区不透水地面的破碎化程度较高。这与汉阳区的老城区大面积改建有关。

3）2000~2010 年，武汉市外环内植被的斑块密度在不断增大，表明十年来武汉市外环内植被的景观破碎化程度在提高，城市化的进程对植被的破坏比较明显。

4）整体上看，2005 年武汉市外环内各区县不透水地面的斑块密度最大，到 2010 年出现比较明显的减少。

（2）建成区

2000~2010 年武汉市建成区不同地表覆盖的斑块密度如图 5-16 所示。

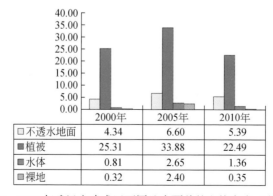

图 5-1 6 2000~2010 年武汉市建成区不同地表覆盖的斑块密度（单位：个/km²）

由图 5-16 可以看出武汉市建成区内植被的斑块密度远大于其他三种地表覆盖类型，而不透水地面的斑块密度次之，水体和裸地的斑块密度最小。这说明植被的景观破碎化程度最高，不透水地面的景观破碎化程度较高，水体和裸地的景观破碎度程度最低。

从时间维度上看，2005 年的景观破碎化程度最高，2000～2010 年，武汉市建成区不透水地面的景观破碎化程度整体上呈上升趋势，而植被的景观破碎化程度整体上呈下降趋势。

（3）新增建成区

2000～2010 年武汉市新增建成区不同地表覆盖的斑块密度如图 5-17 所示。

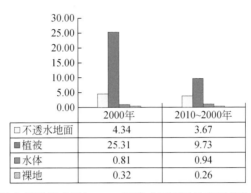

| | 2000年 | 2010~2000年 |
|---|---|---|
| □ 不透水地面 | 4.34 | 3.67 |
| ■ 植被 | 25.31 | 9.73 |
| ■ 水体 | 0.81 | 0.94 |
| ▨ 裸地 | 0.32 | 0.26 |

图 5-17　2000～2010 年武汉市新增建成区与 2000 年建成区不同地表覆盖的斑块密度（单位：个/km²）

从图 5-17 中可以看出，新增建成区内植被的斑块密度最大，其次是不透水地面，裸地和水体的斑块密度都较小。这说明植被的破碎度仍是最高的，但是相比于 2000 年的建成区，新增建成区内植被的斑块密度（9.73 个/km²）远小于 2000 年老城区内植被的斑块密度（25.31 个/km²），此外新增建成区内不透水地面的斑块密度较 2000 年建成区也有所下降。植被和不透水地面的斑块密度的减小，说明植被和不透水地面的景观破碎化程度在减小，也从侧面反映了武汉市建成区扩展部分的景观格局有所改善，规划更趋合理。

### 5.4.3.2　边界密度

（1）主城区

武汉市主城区各区县 2000 年、2005 年、2010 年不同地表覆盖的边界密度如表 5-7 和图 5-18 所示。

表 5-7　武汉市主城区各区县不同地表覆盖的斑块密度　　　　单位：m/km²

| 年份 | 类型 | 汉阳区 | 洪山区 | 江岸区 | 江汉区 | 硚口区 | 青山区 | 武昌区 |
|---|---|---|---|---|---|---|---|---|
| 2000 | 不透水地面 | 4576.89 | 2111.39 | 5378.95 | 8627.23 | 6559.47 | 10 068.65 | 7 220.08 |
| | 植被 | 5366.85 | 2875.12 | 5871.94 | 8542.12 | 6841.73 | 10147.02 | 7452.94 |
| | 水体 | 1044.65 | 857.95 | 791.13 | 190.50 | 553.59 | 487.31 | 569.92 |
| | 裸地 | 171.49 | 91.43 | 67.98 | 165.76 | 229.56 | 172.47 | 80.31 |

续表

| 年份 | 类型 | 汉阳区 | 洪山区 | 江岸区 | 江汉区 | 硚口区 | 青山区 | 武昌区 |
|------|------|--------|--------|--------|--------|--------|--------|--------|
| 2005 | 不透水地面 | 7098.59 | 3250.30 | 7365.32 | 8427.87 | 7686.33 | 11 405.57 | 7 492.98 |
| | 植被 | 8225.42 | 4390.80 | 6902.74 | 7867.19 | 7914.03 | 10 760.03 | 7 346.16 |
| | 水体 | 2636.04 | 1567.10 | 1304.34 | 357.40 | 1310.53 | 936.95 | 776.38 |
| | 裸地 | 1259.48 | 481.640 | 1530.58 | 755.39 | 623.34 | 921.39 | 578.21 |
| 2010 | 不透水地面 | 9092.75 | 4850.96 | 8044.50 | 8710.41 | 8881.90 | 10 796.04 | 7715.42 |
| | 植被 | 9818.67 | 5611.32 | 8351.15 | 8639.47 | 9043.78 | 10 695.13 | 7962.93 |
| | 水体 | 1348.76 | 1075.22 | 834.06 | 224.45 | 549.94 | 634.82 | 675.00 |
| | 裸地 | 89.23 | 112.19 | 28.19 | 116.81 | 54.24 | 20.00 | 60.12 |

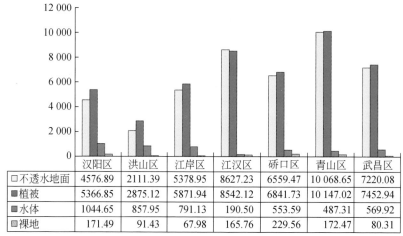

| | 汉阳区 | 洪山区 | 江岸区 | 江汉区 | 硚口区 | 青山区 | 武昌区 |
|------|--------|--------|--------|--------|--------|--------|--------|
| □不透水地面 | 4576.89 | 2111.39 | 5378.95 | 8627.23 | 6559.47 | 10 068.65 | 7220.08 |
| ■植被 | 5366.85 | 2875.12 | 5871.94 | 8542.12 | 6841.73 | 10 147.02 | 7452.94 |
| ■水体 | 1044.65 | 857.95 | 791.13 | 190.50 | 553.59 | 487.31 | 569.92 |
| □裸地 | 171.49 | 91.43 | 67.98 | 165.76 | 229.56 | 172.47 | 80.31 |

(a) 2000年

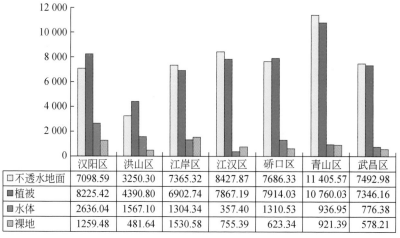

| | 汉阳区 | 洪山区 | 江岸区 | 江汉区 | 硚口区 | 青山区 | 武昌区 |
|------|--------|--------|--------|--------|--------|--------|--------|
| □不透水地面 | 7098.59 | 3250.30 | 7365.32 | 8427.87 | 7686.33 | 11 405.57 | 7492.98 |
| ■植被 | 8225.42 | 4390.80 | 6902.74 | 7867.19 | 7914.03 | 10 760.03 | 7346.16 |
| ■水体 | 2636.04 | 1567.10 | 1304.34 | 357.40 | 1310.53 | 936.95 | 776.38 |
| □裸地 | 1259.48 | 481.64 | 1530.58 | 755.39 | 623.34 | 921.39 | 578.21 |

(b) 2005年

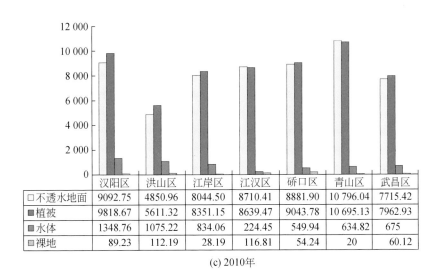

(c) 2010年

图 5-18　武汉市主城区各区县不同地表覆盖的边界密度（单位：m/km²）

从表 5-7 和图 5-18 可以看出，洪山区不透水地面和植被的边界密度最小，而青山区不透水地面和植被的边界密度最大。2000～2010 年，武汉市主城区不透水地面和植被的边界密度呈增大的趋势。这反映出武汉市主城区内各区县不透水地面和植被的景观破碎化程度在提高。

（2）建成区

武汉市建成区 2000 年、2005 年、2010 年不同地表覆盖的边界密度如图 5-19 所示。

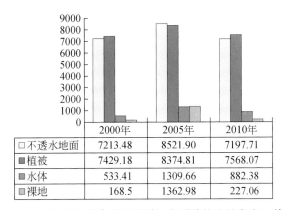

图 5-19　2000～2010 年武汉市建成区不同地表覆盖的边界密度（单位：m/km²）

从图 5-19 可以看出，武汉市建成区不透水地面和植被的边界密度远高于其他两种地表覆盖类型。2005 年四类地物的边界密度均达到最高，此后逐渐下降。2000～2010 年植被的边界密度整体上呈上升趋势，而不透水地面的边界密度整体上呈下降趋势。这反映出2000～2010 年武汉市建成区的景观破碎化程度略有上升，基本保持不变。

（3）新增建成区

2000~2010 年武汉市新增建成区不同地表覆盖的边界密度如图 5-20 所示。

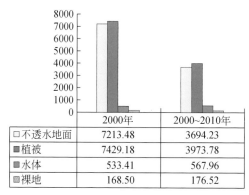

| | 2000年 | 2000~2010年 |
|---|---|---|
| □ 不透水地面 | 7213.48 | 3694.23 |
| ■ 植被 | 7429.18 | 3973.78 |
| ■ 水体 | 533.41 | 567.96 |
| □ 裸地 | 168.50 | 176.52 |

图 5-20　2000 年建成区与 2000~2010 年武汉市新增建成区不同地表覆盖的边界密度（单位：m/km²）

从图 5-20 中可以看出，新增建成区中不透水地面和植被的边界密度仍远高于其他两种地表覆盖类型。相比于 2000 年建成区植被的边界密度（7429.18m/km²）和不透水地面的边界密度（7213.48m/km²），2000~2010 年新增建成区中植被的边界密度（3973.78m/km²）和不透水地面密度（3694.23m/km²）大幅度下降。这说明新增建成区中植被与不透水地面的景观破碎化程度相较 2000 年大幅度下降，从而也从侧面反映了武汉市建成区在扩张的过程中城市景观格局逐步改善。

## 5.4.4　综合评价

武汉市外环内、建成区及新增建成区三个尺度范围内的景观格局具有不同的特征：在外环内植被为主导类型，在建成区内为不透水地面占主导，在新增建成区内植被和不透水地表的比例相当。

"外环内"范围较大，除了武汉市的七个中心城区外，也包括一部分近郊，植被面积中含有农田面积，因此植被比例较高。此外，"外环内"也包含较多的水体，在 2000 年和 2005 年水体的覆盖比例仅次于植被，但随着不透水地面的不断增加和湿地的不断减少，到 2010 年不透水地面的比例已经超过水体。

2000 年、2005 年、2010 年建成区的范围不同，但不同土地覆盖类型的比例均是不透水地面>植被>水体>裸地。其中，2005 年的不透水地面比例最大、植被比例最小；2010 年的不透水地面比例较 2005 年有所减小，植被覆盖比例有所增加。这表明 2005~2010 年武汉市城市化的景观格局更为合理，这与 2007 年前后武汉城市群获批建立全国资源节约型和环境友好型建设综合配套改革试验区（"两型社会"综合配套改革试验区）具有密切的关系。

新增建成区中植被和不透水地面的比例已经达到 1:1，较 2000 年老城区的景观格局有了明显改观。

# 5.5　生　态　质　量

## 5.5.1　绿地构成

武汉市外环内 2000 年、2005 年、2010 年的绿地分布如图 5-21 所示。

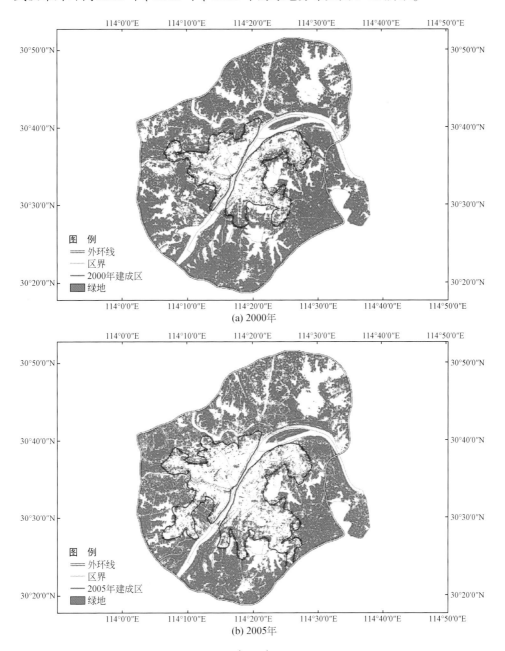

(a) 2000年

(b) 2005年

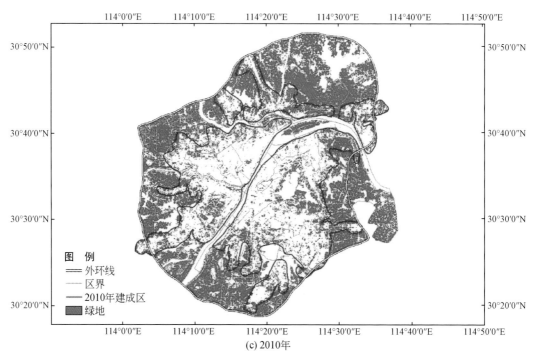

(c) 2010年

图 5-21　武汉市外环内绿地分布图

2000～2010 年武汉市外环内及各主城区的绿地比例和人均绿地面积如表 5-8 和表 5-9 所示，2000～2010 武汉市主城区绿地比例及人均绿地面积如图 5-22 所示。

表 5-8　2000～2010 年武汉市主城区绿地比例　　　　　　　　　　单位:%

| 年份 | 主城区 | 汉阳区 | 洪山区 | 江岸区 | 江汉区 | 硚口区 | 青山区 | 武昌区 |
| --- | --- | --- | --- | --- | --- | --- | --- | --- |
| 2000 | 50.23 | 55.00 | 59.17 | 39.88 | 23.77 | 41.89 | 28.23 | 20.78 |
| 2005 | 42.35 | 40.95 | 53.22 | 25.44 | 15.68 | 25.22 | 23.12 | 16.45 |
| 2010 | 35.54 | 34.11 | 44.68 | 20.13 | 13.66 | 19.49 | 18.72 | 15.97 |

表 5-9　2000～2010 年武汉市主城区人均绿地面积　　　　　　　　单位: m²

| 年份 | 主城区 | 汉阳区 | 洪山区 | 江岸区 | 江汉区 | 硚口区 | 青山区 | 武昌区 |
| --- | --- | --- | --- | --- | --- | --- | --- | --- |
| 2000 | 124.53 | 163.19 | 552.69 | 48.68 | 14.87 | 30.74 | 31.82 | 22.09 |
| 2005 | 92.05 | 95.94 | 349.82 | 30.25 | 9.72 | 18.49 | 24.73 | 14.97 |
| 2010 | 71.29 | 70.77 | 267.43 | 22.63 | 8.14 | 14.33 | 20.03 | 12.43 |

武汉市绿地分布面积明显减少，绿地景观均匀度指数呈上升趋势。数据表明，2000～2010 年，武汉市主城区的绿地比例从 50.23% 降至 35.54%，而且绿地的破碎度指数急剧上升，由影像解译所得的武汉市外环内绿地分布见图 5-21。从图可知武汉市郊区的绿地分布已经逐渐显现出破碎化的倾向，城乡结合部绿地分布的破碎化则非常严重。

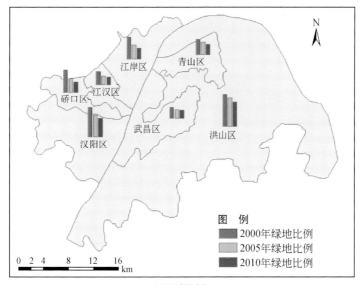

(a)绿地比例

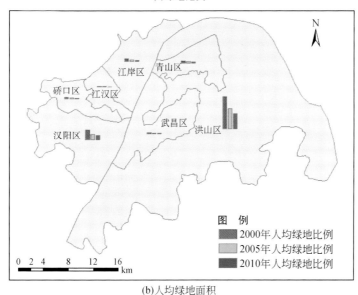

(b)人均绿地面积

图 5-22    2000～2010 年武汉市主城区绿地比例及人均绿地面积

武汉市 2000～2010 年绿地所占国土面积的百分比呈持续下降趋势。2000～2005 年武汉市绿地面积减少 76.31km², 2005～2010 年减少 65.89 km²，绿地面积减少的趋势稍有放缓。从各区县的数据来看，洪山区的绿地比例最大，江汉区的绿地比例最小。硚口区的绿地比例减小的幅度最大，高达 22.39%，这与近年来硚口区的经济快速发展，建设用地快速扩张有关。

2000～2010 年，武汉市主城区的人均绿地面积整体上仍呈减少趋势。可以看出，人均绿地减少的幅度最大的是洪山区，洪山区人均绿地面积基数远大于其他区县是原因之一，其次洪山区近年的新增建设用地多也是造成这种现象的重要原因。汉阳区人均绿地减少的幅度位于第二，说明汉阳区近年来的老城区改造对生态环境也造成较大的影响。

## 5.5.2 绿地分布

武汉市主城区 2000 年、2005 年、2010 年绿地分布洛伦兹曲线如图 5-23 所示。

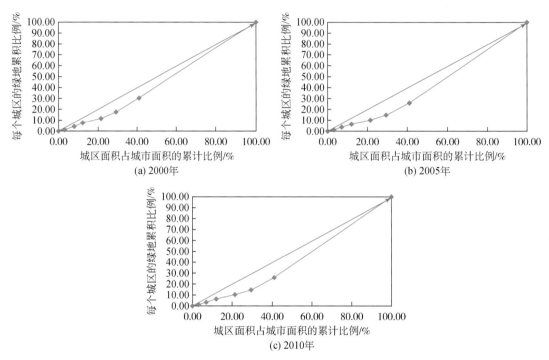

(a) 2000年

(b) 2005年

(c) 2010年

图 5-23 武汉市各区绿地分布洛伦兹曲线

基尼系数越接近于 0 表明绿地分布越集中。根据洛伦兹曲线计算得出 2000 年、2005 年、2010 年的基尼系数分别为 0.2313、0.2586 和 0.2587，这表明武汉市主城区绿地分布较为集中，但从 2000 年到 2010 年，基尼系数由 0.2313 增大至 0.2587，说明绿地分布的集中程度逐渐下降，这与近年来武汉市城市扩张导致的绿地减少有关。

## 5.5.3 综合评价

根据武汉市评价指标体系中不透水地面比例、城市绿地比例、景观破碎度 3 个指标及其相对权重计算出了武汉市及各区的生态质量指数，用以反映武汉市各区县的生态质量状况。

$$\mathrm{EQI}_i = \sum_{j=1}^{n} w_j r_{ij}$$

式中，$EQI_i$ 为第 $i$ 市的生态质量指数；$w_j$ 为各指标相对权重；$r_{ij}$ 为第 $i$ 市各指标的标准化值。

武汉市各区县 2000 年、2005 年、2010 年三个年度的生态质量指数计算结果如表 5-10 和图 5-25 所示。

表 5-10  2000～2010 年武汉市主城区各区生态质量指数

| 年份 | 主城区 | 汉阳区 | 洪山区 | 江岸区 | 江汉区 | 硚口区 | 青山区 | 武昌区 |
|---|---|---|---|---|---|---|---|---|
| 2000 | 86.96 | 86.90 | 100.00 | 62.35 | 20.67 | 53.98 | 38.83 | 42.31 |
| 2005 | 66.08 | 62.23 | 90.27 | 36.85 | 4.77 | 27.21 | 29.98 | 32.43 |
| 2010 | 54.01 | 47.76 | 76.74 | 25.35 | 0.00 | 12.76 | 20.50 | 29.75 |

2000～2010 年，武汉市绿地面积持续下降，绿地分布日益破碎化。快速的城市化建设是武汉市绿地景观格局演变最主要的因素。尤其随着武汉城市群成为"两型社会"建设综合配套改革试验区获批，武汉市城市开发和建设日趋扩大，房地产开发和交通枢纽建设出现热潮，房地产开发和交通基础设施的建设，带入了其他一些配套基础设施和商服公共设施，占用了大量的农田和林地。这一方面使绿地面积迅速减少，绿地的破碎度和分离度不断增大；另一方面，导致原具有优势的斑块植被（尤其是农田）减少，造成绿地景观各类斑块组分的相对平衡状态，绿地景观均匀度指数上升。

2000～2010 年武汉市主城区各区生态质量指数如图 5-24 所示。

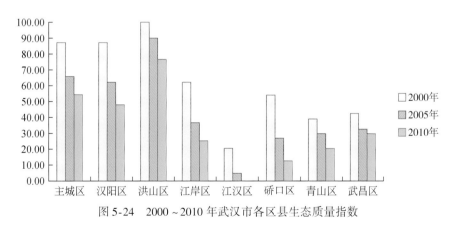

图 5-24  2000～2010 年武汉市各区县生态质量指数

从计算结果及图表显示来看，2000～2010 年，武汉市主城区的生态质量指数从 86.96 下降至 54.01，说明武汉市的生态状况在逐渐恶化。

生态质量指数在各区上的表现相同，所有区县的生态质量指数都呈不同程度的减小趋势。其中，硚口区的生态质量指数减小的幅度为 41.22，是所有区县中减小幅度最大的；相比之下，武昌区的生态质量指数减小的幅度为 12.56，是所有区县中减小幅度最小的；同时也说明武汉市各区县的生态状况都在以不同的程度变差。

# 5.6 环境质量

## 5.6.1 地表水环境

2000~2010 年武汉市主要河流Ⅲ类以上水体的比例如图 5-25 所示，主要湖库富营养化指数如图 5-26 所示。

从图 5-25 中可以看出，武汉市河流Ⅲ类以上水体的比例在 2004 年达到最高（未能获取 2000~2001 年的数据），2002~2010 年有一定波动，这与每年监测点的位置和多少有一定关系，但依然可以看出整体呈下降趋势。这表明近年来，武汉市的河流受到了不同程度的污染，河流的水质在逐渐恶化。

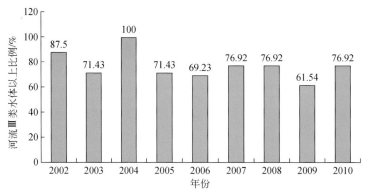

图 5-25　武汉市河流Ⅲ类水体以上的比例

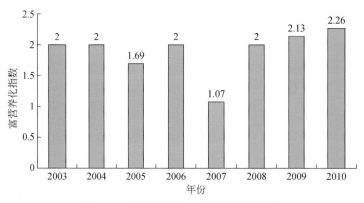

图 5-26　武汉市主要湖库富营养化指数

武汉市地表水的变化情况大体可分为两个阶段：20 世纪 90 年代中期以前，武汉市地表水体污染总体上呈加重趋势，超标项目逐渐增多，超标倍数不断增大，武汉市地表水主要受氮、磷营养物和耗氧有机物污染；近年来，这一趋势得到扭转，除个别年份有波动外，整体富营养化水平相对稳定。

## 5.6.2 地下水环境

据《武汉市地下水资源开发利用规划》对地下水现状利用情况的调查显示：目前，武汉市局部地下水超采区主要有东西湖啤酒厂、摄口、刘店等。东西湖啤酒厂开采区面积有 22.12km²，有开采井 26 眼，日开采量 2000~3000m³，开采量是可开采量的 1.5 倍。由于长期过量开采，使水源地地下水位逐年下降，漏斗不断扩大，由最初（1985 年）的 12km² 下降至目前的 22km² 的区域水位降落漏斗，部分地段含水层由承压转为无压状态，且有疏干的趋势。摄口开采区位于摄口镇政府所在地附近，面积约 10.512km²，有开采井 13 眼，日开采量 4500m³，开采量是可开采量的 7.1 倍，水源地地下水位逐年下降，降落漏斗呈逐年扩大趋势。刘店开采区面积有 6.312km²，有开采井 11 眼，日开采量 4570m³，开采量是可开采量的 3.1 倍，地下水位逐年下降，形成约 6km² 的降落漏斗。

## 5.6.3 空气质量

2000~2010 年武汉市空气质量二级达标天数的比例如图 5-27 所示。

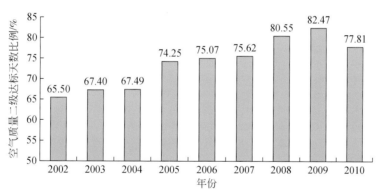

图 5-27 武汉市空气质量二级达标天数比例

从图 5-27 可以看出，自 2002 年以来（未能获得 2000 年和 2001 年数据），武汉市优良天气频率介于 60%~80%，其中最低为 2002 年的 65.50%，最高为 2009 年的 82.47%，且空气质量二级达标天数整体呈稳步增长的趋势。这表明近年来，武汉市年度二级达标天数有所增加（2010 年较 2002 年约多 51 个二级达标天），空气质量有一定的改善。

1981~2009 年武汉市大气环境情况如图 5-28 所示。

针对 1981~2009 年武汉市的大气环境状况（图 5-28），按照 GB3095—1996《环境空气质量标准》中二级标准分析，武汉市空气中二氧化硫浓度除 1984 年、1985 年、2007 年三年超标外，其余年份全部达标。二氧化硫浓度随时间虽然不是单调变化的，但总体呈下降趋势，并且变化趋势越来越平稳。

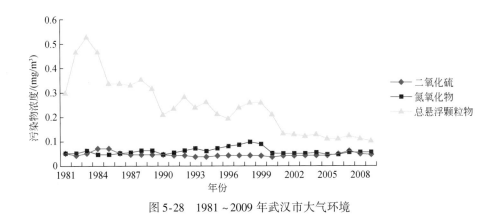

图 5-28    1981～2009 年武汉市大气环境

氮氧化物浓度除 1981～1982 年、1984～1986 年、1990 年、2000～2003 年、2005～2006 年外，其余年份均超标，浓度超标情况相比二氧化硫要严重很多，且氮氧化物浓度变化呈现出微弱的上升趋势。

武汉市城区空气中的总悬浮颗粒物主要为可吸入颗粒物，从 2001 年开始，总悬浮颗粒物监测指标被可吸入颗粒物指标代替，总悬浮颗粒物浓度变化总体亦呈现在波动中下降的趋势。

## 5.6.4    土壤质量

土壤作为城市环境的重要组成部分，其中的重金属污染一方面影响城市区域环境质量，通过扬尘或其他直接接触危害人体健康；另一方面改变土壤生态功能，通过食物链富集而影响食品安全，最终危害人类健康。

针对武汉市城区和城郊 0～20cm 表层土壤中汞（Hg）、砷（As）、镉（Cd）、铅（Pb）、铬（Cr）和铜（Cu）6 种重金属的积累与污染情况的研究结果见表 5-11（黄敏等，2010）。武汉城区土壤中，Hg、As、Cd、Pb 和 Cu 含量均超过湖北省土壤背景值，其中重金属 Hg 积累最明显，其含量为背景值的 2.88 倍；其次为 Pb、Cd、Cu 和 As，分别超过相应背景值的 83.2%、76.6%、43.5% 和 14.6%；重金属 Cr 含量低于土壤背景值，无明显积累。城郊土壤中 Hg、Cd、Pb 和 Cu 含量均超过土壤背景值，其中 Hg 积累最明显，为其背景值的 2.22 倍；其次为 Cd、Pb 和 Cu，分别超过相应背景值 50.6%、21.0% 和 10.0%；城郊重金属 As 和 Cr 含量均低于土壤背景值。

表 5-11    武汉市土壤重金属污染

| 采样区 | 测定项目 | Hg | As | Cd | Pb | Cr | Cu |
|---|---|---|---|---|---|---|---|
| 城区 | 含量范围/mg/kg | 0.87～0.07 | 23.56～8.00 | 0.71～0.07 | 103.20～24.82 | 97.59～59.84 | 97.69～25.58 |
| | 平均值/mg/kg | 0.23 | 14.09 | 0.3 | 48.91 | 76.54 | 44.06 |
| | 标准差/mg/kg | 0.18 | 3.27 | 0.13 | 20.72 | 9.3 | 19.11 |
| | 变异系数/% | 78.5 | 23.2 | 44.2 | 42.4 | 12.2 | 43.4 |

续表

| 采样区 | 测定项目 | Hg | As | Cd | Pb | Cr | Cu |
|---|---|---|---|---|---|---|---|
| 郊区 | 含量范围/mg/kg | 0.50~0.05 | 21.06~4.23 | 0.46~0.09 | 54.26~20.79 | 107.40~46.91 | 71.58~15.20 |
| | 平均值/mg/kg | 0.18 | 11.45 | 0.26 | 32.31 | 71.95 | 33.76 |
| | 标准差/mg/kg | 0.1 | 3.43 | 0.08 | 7.5 | 14.65 | 10.39 |
| | 变异系数/% | 59.2 | 30 | 29.8 | 23.2 | 20.4 | 30.8 |

就武汉市不同功能区看，交通区土壤中重金属除 Cr 未超出背景值含量外，其 Hg、Cd、Pb、Cu 和 As 含量分别为 0.28 mg/kg、0.35 mg/kg、52.72 mg/kg、41.60 mg/kg、14.76mg/kg，超过其背景值分别为 254.4%、105.8%、97.5%、35.5%、20.0%，说明城区交通区重金属积累明显；与交通区土壤相比，工业区 As 和 Cr 均低于其背景值，Hg、Cu、Pb 和 Cd 分别超出其背景值 126.4%、143.9%、125.3% 和 99.0%，工业区土壤 Pb 和 Cu 积累较交通区的突出，而 Hg 和 As 的积累则明显不及交通区。居住区土壤中 Hg、Cd、Pb、Cu 和 As 平均含量分别为 0.15mg/kg、0.22mg/kg、40.87mg/kg、31.14mg/kg、14.47mg/kg，分别超出相应背景值 91.6%、31.4%、53.1%、1.4% 和 17.7%，说明居住区土壤中重金属的积累状况远不如交通区和工业区的突出；公园区土壤 Cr 含量为 75.67mg/kg，低于其背景值 86.0mg/kg，但 Hg、Cd、Pb、Cu 和 As 含量均超出其背景值，其超过倍数分别为 0.18、0.57、0.66、0.42、0.20 倍，均低于交通区和工业区的重金属积累，而高于生活区。

## 5.6.5 酸雨强度与频度

2000~2010 年武汉市酸雨强度与频度如表 5-12 和图 5-29 所示。

表 5-12 武汉市酸雨强度与频度

| 项目 | 年份 | | | | | | | | |
|---|---|---|---|---|---|---|---|---|---|
| | 2002 | 2003 | 2004 | 2005 | 2006 | 2007 | 2008 | 2009 | 2010 |
| 年均酸雨 pH | 4.67 | 4.83 | 4.91 | 4.87 | 4.77 | 4.95 | 4.87 | 4.98 | 4.93 |
| 酸雨率/% | 24.00 | 29.90 | 30.00 | 33.80 | 33.50 | 34.00 | 27.90 | 38.50 | 33.84 |

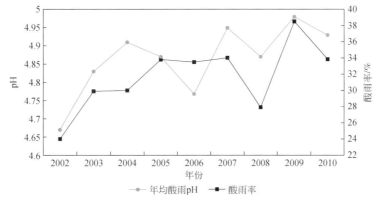

图 5-29 武汉市酸雨强度与频度

从武汉市的情况来看，2002～2010 年其年均酸雨 pH 与酸雨率除个别年份外，整体有逐年增高的趋势，酸雨现象较为严重。以 2002～2003 年武汉市主城区的酸雨发生情况为例，分析武汉市主城区间不同的酸雨特征，具体见表 5-13。

表 5-13　武汉市主城区 2002～2003 年降雨监测统计表

| 地区 | 降雨量/mm | | 降雨 pH | | 酸雨 pH | | 酸雨检出率/% | |
|---|---|---|---|---|---|---|---|---|
| | 2002 年 | 2003 年 | 2002 年 | 2003 年 | 2002 年 | 2003 年 | 2002 年 | 2003 年 |
| 江岸区 | 1508.6 | 1302.1 | 5.13 | 5.79 | 4.77 | 5.13 | 29.1 | 24.6 |
| 汉阳区 | 1387.1 | 1269 | 5.63 | 5.14 | 4.68 | 4.34 | 25.3 | 43.8 |
| 江汉区 | 1294.5 | 1301.8 | 4.70 | 4.97 | 4.51 | 4.68 | 56.4 | 46.8 |
| 硚口区 | 1322.2 | 869.4 | 5.71 | 5.48 | 5.21 | 5.26 | 30 | 18.3 |
| 武昌区 | 1148.8 | 1105.2 | 6.18 | 6.07 | 4.59 | 5.15 | 27.5 | 40.9 |
| 青山区 | 1470.7 | 1284.2 | 6.41 | 6.28 | 5.11 | 5.37 | 7.6 | 8.15 |
| 洪山区 | 1201.7 | 1161.3 | 5.43 | 5.04 | 5.06 | 4.77 | 27.1 | 36.2 |

注：降雨 pH 即为检测时段内所有降雨的 pH 均值；酸雨 pH 即为在降雨中已检测为 pH 小于 5.6 的降雨的 pH 均值

监测时段内酸雨 pH 最低的是江汉区，其次是洪山区，接下来依次为汉阳区、硚口区、江岸区、武昌区和青山区。在这两年的变化中，除了江岸区和江汉区，其余城区的降雨 pH 都处于下降的趋势。武汉市酸雨的地区分布，主要受两个因素的影响：一是本地酸性污染物的排放；二是大气扩散。洪山区的降雨酸性大，主要就是受第一个原因的影响；而江汉区的酸雨大量出现，则是因为地处青山区的下风方向，青山区的酸性污染物漂移至该地区所致。由于大气稳定度的影响，武汉市的酸雨多出现在冬季。

## 5.6.6　综合评价

用指标体系中环境质量主题中的主要湖库湿地面积加权富营养化指数、全年 API 指数小于（含等于）100 的天数占全年天数的比例、酸雨强度、热岛效应强度几个指标和各指标在该主题中的相对权重，构建环境质量指数（environmental quality index，EHI），用来反映武汉市环境质量状况。

$$EHI_i = \sum_{j=1}^{n} w_j r_{ij}$$

式中，$EHI_i$ 为第 $i$ 市环境质量指数，$w_j$ 为各指标相对权重，$r_{ij}$ 为第 $i$ 市各指标的标准化值。

各指标中，除了全年 API 指数小于（含等于）100 的天数占全年天数的比例的权重为 1 外，其他几个指标的权重为 -1，通过加权平均可以得到武汉市 2000 年、2005 年和 2010 年三个年度的环境质量指数，如表 5-14 所示。

表 5-14　武汉市环境质量指数

| 项目 | 年份 | | | | | |
|---|---|---|---|---|---|---|
| | 2000 | 2005 | 2010 | 2000～2005 年变动 | 2005～2010 年变动 | 2000～2010 年变动 |
| 环境质量指数 | 42.4 | 44.7 | 48 | 2.3 | 3.3 | 5.6 |

由表 5-14 可以看出，2000～2010 年，武汉市的环境质量指数持续上升。这表明，2000～2010 年，武汉市的环境质量有所改善。环境质量的改善主要体现在Ⅲ类以上水体的比例、全年 API 指数小于（含等于）100 的天数和热岛效应强度上。

武汉市环境质量整体呈逐渐好转的趋势。分析其原因，主要是武汉市近年来投入了大量的人力、物力和财力进行污染治理和环境改造。2010 年武汉市城市污水集中处理率达到 89.8%，比上年提升 9.1%；工业废水排放达标率达到 99.0%；饮用水源水质达标率达到 100%；城市生活垃圾无害化处理率达 77%；均比上年有所提高。另外，武汉市 2010 年 $SO_2$ 排放量 12.011 万 t，比上年下降 2.9%；工业固体废弃物综合利用率达到 90%，比上年提高 0.4 个百分点；空气污染指数年平均值 77，比上年下降 4%；环境空气质量优良率达到 82.5%，全年空气污染指数高于二级的天数达 301 天。由此看来，武汉市已经认识到了生态系统的重要性，积极开展环境保护与生态治理工作，已取得初步成效。

武汉市可吸入颗粒物年年超标，酸雨检出率有逐年增高的趋势。武汉市酸雨成因由原来的二氧化硫为主，变为氮氧化物的比例逐年增高。这说明武汉市燃煤锅炉的治理已见成效，但机动车尾气产生的污染比例在增加。尽管武汉市的大气污染指标总体略有下降，但污染仍然比较严重，环境保护的形势依然严峻。今后仍需加强环境管理，严格控制大气污染物排放，进一步提高武汉市环境空气质量。

武汉市局部地下水超采，地下水位逐年下降，造成这种后果的原因主要有缺乏必要的基础水文地质资料和技术指导，开采中存在盲目开采、随意凿井开采地下水、水井分布过密等不合理现象。

从土壤重金属积累特征来看，武汉市土壤中 Hg、As、Cd、Pb、Cr 和 Cu 均有不同程度的积累，尤其以城区的交通区、工业区和公园区中的 Hg、Pb 和 Cd 积累较为突出，并且城郊土壤中重金属 Hg、Cd、Pb 和 Cu 的积累亦不容忽视。分析其原因，城区工业发达、交通运输频繁、生活垃圾堆放欠科学，这些均可能成为城区土壤重金属污染的隐患。城郊位于中心城区与外围典型农业区之间，是具有城市与乡村双重特征的过渡带，也是城市蔬菜、水果、花卉等的集中供应产地，由于城郊土壤种植强度和集约化程度的大幅度提高，其农药、化肥的不合理使用现象普遍，加之乡镇企业"三废"排放和城区生活废弃物外运，使得城郊土壤重金属污染问题日益突出。这些都应尽早采取措施，防止土壤质量退化和生态环境恶化。

## 5.7  资源环境效率

### 5.7.1  水资源利用效率

2000～2010 年武汉市单位 GDP 用水量如图 5-30 所示。

从图 5-30 可以看出，2000～2010 年武汉市单位 GDP 用水量不断下降，每亿元 GDP 的耗水量从 2000 年的 80 万 t，逐渐在波动中下降为 2010 年的不到 20 万 t，单位 GDP 耗水量减少了 3/4，反映出武汉市的水资源利用效率是逐步提高的。

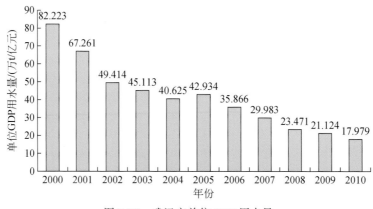

图 5-30　武汉市单位 GDP 用水量

## 5.7.2　能源利用效率

2000~2010 年武汉市单位 GDP 能源消耗情况见图 5-31。

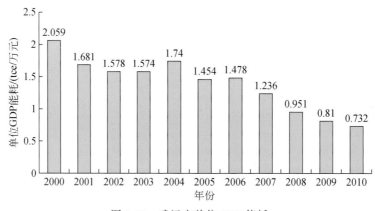

图 5-31　武汉市单位 GDP 能耗

由图 5-31 可知，武汉市万元 GDP 的能耗从 2000 年的 2t 左右标准煤降至 2010 年的 1t 左右，单位 GDP 能耗整体呈下降趋势。这说明武汉市能源综合利用效率逐步提高，工业经济逐步朝着良性的方向发展，特别是高能耗行业单位能耗下降幅度更加明显。例如，2008 年化工、石化、水泥建材等行业的产值能耗降低率在两位数以上。但是，应当看到，单位 GDP 能耗下降的速度呈下降趋势，这主要是由于近年来，企业不断推进节能降耗工作，而随着能耗下降空间不断缩小，进一步下降的难度越来越大。

## 5.7.3　环境利用效率

2000~2010 年武汉市单位 GDP 工业排放量（工业 SO$_2$、工业粉尘和工业烟尘）如图

5-32 所示。

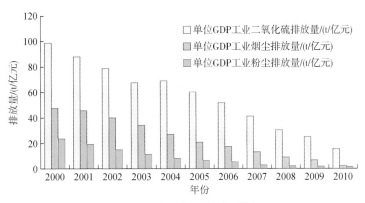

图 5-32 武汉市环境利用效率

从整体上看，自 2000 年以来，武汉市单位 GDP 所排放的 $SO_2$、粉尘、烟尘三种工业污染物均呈下降趋势（图 5-32），总排放量从 2000 年的 170t/亿元左右下降为 2010 年的不到 20t/亿元，这从一定程度上反映出武汉市环境利用的效率在十年间是逐渐提高的。其中，武汉市的万元工业产值 $SO_2$ 排放量低于全国平均水平，但差距逐年减小（图 5-33）。

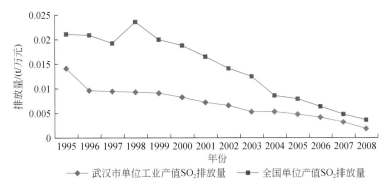

图 5-33 武汉市单位工业产值排放与全国平均水平排放比较

近年来，武汉市万元工业产值的废水排放量亦逐年下降，但仍然高于全国平均水平，不过两者之间的差距逐年减小，如图 5-34 所示。

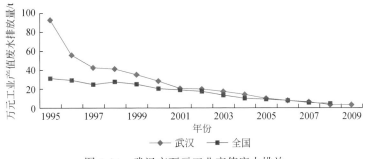

图 5-34 武汉市万元工业产值废水排放

## 5.7.4 综合评价

通过水资源利用效率、能源利用效率和环境利用效率几个方面相关指标的计算，可以看到，2000~2010年武汉市资源环境效率提高比较明显，说明武汉市在城市化进程中对资源和环境的利用呈良性发展。

用指标体系中资源效率主题中水资源利用效率、能源利用效率和环境利用效率三个指标和各指标在该主题中的相对权重，构建资源效率指数（resource efficiency index，REI），用来反映各市资源利用效率状况。

$$REI_i = \sum_{j=1}^{n} w_j r_{ij}$$

式中，$REI_i$ 为第 $i$ 市资源效率指数；$w_j$ 为各指标相对权重；$r_{ij}$ 为第 $i$ 市各指标的标准化值。

各指标的权重均为$-1$，通过加权平均可以得到武汉市2000年、2005年和2010年三个年度的资源效率指数，如表5-15所示。

表 5-15  武汉市资源效率指数

| 项目 | 年份 | | | | | |
|---|---|---|---|---|---|---|
| | 2000 | 2005 | 2010 | 2000~2005年变动 | 2005~2010年变动 | 2000~2010年变动 |
| 资源效率指数 | 0.0 | 60.6 | 100.0 | 60.6 | 39.4 | 100.0 |

由表5-15可以看出，2000~2010年，武汉市的资源效率指数不断上升，这表明武汉市的资源利用效率在不断提高。

2000~2010年，武汉市的水资源、能源和环境利用效率呈增长趋势；工业固废生产率较高，说明武汉市对工业固废生产量管理水平较高，监察力度较为严格；环境利用效率的大幅提高表明武汉市的产业结构调整成效凸显，各项产业的环境友好度有很大程度的加强。

# 5.8  生态环境胁迫

城市的生态环境胁迫主要从人口密度、水资源开发强度、能源利用强度、大气污染、水污染、经济活动强度和热岛效应等方面来进行评价。

## 5.8.1 人口密度

武汉市及各区县2000~2010年人口密度及变化情况如表5-16和图5-35所示。

表 5-16　武汉市及各区县人口密度　　　　　单位：人／km²

| 地区 | 2000 年 | 2005 年 | 2010 年 | 2000～2005 年 | 2005～2010 年 | 2000～2010 年 |
|---|---|---|---|---|---|---|
| 武汉市 | 876.38 | 937.41 | 978.78 | 61.02 | 41.37 | 102.4 |
| 蔡甸区 | 433.67 | 416.18 | 407.83 | −17.49 | −8.34 | −25.84 |
| 东西湖区 | 514.49 | 578.51 | 613.54 | 64.02 | 35.02 | 99.05 |
| 汉南区 | 376.73 | 368.64 | 383.46 | −8.09 | 14.81 | 6.72 |
| 汉阳区 | 3 568.93 | 4 519.25 | 5 103.38 | 950.32 | 584.13 | 1 534.45 |
| 洪山区 | 1 197.12 | 1 701.21 | 1 868.34 | 504.09 | 167.12 | 671.22 |
| 黄陂区 | 487.94 | 488.83 | 499.57 | 0.89 | 10.74 | 11.63 |
| 江岸区 | 9 740.30 | 10 002.75 | 10 578.42 | 262.45 | 575.66 | 838.12 |
| 江汉区 | 13 693.32 | 13 820.31 | 14 379.95 | 126.98 | 559.64 | 686.62 |
| 江夏区 | 330.28 | 331.91 | 298.59 | 1.63 | −33.32 | −31.68 |
| 硚口区 | 11 539.49 | 11 552.53 | 11 518.34 | 13.04 | −34.18 | −21.14 |
| 青山区 | 9 419.67 | 9 925.02 | 9 925.43 | 505.34 | 0.41 | 505.76 |
| 武昌区 | 10 575.52 | 12 353.57 | 14 449.33 | 1 778.04 | 2 095.76 | 3 873.81 |
| 新洲区 | 626.58 | 643.94 | 652.82 | 17.36 | 8.87 | 26.24 |

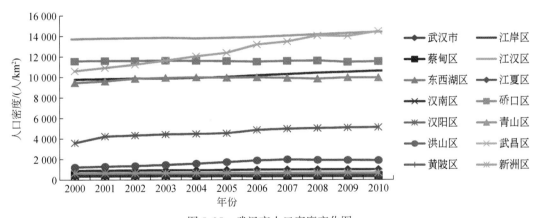

图 5-35　武汉市人口密度变化图

　　具体看来，不同区县的人口变化呈现出不同的特征，大致可以分为三类。

　　1）东西湖区、汉阳区、洪山区、江岸区、江汉区、青山区和武昌区的人口密度出现明显的增大，尤其是洪山区、汉阳区和武昌区，增长比例分别为 56%、43% 和 37%，这一方面反映了这些区域城市化的进程及经济的快速发展，另一方面也表明这些区域的生态压力大大增加。

　　2）汉南区、硚口区、黄陂区、新洲区的人口密度变化较小。其中，硚口区 2000 年的人口密度就很大，相对饱和，变化程度不大是合理的，但是与相邻的江汉区相比，其人口密度的绝对量和相对增长量均较小，说明其城市化进程和人口吸引力还是不如江汉区。汉南区、黄陂区和新洲区的情况类似，属于武汉市的远郊，尽管区域内的城市化进程很明显，人口也有了一定的增加，但地区吸引力不够，尤其是去市区内或外地上学的学生，户口迁出后只有很少的比例会迁回。

3）蔡甸区和江夏区的人口密度减小。这两个区县属于武汉市的近郊，经济水平和城市化程度明显低于市区内，吸引外来人口和保持本地人口的能力不足，因此出现人口流失的现象。但是事实上这些地区的生态压力不但没有减小反而增加了，原因是作为武汉市市区的"卫星城"，它们容纳了很多非本地户籍的流动人口，实际人口密度是增加的。

## 5.8.2  能源利用强度

2000~2010 年武汉市单位国土面积的能量消耗量及变动情况如表 5-17 和图 5-36 所示。

表 5-17  武汉市单位国土面积的能量消耗量　　　　　　单位：t/km²

| 项目 | 2000 年 | 2005 年 | 2010 年 | 2000~2005 年 | 2005~2010 年 | 2000~2010 年 |
|---|---|---|---|---|---|---|
| 能源利用强度 | 2925.98 | 3832.58 | 4793.63 | 906.6 | 961.05 | 1867.65 |

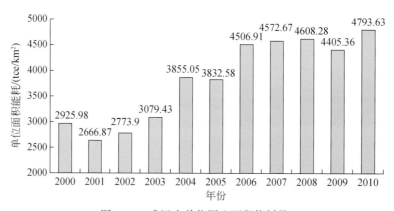

图 5-36  武汉市单位国土面积能耗量

武汉市单位国土面积的能源消耗量（图 5-36）整体呈上升趋势，能源利用强度不断增强。武汉市能源结构较为稳定，主要能源依次为煤炭、原油、焦炭、电力。这四种主要能源所占比例由 1995 年的 88.86% 降为 2009 年的 81.79%。下降的原因除了折算标煤系数变化、从外地购进能源等因素外，还有随着机动车保有量的上升，汽油、柴油、煤油等消费量的快速增长，它们在主要能源消费量中的占比有加速上升的趋势，有利于改善武汉市能源消费结构朝多元化方向发展，有助于改善因煤炭燃烧而产生的二氧化硫排放问题。

### 5.8.3 大气污染

2000～2010 年武汉市大气污染物排放强度及变动情况见表 5-18 和图 5-37。

表 5-18　武汉市大气污染物排放强度　　　　　　　单位：t/km²

| 项目 | 2000 年 | 2001 年 | 2002 年 | 2003 年 | 2004 年 | 2005 年 | 2006 年 | 2007 年 | 2008 年 | 2009 年 | 2010 年 |
|---|---|---|---|---|---|---|---|---|---|---|---|
| 工业 SO$_2$ | 13.89 | 13.80 | 13.69 | 13.08 | 15.14 | 15.71 | 15.61 | 15.1 | 14.56 | 13.49 | 10.27 |
| 工业烟尘 | 6.70 | 7.17 | 6.96 | 6.63 | 5.92 | 5.45 | 5.26 | 4.81 | 4.37 | 3.64 | 1.48 |
| 工业粉尘 | 3.30 | 3.03 | 2.61 | 2.23 | 1.80 | 1.70 | 1.65 | 1.05 | 1.00 | 0.97 | 1.01 |

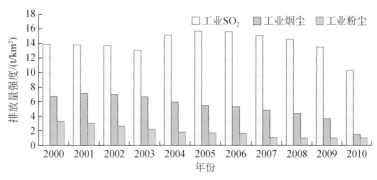

图 5-37　武汉市大气污染物排放强度

使用查找到的"工业 SO$_2$""工业粉尘""工业烟尘"计算武汉市大气污染物排放强度。从整体上看，自 2000 年以来，单位国土面积所排放的这三种工业污染物均呈下降趋势，这从一个侧面反映出武汉市大气污染程度逐步降低。究其原因，主要是由于随着国家和公众环保意识的增强，工厂被要求减少和控制废气的排放，因此一些废气在排放前就经过了处理。

### 5.8.4 水污染物排放强度

武汉市 2003～2010 年水污染物排放强度及 2000～2010 年工业废水排放强度如表 5-19 和图 5-38 所示。

表 5-19　武汉市 2005～2010 年水污染物及工业废水排放强度　　　　　单位：t/km²

| 项目 | 2000 年 | 2001 年 | 2002 年 | 2003 年 | 2004 年 | 2005 年 | 2006 年 | 2007 年 | 2008 年 | 2009 年 | 2010 年 |
|---|---|---|---|---|---|---|---|---|---|---|---|
| 工业 COD | — | — | — | 4.958 | 3.625 | 3.282 | 2.856 | 2.995 | 2.871 | 2.567 | 2.313 |
| 工业氨氮 | — | — | — | 0.204 | 0.077 | 0.175 | 0.146 | 0.151 | 0.103 | 0.144 | 0.153 |
| 工业废水 | 4.787 | 3.893 | 4.118 | 4.071 | 4.000 | 3.061 | 2.922 | 2.685 | 2.647 | 2.653 | 2.645 |

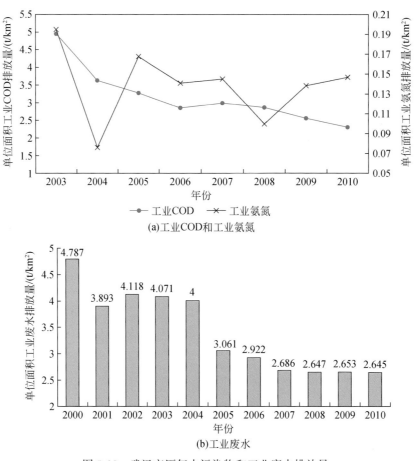

(a)工业COD和工业氨氮

(b)工业废水

图5-38  武汉市历年水污染物和工业废水排放量

自2005年以来，武汉市单位国土面积的工业废水中COD的排放量基本呈下降趋势，而单位国土面积工业废水中氨氮排放量则有一定波动，最低为2008年的0.103t/km²，最高为2005年的0.175t/km²。图5-38显示10年来武汉市水污染物排放强度有一定程度的减弱，与工厂大气污染物排放强度减小的原因类似，是由于环保意识的增强和环保力度的加大。

## 5.8.5  固体废弃物

2000～2010年武汉市工业固体废弃物排放量如图5-39所示。

固体废弃物方面，使用"工业固体废弃物产生量"来评价。从总体上看，武汉市工业固体废弃物产生量呈上涨趋势，最低为2000年的595.95万t，最高为2010年的1324.84万t，增加了约122个百分点。随着武汉市的城市扩张和经济发展，工厂的生产规模也不断扩大，因而产生了更多的固体废弃物。工业固体废物不仅其本身是污染物，会直接污染环境外，而且经常以水、大气和土壤为媒介污染环境，大大增加了生态胁迫效应。

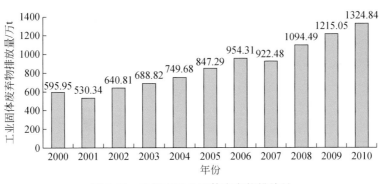

图 5-39　武汉市工业固体废弃物排放量

## 5.8.6　经济活动强度

武汉市及各区县 2000～2010 年经济活动强度及变化情况如表 5-20 和图 5-40 所示。

表 5-20　武汉市单位国土面积 GDP　　　　　　　　　单位：万元/km²

| 地区 | 2000 年 | 2005 年 | 2010 年 | 2000～2005 年 | 2005～2010 年 | 2000～2010 年 |
|---|---|---|---|---|---|---|
| 武汉市 | 1 411.73 | 2 618.22 | 6 510.85 | 1 206.49 | 3 892.63 | 5 099.12 |
| 蔡甸区 | 611.74 | 450.77 | 6 510.85 | −160.97 | 6 060.08 | 5 899.11 |
| 东西湖区 | 843.58 | 1 677.40 | 1497.33 | 833.82 | −180.07 | 653.75 |
| 汉南区 | 447.93 | 722.97 | 5 243.74 | 275.04 | 4 520.77 | 4 795.81 |
| 汉阳区 | 1 873.83 | 14 930.77 | 1 942.30 | 13 056.94 | −12 988.47 | 68.47 |
| 洪山区 | 906.88 | 3 301.96 | 39 884.62 | 2 395.08 | 36 582.66 | 38 977.74 |
| 黄陂区 | 441.60 | 390 | 9 085.46 | −51.60 | 8 695.46 | 8 643.86 |
| 江岸区 | 4 553.47 | 21 824.40 | 1136.53 | 17 270.93 | −20 687.87 | −3 416.94 |
| 江汉区 | 7 939.30 | 53 981.45 | 67 457.97 | 46 042.15 | 13 476.52 | 59 518.67 |
| 江夏区 | 457.64 | 405.47 | 143 586.59 | −52.17 | 143 181.12 | 143 128.95 |
| 硚口区 | 14 994.61 | 32 358.26 | 1 474.97 | 17 363.65 | −30 883.29 | −13 519.64 |
| 青山区 | 2 700.93 | 55 283.84 | 66 333.26 | 52 582.91 | 11 049.42 | 63 632.33 |
| 武昌区 | 3 395.39 | 24 670.03 | 102 375.54 | 21 274.64 | 77 705.51 | 98 980.15 |
| 新洲区 | 608.06 | 524.80 | 58 112.53 | −83.26 | 57 587.73 | 57 504.47 |

图 5-40 展示了武汉市各区单位国土面积 GDP 的情况，其中有个别区的个别年份存在数据缺失的情况。从整体上看，除了蔡甸区、江夏区、黄陂区以及新洲区在 2001～2002 年出现小幅波动外，其余各区均呈现逐年上升的趋势，从一定程度上说明武汉市经济活动强度逐年增加。经济活动强度的增加，一方面表明武汉市各区县 10 年来经济在不断发展；另一方面也反映了资源开发、占用程度的提高，对生态环境造成了更大的威胁。

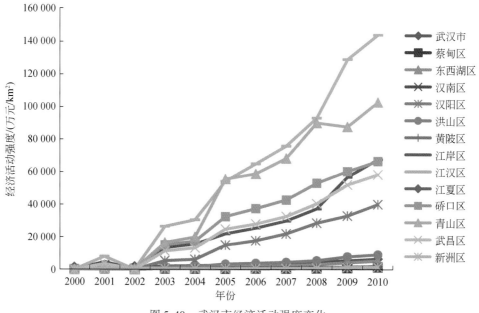

图 5-40　武汉市经济活动强度变化

## 5.8.7　热岛效应

武汉市 2000 年、2005 年、2010 年 6～8 月的平均地表温度分布如图 5-41 所示。

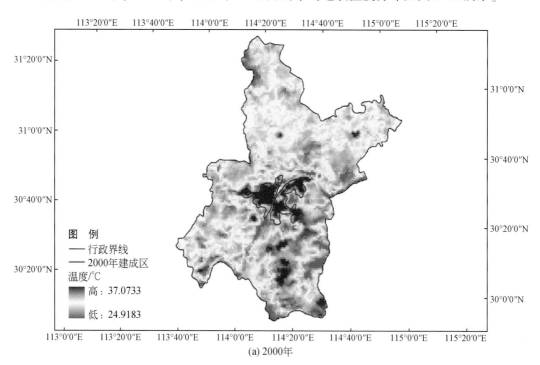

(a) 2000年

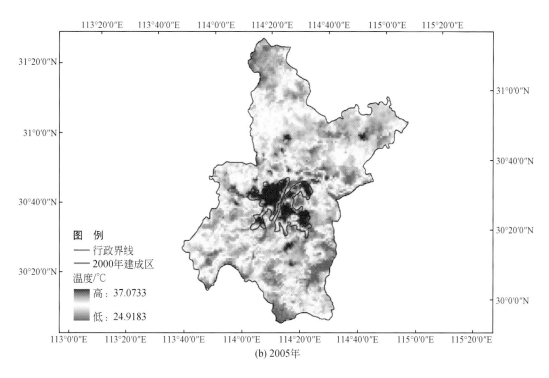

(b) 2005年

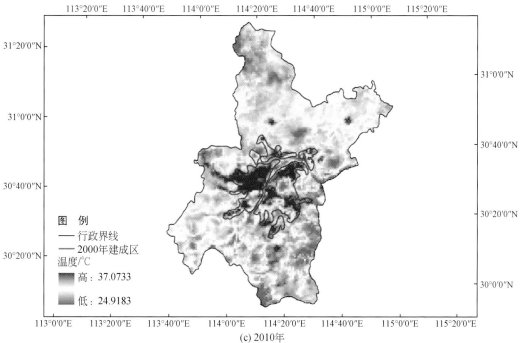

(c) 2010年

图 5-41　武汉市 2000～2010 年 6～8 月的平均地表温度分布

武汉市各区县 2000 年、2005 年、2010 年 6 ~ 8 月平均地表温度和热岛强度如表 5-21、表 5-22 和图 5-42 所示。

**表 5-21　武汉市及各区县 6 ~ 8 月平均地表温度** 单位:℃

| 地区 | 2000 年 | 2005 年 | 2010 年 | 2000 ~ 2005 年 | 2005 ~ 2010 年 | 2000 ~ 2010 年 |
|---|---|---|---|---|---|---|
| 武汉市 | 32.53 | 32.61 | 31.27 | 0.08 | -1.34 | -1.26 |
| 蔡甸区 | 29.46 | 28.99 | 29.10 | -0.47 | 0.11 | -0.36 |
| 东西湖区 | 29.87 | 30.45 | 30.12 | 0.58 | -0.33 | 0.25 |
| 汉南区 | 29.74 | 28.52 | 28.99 | -1.22 | 0.47 | -0.75 |
| 汉阳区 | 30.81 | 30.78 | 30.88 | -0.03 | 0.10 | 0.07 |
| 洪山区 | 29.60 | 29.75 | 29.46 | 0.15 | -0.29 | -0.14 |
| 黄陂区 | 29.45 | 29.20 | 28.32 | -0.25 | -0.88 | -1.13 |
| 江岸区 | 31.60 | 32.28 | 31.71 | 0.68 | -0.57 | 0.11 |
| 江汉区 | 34.60 | 34.81 | 32.60 | 0.21 | -2.21 | -2.00 |
| 江夏区 | 30.17 | 29.17 | 29.08 | -1.00 | -0.09 | -1.09 |
| 硚口区 | 33.62 | 33.49 | 33.30 | -0.13 | -0.19 | -0.32 |
| 青山区 | 32.05 | 31.26 | 31.21 | -0.79 | -0.05 | -0.84 |
| 武昌区 | 31.25 | 30.87 | 30.08 | -0.38 | -0.79 | -1.17 |
| 新洲区 | 29.38 | 29.89 | 28.77 | 0.51 | -1.12 | -0.61 |

**表 5-22　武汉市及各区县 6 ~ 8 月热岛强度** 单位:℃

| 地区 | 2000 年 | 2005 年 | 2010 年 | 2000 ~ 2005 年 | 2005 ~ 2010 年 | 2000 ~ 2010 年 |
|---|---|---|---|---|---|---|
| 武汉市 | 4.65 | 4.62 | 4.53 | -0.03 | -0.09 | -0.12 |
| 蔡甸区 | 3.06 | 3.85 | 4.20 | 0.79 | 0.35 | 1.14 |
| 东西湖区 | 4.30 | 4.08 | 5.50 | -0.22 | 1.42 | 1.20 |
| 汉南区 | 2.55 | 2.01 | 3.29 | -0.54 | 1.28 | 0.74 |
| 汉阳区 | 5.62 | 4.90 | 5.56 | -0.72 | 0.66 | -0.06 |
| 洪山区 | 4.85 | 5.94 | 3.84 | 1.09 | -2.10 | -1.01 |
| 黄陂区 | 3.15 | 4.27 | 3.64 | 1.12 | -0.63 | 0.49 |
| 江岸区 | 5.82 | 4.78 | 4.68 | -1.04 | -0.10 | -1.14 |
| 江汉区 | 6.35 | 6.95 | 4.12 | 0.60 | -2.83 | -2.23 |
| 江夏区 | 4.48 | 4.15 | 3.93 | -0.33 | -0.22 | -0.55 |
| 硚口区 | 6.08 | 6.59 | 6.36 | 0.51 | -0.23 | 0.28 |
| 青山区 | 6.50 | 5.45 | 5.06 | -1.05 | -0.39 | -1.44 |
| 武昌区 | 6.13 | 5.53 | 4.44 | -0.60 | -1.09 | -1.69 |
| 新洲区 | 4.06 | 4.29 | 3.58 | 0.23 | -0.71 | -0.48 |

城市化过程通过直接或间接地改变地面形态及原本自然的生物地球化学过程,使生态系统的结构、过程和功能受到影响或发生不可逆转的变化,带来了显著的生态效应,其中对于气候影响最显著的是城市热岛效应。通过对武汉市 2000 年、2005 年、2010 年遥感影

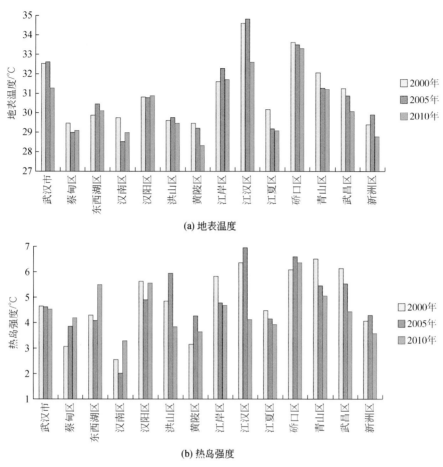

(a) 地表温度

(b) 热岛强度

图 5-42　武汉市各区县 6 ~ 8 月平均温度及热岛强度

像的信息提取与分析，得到武汉市相应年份的地表温度及热岛强度数据（表 5-21，表 5-22）。武汉城区的人口增加和工业经济发展使城市内部具有很强大的人工热源，产生显著的城市热岛效应。其原因在于武汉市是个特大城市，市内工业区多、人口及建筑密度大。人们的生产和生活活动集中，成为一个热源，使市区气流复合上升，郊区气流吹向市区的热岛环流。一般城市热岛具有冬季强度高、范围大，春秋次之，夏季则强度最弱、范围也最小的特征。而且城市热岛随下垫面的特殊性质而不同，武汉市区下垫面性质复杂，城市热岛形成的特点有：一是由于长江水面的分割作用，把整个城市热岛分割成江南和江北两部分，形成两个热岛体；二是由于市中心商业、交通、居民集中地区和市区大工业区的热释放量大，在这些区域范围内分别形成热岛中心，形成多个热岛单体。

2000 ~ 2010 年，武汉市夏季（6 ~ 8 月）的平均温度基本持平，略有下降，热岛强度也有所减弱。

尽管数据显示武汉市的热岛强度在减弱，但是城市高温地区的范围一直在扩大。换句话说，随着城市化进程的推进，武汉市及各区县的建成区范围在不断扩大，而出现热岛效应的面积也在不断增大。此外，城乡温度差异减小主要是由郊区温度上升所导致的。综合看来，武汉市的城市热环境是在恶化的。

下面具体分析一下武汉市各区县的温度及热岛强度，图 5-43 和图 5-44 分别为 2000 ~ 2010 年武汉市 6 ~ 8 月平均地表温度分级分布图和 2000 ~ 2010 年武汉市 6 ~ 8 月热岛强度分级分布图。

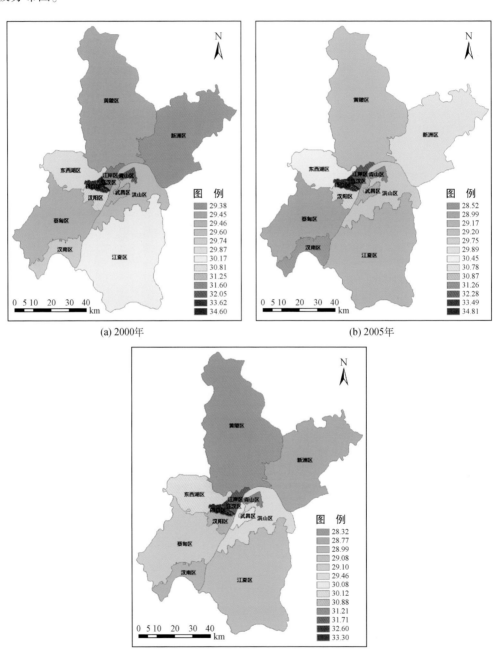

图 5-43　2000 ~ 2010 年武汉市 6 ~ 8 月平均温度分级分布图（单位：℃）

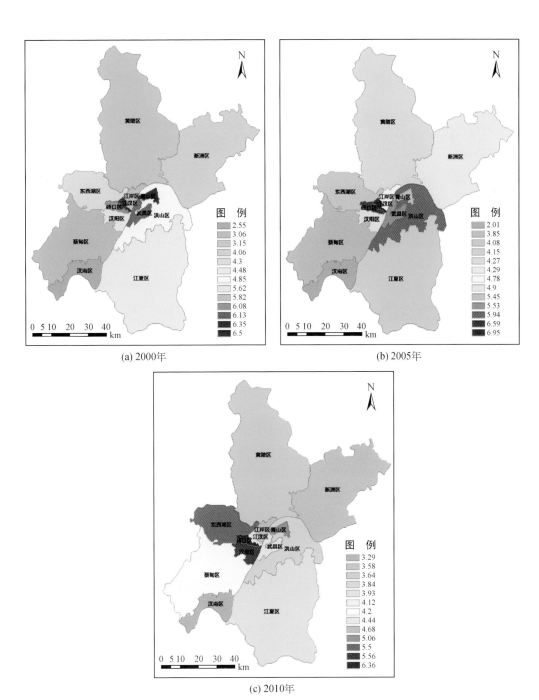

(a) 2000年

(b) 2005年

(c) 2010年

图 5-44　2000～2010 年武汉市 6～8 月热岛强度分级分布图

由图 5-43 和图 5-44 可以看出：

1）蔡甸区、东西湖区、汉南区、黄陂区和新洲区夏季的平均温度明显低于江岸区、江汉区、硚口区、青山区和武昌区，平均温度温差最大超过 5℃。这与不同地区的城市化进程有密切的联系。一方面，后者城市化程度相对较高，不透水地面面积比例较大，而不透水的地面缺乏对城市地表温度、湿度的调节作用，因而在夏季出现较高的温度。另一方面，城市化程度较高的地区往往伴随着人口密度更大、人类活动更活跃的现象，这些都会导致局部地区温度较高。另外，青山区温度较高的一个重要原因是武汉钢铁集团公司的工业活动。

2）东西湖区、汉阳区、洪山区和江岸区 2010 年夏季的平均温度相比 2000 年略有升高或基本不变。而从整个武汉市的范围来看，大部分区县的平均温度都有不同程度的下降，这表明东西湖区、汉阳区、洪山区和江岸区的相对平均温度是呈上升趋势的。尤其是东西湖区，温度的升高比较显著，这与该地区的城市化、工业化进程关系很密切。

3）江汉区和武昌区的平均温度下降十分明显，这在很大程度上是城市绿化效果的体现。

4）蔡甸区、东西湖区、江夏区和汉南区 2010 年夏季的热岛强度较 2000 年有所上升。这些区县都属于武汉市内城市化进程相对滞后，而近年来发展较快的地区，机动车辆的增加、人工下垫面的增加、人工热源的增加、绿地和水体的减少都是导致热岛强度上升的原因。

5）汉阳区、洪山区、江岸区、江汉区、青山区和武昌区的热岛强度显著减弱。这几个区县都属于武汉市内城市化程度较高的地区，它们在 2000 年的热岛强度均远高于武汉市的平均水平，而近年来由于工业废气、余热、固废排放量的减少，以及城市绿化建设的加强等多方面的原因，热岛效应得到了明显的改善。尤其是多年来一直被冠名为武汉"第一热岛"的武钢地区，2005 年后，卫星遥感显示该地片状云块（高温密集地带）逐步打散成斑点状。2006 年后，武钢废气、余热、固废排放量每年以约 4% 的比例持续减少，从气象云图来看，该地区热量释放已明显减弱。

## 5.8.8　综合评价

用生态环境胁迫指标体系中二三产业比重、建设用地比例、能源利用强度、$SO_2$ 排放强度、烟尘排放强度、粉尘排放强度、固废排放强度共 8 个指标和各指标在该主题中的相对权重，构建生态环境胁迫指数（eco-environmental stress index，EESI），用来反映各市生态环境受胁迫状况。

$$EESI_i = \sum_{j=1}^{n} w_j r_{ij}$$

式中，$EESI_i$ 为第 $i$ 市生态环境胁迫指数；$w_j$ 为各指标相对权重；$r_{ij}$ 为第 $i$ 市各指标的标准化值。

各指标的权重均为 1，通过加权平均可以得到武汉市 2000 年、2005 年和 2010 年三个年度的生态环境胁迫指数，如表 5-23 所示。

表 5-23 武汉市生态环境胁迫指数

| 项目 | 2000 年 | 2005 年 | 2010 年 | 2000～2005 年<br>变动 | 2005～2010 年<br>变动 | 2000～2010 年<br>变动 |
| --- | --- | --- | --- | --- | --- | --- |
| 生态环境胁迫指数 | 33.3 | 52.0 | 62.3 | 18.7 | 10.3 | 29.0 |

由表 5-23 可以看出，2000～2010 年，武汉市生态环境胁迫指数一直呈升高趋势，这表明武汉市生态环境受胁迫的程度加重。随着城市化的进行，人口密度、能源利用强度、经济活动强度不断加大，导致生态环境胁迫效应的加重。但是可以看出，相比于 2000～2005 年生态环境胁迫指数的变动，2005～2010 年生态环境胁迫指数增加的幅度明显减小，说明武汉市对生态环境保护力度的加强初见成效，一定程度上减缓了生态环境胁迫。

# 5.9　城市化生态环境效应综合评价

## 5.9.1　生态环境质量综合指数

用城市绿地比例、不透水地面比例、生态系统生物量、景观破碎度、河流监测断面水质优良率、主要湖库湿地面积加权富营养化指数、全年 API 指数小于（含等于）100 的天数占全年天数的比例、酸雨强度、热岛效应强度 9 个生态环境质量综合指标及指标权重，构建生态环境质量综合指数，用来反映各市生态环境综合质量状况。

$$CEQI_i = \sum_{j=1}^{n} w_j r_{ij}$$

式中，$CEQI_i$ 为第 $i$ 市生态环境综合质量指数；$w_j$ 为资源效率主题中各指标相对权重；$r_{ij}$ 为第 $i$ 市各指标的标准化值。

生态环境质量综合指数越高，表明生态环境越好。由表 5-24 可看到，2000～2010 年，武汉市生态环境质量综合指数从 55.6 下降至 44.4，说明武汉市生态环境整体上在逐步恶化。

表 5-24 武汉市生态环境质量综合指数

| 年份 | 生态环境质量综合指数 |
| --- | --- |
| 2000 | 55.6 |
| 2005 | 47.6 |
| 2010 | 44.4 |

## 5.9.2　城市化的生态环境效应指数

用不透水地面比例变化、景观破碎度变化、全社会用水量变化、能源利用量变化、河流监测断面水质优良率变化、主要湖库湿地面积加权富营养化指数变化、全年 API 指数小于（含等于）100 的天数占全年天数的比例变化、酸雨强度变化、固废排放量变化、城市热岛效应强度指数变化 10 个指标及各自权重，构建生态环境效应指数，用来反映各市城市化的生态环境效应状况。

$$UEEI_i = \sum_{j=1}^{n} w_j r_{ij}$$

式中，$UEEI_i$ 为第 $i$ 市城市化的生态环境效应指数；$w_j$ 为资源效率主题中各指标相对权重；$r_{ij}$ 为第 $i$ 市各指标的标准化值。

城市化的生态环境效应指数越大，城市化的生态环境变动越大。由表 5-25 可以看出，2000～2005 年的城市化的生态环境效应指数大于 2005～2010 年的城市化的生态环境效应指数。说明在 2000～2005 年，生态环境的变化比 2005～2010 年大。

**表 5-25　武汉市城市化的生态环境效应指数**

| 年份 | 城市化的生态环境效应指数 |
| --- | --- |
| 2000～2005 | 48.1 |
| 2005～2010 | 42.6 |
| 2000～2010 | 62.7 |

## 5.9.3　综合评价

### 5.9.3.1　城市化特征与进程

2000～2010 年，武汉市建设用地的面积显著增加，尤其是 2005～2010 年，建成区面积迅速扩张，这与国家中部崛起战略的提出以及"1+8"武汉城市圈的建设密切相关。

十年间武汉市建成区的扩展模式总体表现为核心-放射空间模式，其中老城区、汉阳经济技术开发区、江夏城区表现为多核生长的外延式扩展；东湖高新技术开发区、吴家山经济技术开发区和盘龙城表现为扇状外延式扩展；部分城市发展接近饱和的主城区表现为内涵式扩展。

武汉市第一产业国民收入在整个国民收入中所占比重最低，且呈现非常明显的不断下降的趋势；第二产业和第三产业的比重均呈现缓慢上升。整体上看，武汉市产业结构整体走势趋于合理化，但存在着工业结构偏重、传统工业比重过大、新兴产业发展不足、结构调整滞后等问题。

武汉市人口由乡村向城市的转移十分显著，人口的城市化过程一直持续。

### 5.9.3.2　城市景观格局

2000～2010 年武汉市的城市景观变化整体表现为：不透水地面面积迅速增加，植被和水体面积迅速减少，裸地面积很少，景观破碎化程度呈增大的趋势。

在外环内植被为主导类型，在建成区内不透水地面占主导，在新增建成区内植被和不透水地表的比例相当。

2005 年的不透水地面比例最大、植被比例最小；2010 年的不透水地面比例较 2005 年有所减小，植被覆盖比例有所增加。这表明 2005～2010 年武汉市城市化的景观格局更为合理，这与 2007 年前后武汉城市群获批为全国"两型社会"综合配套改革试验区具有密切的关系。

自然、半自然生态系统向人工生态系统急剧转变；湖泊湿地资源萎缩，天然滩涂正在逐步消失，生境已发生改变，生态功能退化。

### 5.9.3.3　生态质量

快速的城市化建设使得武汉市绿地面积持续下降，绿地分布日益破碎化，城市生态质量逐渐恶化。

### 5.9.3.4　环境质量

地表水环境质量下降，主要湖泊富营养化指数也在增加，且均为中营养程度。武汉市局部地下水超采，地下水位逐年下降。

城市空气逐年好转，但污染依然严峻。可吸入颗粒物年年超标，酸雨检出率有逐年增高的趋势。武汉市酸雨成因由原来的二氧化硫为主，变为氮氧化物的比例逐年增高。这说明武汉市燃煤锅炉的治理见了成效，但机动车尾气产生的污染比例在增加。

武汉市土壤中 Hg、As、Cd、Pb、Cr 和 Cu 均有不同程度的积累。分析其原因，城区工业发达、交通运输频繁、生活垃圾堆放欠科学；城郊土壤种植强度和集约化程度大幅度提高，其农药、化肥的不合理使用现象普遍，加之乡镇企业三废排放和城区生活废弃物外运，使得城郊土壤重金属污染问题日益突出。应尽早采取措施，防止土壤质量退化和生态环境恶化。

### 5.9.3.5　资源环境效率

各项产业的环境友好度有很大程度的加强，水资源、能源和环境利用效率呈增长趋势。

### 5.9.3.6　生态环境胁迫效应

中心城区的人口密度不断增加，而新城区的人口密度维持不变或略有减少。

武汉市各区县的经济活动强度（单位国土面积 GDP）逐年增大，且中心城区经济活动强度基数大，增长快；新城区经济活动强度基数小，增长慢。

由于环保意识的增强和环保力度的加大，武汉市大气和水污染物排放强度有一定程度的减弱，但固体废弃物排放强度不断增大。

武汉市人口的快速增长和工业污染等带来的城市热岛效应越来越严重。加上武汉市森林植被的严重不足，城区周边森林稀少，建成区内人均绿地率低，城市"热岛效应"无法得到缓解和减轻。

# |第6章| 武汉城市扩展时空特征分析
# 与热岛特征及演变

基于遥感解译获得的土地覆被信息和城市热岛数据以及采集的社会经济数据，本章分别从城市扩展特征和热岛效应两个方面重点分析武汉市、武汉城市群的城市化进程及生态环境效应。

## 6.1　武汉市城市扩展时空特征分析

城市空间扩展是城市化过程以及城市土地利用最为直接的表现形式，是城市化过程空间布局与结构变化的综合反映（闫梅等，2013）。随着武汉市经济的不断发展，武汉市城市迅速扩展，具体表现为城市建成区面积迅速增加。分析武汉市城市扩展特征及其驱动因子，不仅能为武汉市城市发展研究提供科学参考依据，更能为政府宏观决策提供数据支持，以利于武汉市可持续发展。因此，本章在 2000～2010 年数据的基础上，进一步补充了 2014 年 7 月份的高分 1 号和高分 2 号影像（经正射校正、融合等处理后重采样为空间分辨率为 2m 的影像），采用面向对象的解译方法完成遥感解译，并结合实地勘探和 Google Earth 历史影像对分类结果进行精度评价，评价结果显示解译精度高于 88%。基于高分辨率卫星影像解译结果，本节分析了武汉市 2000～2014 年城市扩展特征和驱动力因子。

### 6.1.1　分析评价方法

基于武汉市 2000 年、2005 年、2010 年和 2014 年的土地覆被信息，本节分别从城市扩展强度指数，城市中心坐标迁移和分形维数等方面分析了城市扩展时空特征，并结合采集到的武汉市社会经济数据和武汉市自然环境等特征分析武汉市城市扩展的驱动力因子。

（1）扩展强度指数（UII）

扩展强度指数（UII）是指某空间单元在研究时期内的扩展面积占其城市土地总面积的百分比，用以比较不同时期城市扩展的强弱和快慢，计算公式为（胡瀚文等，2013；沈非等，2015）：

$$UII = \frac{U_b - U_a}{U} \times \frac{1}{T} \times 100 \tag{6-1}$$

式中，UII 为扩展强度指数；$U_a$ 和 $U_b$ 为研究初期和末期城市建设用地面积；$U$ 为研究区土地总面积；$T$ 为时段长度。利用该指数将城市扩展强度划分为 5 个等级（刘盛和等，

2000），即 UII>1.92，高速扩展；1.05<UII≤1.92，快速扩展；0.59<UII≤1.05，中速扩展；0.28<UII≤0.59，低速扩展；0<UII≤0.28，缓慢扩展。

（2）城市中心坐标

计算不同时期城市中心坐标，研究城市中心迁移情况，可以分析城市空间扩展规律，也可以研究城市扩张的模式，计算公式如下（胡瀚文等，2013；沈非等，2015；王茜等，2007）：

$$X = \sum_{i=1}^{m} (A_i \times X_i) / \sum_{i=1}^{m} A_i \tag{6-2}$$

$$Y = \sum_{i=1}^{m} (A_i \times Y_i) / \sum_{i=1}^{m} A_i \tag{6-3}$$

式中，$X$、$Y$ 分别表示城市中心经、纬度坐标；$A_i$ 表示第 $i$ 块矢量图斑的面积；$X_i$、$Y_i$ 分别表示第 $i$ 块图斑几何中心的经、纬度坐标；$m$ 为矢量图斑的个数。

（3）分形维数

分形维数可描述城市边界形状的曲折性和复杂性，计算公式如下（黄焕春等，2012；王厚军等，2008）：

$$D = 2\ln(0.25P) / \ln(A) \tag{6-4}$$

式中，$D$ 为分形维数；$A$、$P$ 分别为斑块的面积和周长。$D$ 的理论范围为 $1 \sim 2$，分维数越大表示图形形状越复杂，$D$ 值越接近 1.5，稳定性越差；$D<1.5$ 时，城市用地边界形态总体趋于规则、整齐；$D>1.5$ 时，城市用地边界总体趋于复杂、曲折。

## 6.1.2　城市扩展时间特征

2000~2014 年，研究区内建设用地面积增加了 469.4km²，在 2000 年的基础上增加了 149.7%，扩展强度指数为 1.41，武汉市整体处于快速扩展之中，但各个时间段的扩展强度不一，其中 2000~2005 年为快速扩展，2005~2010 年为高速扩展，但 2010~2014 年为低速扩展，其城市扩展强度指数仅为 0.45（表 6-1）。主城区与非主城区扩展强度指数虽然相差不大，但在各个时间段内非主城区建设用地年增长率远大于主城区，在 2000~2014 年，非主城区建设用地增加面积达到 281.5 km²，占城市扩展总面积的 59.7%。各个主城区城市扩展强度不一，其中硚口、汉阳为高速扩展，江岸、洪山为快速扩展，青山、江汉为中速扩展，而武昌扩展强度最小，为低速扩展，这主要是因为武昌地处城市中心地带，城市发展早，可扩展空间不如其他主城区，同时武汉市城镇规划将其划为建设历史文化名城，也在一定程度上限制了其向外扩展，主要以内部改建为主；在 2000~2014 年，洪山区扩展强度虽不是最大，但是其建设用地增加面积达到 111.2 km²，占整个主城区扩展总面积的 59.2%，这主要是因为洪山区处于主城区外围，且行政区域面积大，可扩展空间大，同时其城市规划重点建设高新技术开发区，东湖高新技术开发区就位于该区内，而杨春湖被规划为城市副中心，也一定程度带动了洪山区的城市扩展。

表 6-1　2000~2014 年武汉市城市扩展情况表

| 指数 | 时间段 | 研究区 | 主城区 | 非主城区 | 武昌 | 青山 | 江岸 | 江汉 | 硚口 | 汉阳 | 洪山 |
|---|---|---|---|---|---|---|---|---|---|---|---|
| 建设用地年增长率/% | 2000~2005 年 | 10.81 | 6.26 | 20.63 | 1.70 | 1.26 | 6.04 | 1.77 | 5.85 | 10.36 | 11.18 |
| | 2005~2010 年 | 10.63 | 7.45 | 15.08 | 1.41 | 2.75 | 4.44 | 1.03 | 3.47 | 10.77 | 13.78 |
| | 2010~2014 年 | 1.46 | 1.03 | 1.93 | 0.69 | 0.11 | 0.48 | 0.22 | 0.82 | 0.77 | 1.69 |
| | 2000~2014 年 | 10.69 | 6.26 | 20.26 | 1.38 | 1.53 | 4.44 | 1.11 | 4.04 | 10.06 | 12.94 |
| 扩展强度指数与等级 | 2000~2005 年 | 1.43 快速 | 1.39 快速 | 1.45 快速 | 0.66 中速 | 0.65 中速 | 2.34 高速 | 1.28 快速 | 2.90 高速 | 2.03 高速 | 1.21 快速 |
| | 2005~2010 年 | 2.16 高速 | 2.17 高速 | 2.16 高速 | 0.60 中速 | 1.52 快速 | 2.24 高速 | 0.82 中速 | 2.23 高速 | 3.20 高速 | 2.32 高速 |
| | 2010~2014 年 | 0.45 低速 | 0.41 低速 | 0.48 低速 | 0.31 低速 | 0.07 缓慢 | 0.29 低速 | 0.18 缓慢 | 0.62 中速 | 0.35 低速 | 0.48 低速 |
| | 2000~2014 年 | 1.41 快速 | 1.39 快速 | 1.43 快速 | 0.54 低速 | 0.80 中速 | 1.72 快速 | 0.80 中速 | 2.01 高速 | 1.97 高速 | 1.40 快速 |

## 6.1.3　城市扩展空间特征

### 6.1.3.1　城市空间形态变化

2000~2014 年，随着城市扩展的进行，武汉市各区城市分形维数不断增加（表 6-2），表明在 2000~2014 年，武汉市城市空间形态日益复杂，城市形状呈现出曲折、不规则趋势，而在 2010~2014 年，城市扩展放缓，但是城市分形维数仍旧继续增加，并且增加幅度超过任何一个时间段，说明在这期间武汉市正在积极地进行内部改建，并且尚未完成，从而使得城市空间形态处于不稳定中，同时也可以推断出在这段时间内城市内部改建对城市形态的影响大于向外扩展对城市形态的影响。对比各主城区的城市分形维数变化，可以发现，洪山和汉阳的城市分形维数变化最大，江汉变化最小，说明洪山和汉阳在研究时段内城市建设迅猛，江汉的城市发展则逐渐趋于稳定和成熟，分形维数变化趋势几乎与各主城区扩展强度变化趋势呈负相关，说明城市扩展在使得武汉市城市面积增加的同时，也使得城市空间形态变得复杂、不规则。最后，各区 2014 年的城市分形维数均在 1.5 左右，说明城市形态尚处于不稳定中，武汉市及其主城区均拥有一定的扩展空间。

表6-2　武汉市2000～2014年各区分形维数

| 年份 | 研究区 | 武昌 | 青山 | 江岸 | 江汉 | 硚口 | 汉阳 | 洪山 |
| --- | --- | --- | --- | --- | --- | --- | --- | --- |
| 2000 | 1.35 | 1.36 | 1.37 | 1.34 | 1.34 | 1.33 | 1.33 | 1.33 |
| 2005 | 1.43 | 1.37 | 1.39 | 1.37 | 1.34 | 1.35 | 1.39 | 1.38 |
| 2010 | 1.45 | 1.37 | 1.38 | 1.37 | 1.34 | 1.36 | 1.39 | 1.40 |
| 2014 | 1.56 | 1.47 | 1.46 | 1.45 | 1.40 | 1.42 | 1.48 | 1.53 |

### 6.1.3.2　城市扩展模式

城市扩展模式是反映城市扩展空间特征的重要指标，可分为外延式扩展和内涵式扩展。外延式扩展是指城市外部的非城市用地转化为城市用地，城市空间占据的地域扩大；内涵式扩展是指城市空间在城市发展过程中所占据的地表面积虽然没有发生变化，但其用地性质和强度却发生了变化，具体表现为城市建设用地内部的填充（陈鹤影，2008）。以下主要从两个方面分析武汉市城市扩展模式。

（1）城市扩展空间分异特征

为分析武汉市城市扩展的空间特征，以研究区几何中心为原点，东西向为横轴，南北向为纵轴，将研究区划分为八个象限，并与不同时期的城市空间扩展图叠加（图6-1），分别计算各个象限的城市扩展强度指数（表6-3）。在研究时段内，各个象限在2005～2010年的城市扩展强度明显大于其他两个时间段，这主要是因为"武汉城市圈"在这期

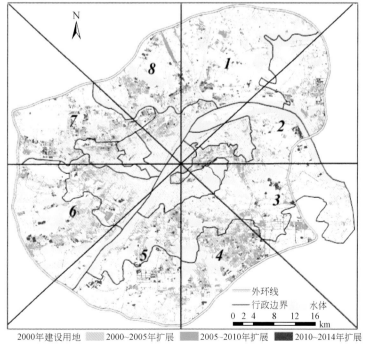

图6-1　2000～2014年武汉市不同象限城市扩展图

间得到批准，同时国务院明确将武汉市定义为"我国中部地区的中心城市"，极大地刺激了武汉市的城市发展，而武黄、武石、汉孝城际铁路和武汉北铁路编组站的修建，促进了位于第3象限东湖高新技术开发区和位于第8象限的吴家山经济技术开发区、盘龙新城的城市建设，使得第3和第8象限城市扩展强度变化最大；各象限中，第4象限扩展强度指数最大，除2010~2014年外，在其余两个时间段，其扩展强度指数均远大于其他象限，这主要是因为纸坊作为江夏区的行政中心，其城市扩展强度高于其他地方，同时武咸铁路的修建和豹澥新城高新技术产业的发展，也在一定程度上促进了该象限的城市扩展；在所有象限中，第1象限的城市扩展强度指数最低，这主要是因为长江阻碍了该象限城市扩展的连续性，同时武湖的存在也限制了其扩展空间，而该象限也是唯一一个不存在有新城规划的象限。

表 6-3  2000~2014 年武汉市不同象限扩展强度指数

| 象限 | 2000~2005 年 | 2005~2010 年 | 2010~2014 年 | 2000~2014 年 |
| --- | --- | --- | --- | --- |
| 1 | 1.00 | 1.05 | 0.30 | 0.72 |
| 2 | 1.18 | 2.20 | 0.57 | 1.37 |
| 3 | 0.77 | 2.40 | 0.47 | 1.27 |
| 4 | 2.44 | 3.40 | 0.62 | 2.26 |
| 5 | 1.07 | 2.16 | 0.56 | 1.31 |
| 6 | 1.98 | 2.14 | 0.45 | 1.60 |
| 7 | 1.86 | 1.86 | 0.68 | 1.52 |
| 8 | 1.43 | 2.88 | 0.49 | 1.68 |

分析各个时间段象限扩展强度指数图（图6-2）可知，2000~2005年，武汉市城市扩展强度呈"锥钉形"，第3和第5象限内湖泊的阻隔和第4象限的高速扩展，使得第4象限成为这颗"锥钉"的"尖部"；2005~2010年，城市扩展强度呈"羽状"，第4和第8象限连成"羽轴"；而2010~2014年，各象限城市扩展强度指数相对前两个时间段迅速下降，扩展强度呈"块状"。在各个时间段，不同象限扩展强度指数的标准差分别为0.57、0.69、0.12，扩展强度图的圆度分别为0.67、0.67、0.54，说明各象限城市扩展强度的差距正在缩小，城市扩展空间分异性降低，武汉市城市扩展正逐渐转向圈层式。

（2）城市中心坐标迁移

从武汉市城市中心坐标的迁移（图6-3）可以看出，2000~2014年，武汉市城市中心往东南方向偏移，各主城区城市中心总体表现为以老城区为核心，向四周辐射迁移，但武昌和江汉两区由于地处城市中心，城市设施建设早，扩展空间受到限制，同时武昌区城市规划为打造金融商务中心和历史文化名城，而江汉区则规划为现代服务业发展示范区，两者的城市规划也一定程度决定了其城市扩展以内部改建为主，即内涵式扩展，因此城市中心越来越靠近老城区中心。

结合武汉市城市中心坐标的迁移和各象限的城市扩展可以看出：2000~2014年，武汉市城市扩展整体呈现核心–放射扩展模式，以老城区为核，并以纸坊、豹澥、盘龙、吴家山、常福、蔡甸、阳逻、北湖为点向周围辐射；扩展强度在变快后又逐渐变慢，扩展模式逐渐转为圈层式；同时武昌和江汉两个主城区已逐渐转向以填充式的内涵式扩展为主。

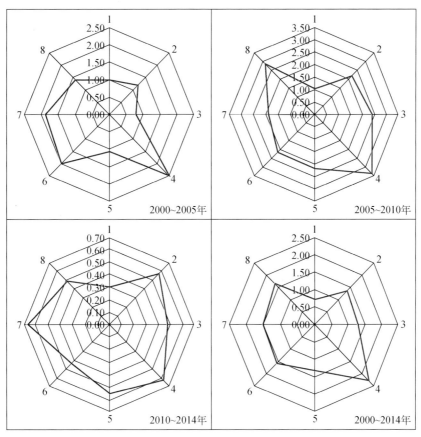

图 6-2  2000～2014 年武汉市不同象限城市扩展强度指数图

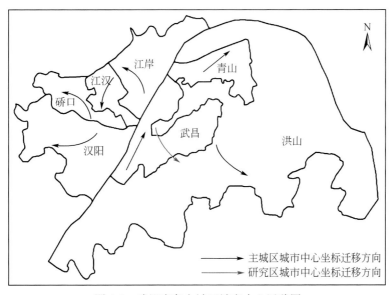

图 6-3  武汉市各主城区城市中心迁移图

## 6.1.4 分析与讨论

### 6.1.4.1 武汉市城市扩展模式特殊性分析

2000~2014 年，武汉市城市扩展模式相对东部其他中心城市，其城市扩展形态既有一定的相似性，也有其独特性。不少专家学者在研究上海、南京、北京等特大城市扩展时提出这些城市的城市扩展呈现"摊大饼式"的扩展形态，武汉市由于受到江河湖泊的阻隔而不能以这种形态进行扩展；同时其又不像珠海市以飞地式扩展为主（吴大放等，2013），武汉市城市扩展整体上是连续的；相对于长沙受山体、水域阻隔，城市扩展只能以低密度的填充式蔓延（林木轩等，2007），武汉市地处江汉平原，扩展模式以外延式扩展为主；最后，相比于厦门近郊城市形态已逐渐趋于稳定（花利忠等，2009），武汉市各区县城市分形维数均在 1.5 左右，城市形态变复杂的同时，又尚处于不稳定中。

### 6.1.4.2 武汉市城市扩展驱动力分析

综观武汉市 2000~2014 年城市扩展特征，探究其原因，可以概括为以下几个方面。

1）自然条件。武汉市境内江河湖泊众多，享有"江城""百湖之市"的称号，使得武汉市水运发达，为武汉市的发展提供了机遇，同时也影响到了其扩展形态，长江的阻隔和武湖的存在使得第 1 象限的城市扩展强度指数低于其他象限。东湖的存在则使得第 3 象限在 2000~2005 年的城市扩展显著低于其他象限，而汤逊湖和青菱湖也一定程度上限制了第 5 象限的扩展空间，使得第 5 象限的城市扩展强度低于第 4 象限，造成 2000~2005 年"锥钉形"扩展形态的形成，同时也一定程度上促成了 2005~2010 年"羽状"扩展形态的形成。湖泊的存在极大地限制了城市扩展的连续，压缩了城市扩展空间，使得 2000~2014 年武汉市的城市扩展只能是核心-放射式，而不能像其他平原城市一样，以"摊大饼式"的形态进行扩展，但随着城市的进一步发展，自然条件对城市扩展的影响正在逐渐减弱。

2）经济和人口。经济发展程度决定城市化水平，经济的快速发展才能促使城市空间的扩展；人口数量的增加则能够推动城市住宅、商业、工业和交通运输业的发展，从而推动城市的空间扩展。2000~2014 年，研究区内国内生产总值（GDP）由 1186 亿元增加到 9952 亿元，常住人口由 731 万人增加到 895 万人，两者分别与建设用地面积做相关分析，相关系数分别为 0.898、0.936，说明武汉市城市扩展与其经济发展和人口增长有很强的相关性，并且人口增长对城市扩展的影响更加突出。同时 GDP 的增长速度一直是增加的，而城市扩展强度在 2010 年后变慢，说明随着城市的发展，经济发展对城市空间扩展的驱动作用在降低。

3）交通。交通网络构成城市基本骨架，交通发展可加快城市物质交换速度，提高资源配置效率，其对城市扩展具有重要的牵动作用。武汉是中国重要的交通枢纽，公路和铁路网辐射全国，也是中国最繁忙的国际空港之一。21 世纪以前，由于交通的限制，自然条件对武汉市城市扩展影响明显,城市扩展形态呈"十字形",2005~2010年,武黄、武石和汉孝铁路的修建,使得第3和第8象限的城市扩展强度快速增加,武咸铁路的修建也使得第4象限在这个时间段城市扩展强度指数增大,从而使得2005~2010年武汉市城市扩展形态呈现"羽状";同时2010~2014年,武汉至天门城际铁路的修建使得第7象限的扩展强度指数第一次超过第4象限,而武汉至仙桃、潜江等城际铁路的修建也拉近了第5象限与第4象限间扩展强度指数的差距,促成了2010~2014年武汉市城市的"块状"扩展。2001年,武汉市各等级公路里程仅为3248km,而到2014年,这一数字已达到14 240km,建设用地面积与公路里程之间的相关系数达到0.977,说明公路建设极大地推动了武汉市的城市扩展。随着"十一五"和"十二五"期间多条"环形加放射"的骨干道、城际铁路和过江通道的修建,自然条件对城市扩展的影响减弱,使得武汉市的城市扩展逐渐转向圈层式。而建设以武汉市主城为中心的环形放射状市域公路网络的市内交通规划和武汉城市圈制定的以武汉为中心,通往城市圈8个城市市区"1小时交通圈"的规划以及城际铁路的修建将带动公路、铁路沿线非建设用地转化为建设用地,进一步增强远郊的空间可达性,增强主城和新城的联系。网络环状的交通规划将使得武汉市圈层式扩展形态更加明显,武汉市特别是主城区的中心作用更加突出。

4)政策和城市规划。政策和城市规划在武汉市城市扩展中具有重要的导向作用。21世纪之前,武汉市城市发展极其缓慢,有人称之为"最大的县城",中部崛起战略的实施,为武汉市城市发展提供了机遇,带动了武汉市的城市扩展。2007年武汉城市圈计划为武汉市城市扩展注入了新的动力,吴家山经济技术开发区升级为国家级经济技术开发区则带动了第8象限的城市扩展,而武汉市被调整为"中部地区的中心城市"使得2005~2010年武汉市城市迅速扩展;"十二五规划"调整优化城镇布局,形成"主城区为核,多轴多心"的总体空间布局使得2010~2014年武汉市城市扩展空间分异性逐渐降低;武汉市总体规划(1996~2020年)提出建设多层次、网络状的城镇体系,形成轴射圈层式的分布格局使得2000~2014年武汉市的城市扩展整体呈现核心-放射式,并逐渐转向圈层式。

### 6.1.4.3 讨论与建议

2000~2014年武汉市城市扩展模式说明其主城区极化作用一直在增强,各种要素向武汉市集聚。由于自然条件和交通等驱动力的影响,这种扩展模式有其必然性和合理性,但随着城市空间扩展到一定程度,该扩展模式也将带来一系列的城市问题,比如交通拥挤、运输成本过高、住房紧张和环境质量恶化等(陈玉光,2010)。因此在武汉市圈层式城市扩展尚未走向成熟之前,应采取措施避免这一系列问题。首先,提高已有城区土地利用效率和城市基础设施等的使用效率,增加内涵式扩展模式在整个武汉市扩展中的分量;其次,采取措施遏制圈层式扩展的强度和规模,将扩展形态逐渐转为星状,即伸展轴式扩展;最后,随着武汉市的城市扩展,盘龙、阳逻等卫星城市终会与主城区连接在一起,这将进一步加大主城区的极化作用,阻碍城市的下一步发展。可借助武汉城市圈的机遇,将武汉市拥有的资源分散到黄冈、黄石、孝感等周边城市,使这些城市成为武汉市的独立卫星城，进而使整个武汉城市圈的城市扩展形成以各市城区为中心，各市齐头并进的局面，这样可以削弱武汉市主城区的极化作用，同时也可带动整个武汉城市圈城市的发展，达到武汉城市圈各城市共赢的目标。

# 6.2 武汉城市群夏季热岛特征及演变

城市化进程加快使得单个城市面积迅速扩大，城市间的空间距离逐渐缩短，从而在局部范围内形成城市群或者城市带，其在给人们生活带来便利的同时也产生一系列生态问题，其中之一便是城市热岛现象。城市热岛是由于人口密集、产业集中形成城区气温高于郊区气温的现代大城市地区性气候现象。城区气温比其周围高，在近地层气温分布图上，城区是个封闭的高温区，犹如孤立的岛屿。2000～2010 年，武汉市城市化进程迅速，城市面积迅速增加，因此本节利用 2000～2010 年的 MODIS 卫星地表温度产品和前面的遥感影像解译结果，分析武汉城市群夏季的热岛特征及其演变。

## 6.2.1 MODIS 数据处理

MODIS 是搭载在美国宇航局对地观测系统（earth observation system，EOS）系列卫星 Aqua 和 Terra 上的重要传感器，提供 0.4～14.4μm 波段范围内 36 个通道的对地观测。Aqua 在下午 13：30 左右和夜间 1：30 左右过境，此时地表温度分别接近日最高值和最低值。Terra 在上午 10：30 左右和晚上 22：30 左右过境，分别处于地表升温和降温的过程。MODIS 地表温度（land surface temperature）产品的空间分辨率为 1km，由 31 和 32 两个热红外波段的数据通过劈窗算法得到（wan，1999），包括每天、8 天和每月产品。本节使用的是 Terra 的 MOD11A2（地表温度/发射率 8 天合成 L3）数据，覆盖了 2000～2010 年每年夏季（6～8 月）的整个武汉城市群。标准的 MODIS 地表温度产品数据使用的是正弦投影。为了便于分析，本节对 MODIS 数据进行了预处理，将影像投影方式转换为等积圆锥投影，并在影像镶嵌后按行政边界裁剪，再对 6～8 月的 12 期地表温度数据求等权平均值（空洞数据权值为 0），最后将长整型数值转换为摄氏温度。

## 6.2.2 武汉城市群夏季热岛的分布

由于光照强度、降水量等引起气温的年度性变化，地表温度表现的城市热场分布无法有效反映城市热岛的变迁。为了更客观地分析热场的分布及变化，消除气候环境的影响，对 MODIS 数据每个像素点的地表温度进行归一化处理，定义像元的热岛指数为：

$$L_i = \frac{T_i - \frac{1}{n}\sum_{j=1}^{n} T_j}{\sigma} \qquad (6-5)$$

式中，$L_i$ 为热岛指数；$T_i$ 和 $T_j$ 为像元温度值；$n$ 为研究区内的像元个数；$\sigma$ 为研究区内所有

像元温度值的标准差。依据热岛指数值由强到弱划分为 7 个等级，如表 6-4 所示。经过归
一化处理后，研究区内每个像素的温度值都转换为无量纲的热岛指数，使不同时相地表温
度数据具有了可比性。该处理本质上为线性变换，因此其反映的热场空间分布与原始温度
的结果等价。

表 6-4　热岛强度等级划分

| 指数划分 | 温度等级 | 热岛强度等级 |
| --- | --- | --- |
| >3 | 强高温 | 强热岛 |
| 2 ~ 3 | 高温 | 次强热岛 |
| 1 ~ 2 | 弱高温 | 弱热岛 |
| −1 ~ 1 | 均温 | 无热岛 |
| −2 ~ −1 | 次低温 | 弱负热岛 |
| −3 ~ −2 | 低温 | 次强负热岛 |
| <−3 | 最低温 | 强负热岛 |

　　根据热岛指数的定义，强热岛反映该位置处于区域内当年的相对高温，出现严重的热
岛现象。基于武汉城市群 2000 ~ 2010 年夏季日间和夜间热岛指数值的划分，统计了每个
像元在十年间发生强热岛的频数，如图 6-4 所示。图 6-5 为 2005 年武汉城市群的土地覆盖
类型分布图。

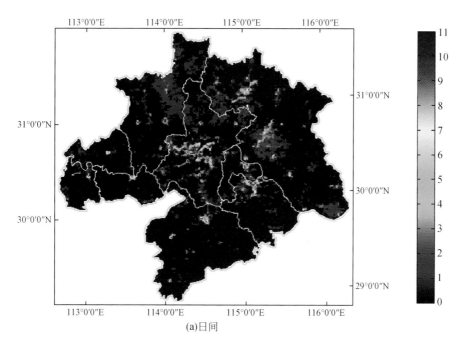

(a)日间

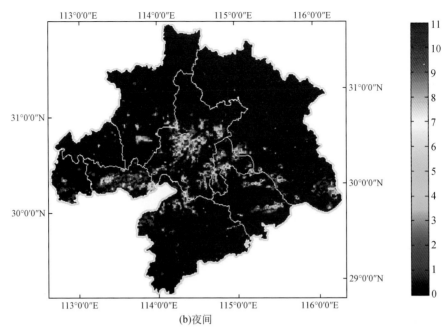

(b)夜间

图 6-4　武汉城市群夏季昼夜强热岛分布

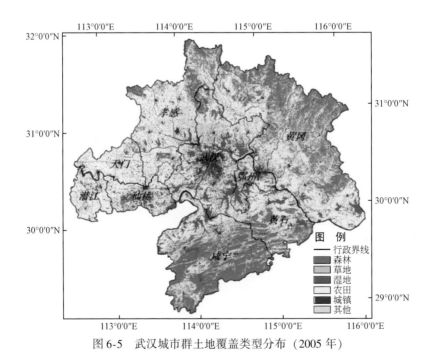

图 6-5　武汉城市群土地覆盖类型分布（2005 年）

由图 6-4 和图 6-5 可以看出，武汉城市群夏季日间强热岛的累计分布与城镇（红色部分）的分布非常吻合。城市群的热中心主要集中在武汉市城区，其他分散的热源基本位于黄石、咸宁、鄂州等城市的中心城区，热岛面积的大小与城市的规模成正比，特别是热岛效应最显著的武汉市，热岛区域与中心城区的轮廓几乎完全吻合。频次的变化也反映了城市的扩展。以上特征表明城市扩展导致地表介质的改变是形成热岛中心的主导因素。

而对比图6-4和图6-5发现城区夜间的热岛分布相较日间面积显著增加。城市下垫面主要由大量混凝土、柏油路面、砖石构造等材质构成，其特殊性不仅表现在对热量的强吸收上，还表现在增加城市不透水地面和加快径流流速上，导致下垫面蒸发排热减少，储热增加，同时造成比热下降。因此城市的储热能力大于郊区，白天积蓄的大量热量在夜间释放，使得夜间城市热岛效应比白天更加显著。此外，小片城镇区域日间出现的热岛到夜间反而消失了，说明规模较小的城镇储热能力较小，散热较快，夜间热量已不足以形成热岛效应。

另外，夜间热岛分布图中新出现了大块亮斑，对应土地覆盖类型分布图上的湖泊水系，这是因为水体的比热容较大散热较慢，比周围土壤、植被等自然下垫面降温要慢，而且对城区热量有吸收作用，到了夜间反而比周围地物温度高。实际上，水体在夜间的温度特征不应归因于热岛现象，考虑其热力特性，反而有利于缓解城市热岛。因此我们对日夜平均温度影像进行了强热岛频数统计以期消除这一影响。如图6-4所示，小片城市热岛和水体放热造成的亮斑都被排除，武汉市城区的热岛效应愈加显著。这表明该区域在日夜间均稳定地发生热岛现象，武汉城市群的热源正是位于中心区域的武汉市城区，夏季热岛主要还分布在黄冈、鄂州、黄石、咸宁的城区。

## 6.2.3 武汉城市群夏季热岛的变化趋势

遥感影像土地覆盖类型的分类结果表明，2000～2010年武汉城市群的城镇用地由2575km²增长至4025km²，比重由4.4%攀升至7.7%。随着城市化的发展和城市规模的扩张，十年间城市群的热场分布也发生了相应的改变。为了表征地面各处热岛指数的演变趋势，构造了一个新的统计量——热岛变化趋势，表达式如下：

$$\text{trend}_i = \frac{L_{i,2010} - L_{i,2000}}{\displaystyle\sum_{t=2000}^{2009} |L_{i,t+1} - L_{i,t}|} \tag{6-6}$$

式中，$L_{i,t}$表示$t$年像素$i$的热岛指数。$\text{trend}_i$数值越接近1说明局部热场往热岛化发展的趋势越明显，越接近-1说明热岛效应越得到缓解。由于首尾两年的热岛指数并不稳定，所以将每年的数据拟合成直线后用拟合值替代2010年和2000年的热岛指数，统计结果如图6-6所示。

从日间热岛变化［图6-6（a）］中可以看出，温度上升的区域主要集中在潜江、仙桃、咸宁、鄂州、黄石、武汉的郊区，并不在各城市的城区，而天门、孝感、黄冈等城市的热岛却略有减弱。夜间热岛［图6-6（b）］表现出的变化特征与日间热岛基本保持一致，但变化趋势没有日间明显。

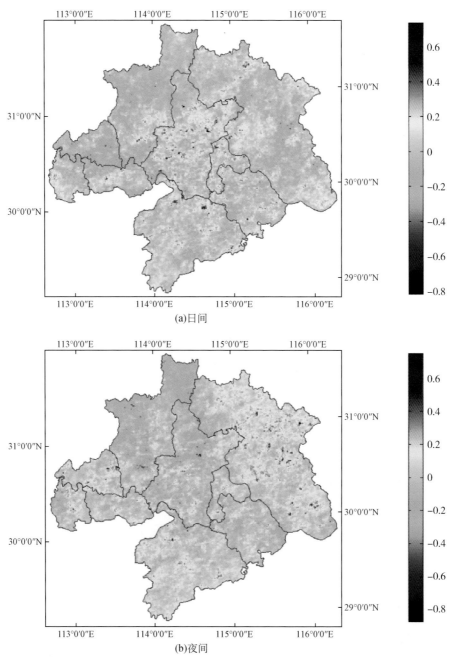

(a)日间

(b)夜间

图6-6　武汉城市群夏季昼、夜热场变化趋势

　　为了定量地分析武汉城市群十年间热场的变化特征，计算了夏季日间和夜间强热岛区、次强热岛区和弱热岛区像元数的变化（图6-7）。结果表明，日间的强热岛区、次强热岛区的像元数均在减少，分别减少410个、592个，而弱热岛区的像元数逐年增加，共

增加 941 个。夜间的强热岛区的像元数逐年大幅度减少，共减少 874 个。次强热岛区和弱热岛区的像元数分别增加 397 个、1262 个。

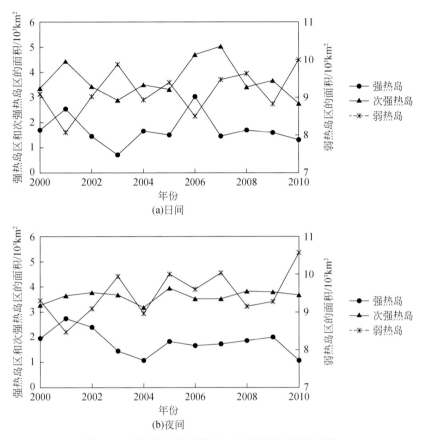

图 6-7　武汉城市群夏季昼、夜热状况区面积变化

　　总而言之，自 2000 年起，武汉城市群强热岛区的范围逐渐减小，弱热岛区的范围大幅增加。这表明武汉城市群城乡温度差异正在减小，热中心分布逐渐分散，城市热岛范围在逐步扩张，整体热环境在恶化。这与城市规模逐渐扩大、城市化进程逐步加快的武汉城市群发展现状相符合。

## 6.2.4　重点城市武汉市的热岛时空演变

　　为了验证上述结论，我们对武汉城市群的中心城市也是主要热源的武汉市做进一步的研究。以变化趋势较为显著的日间地表温度数据为例，基于热岛指数统计了 2000～2010 年夏季武汉市不同热状况区的像元比率的直方图。由图 6-8 可见，在 2000 年时，直方图分布均匀，接近正态分布，过渡区的像元数最多，弱热岛区和次强低温区的像元比率次之。此后直方图逐年向高温偏移，弱热岛区的像元比率逐渐超越过渡区。由此可见，十年间武汉市的热场逐渐升温，热环境逐渐恶化。

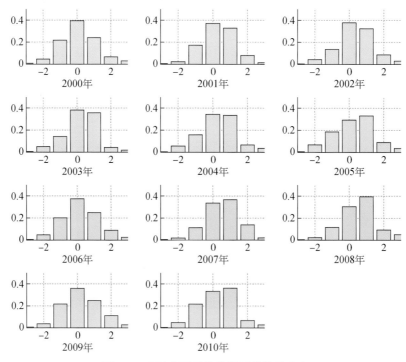

图 6-8　武汉市夏季热状况区的像元比率

以武汉市外环内城区为研究区域，排除武汉市周边郊区大片裸地对不同年份地表温度的影响，画出十年间强热岛区的热岛分布，并划定热岛指数大于2（次强热岛以上）为高温，统计强热岛区、次强热岛区以及高温区的面积如图6-9所示。

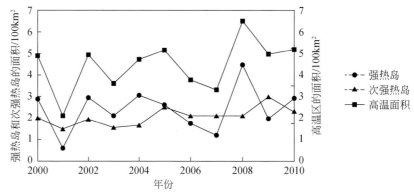

图 6-9　武汉市夏季各热状况区面积变化

进一步对比武汉市夏季各热状况区面积变化的曲线可以发现，十年间武汉市城区的高温区面积逐步扩大，强热岛区面积变化不大，但次强热岛区面积增大趋势明显，这与武汉市热状况区的像元比率直方图表现出的趋势相吻合。图6-10直观地表明，2000~2005年，强热岛主要集中在中心城区，并且向外围持续扩张。2005年之后，强热岛区的面积有所减少，集中分布的热中心被打散，除了原来的中心城区继续占有多个热中心点外，新兴城区内也出现了新的热中心。城乡温度差异逐渐减小，热中心逐渐分散，结合武汉市建成区扩展图（图6-11），这一趋势尤为直观，城市热岛的扩张趋势与城市人工表面的扩展方向基本一致。

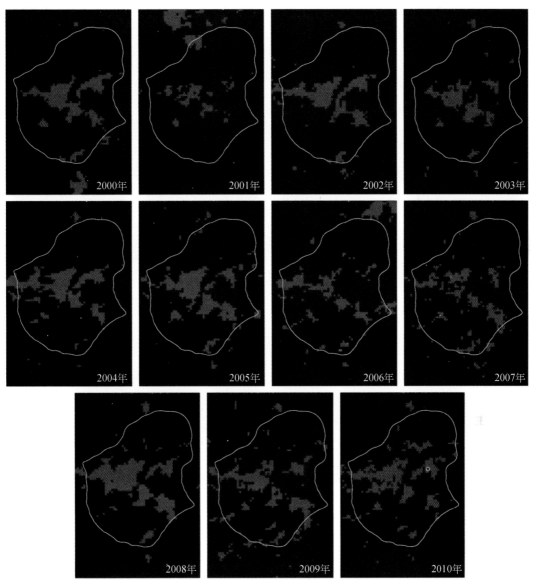

图 6-10　2000～2010 年武汉市城区夏季强热岛分布

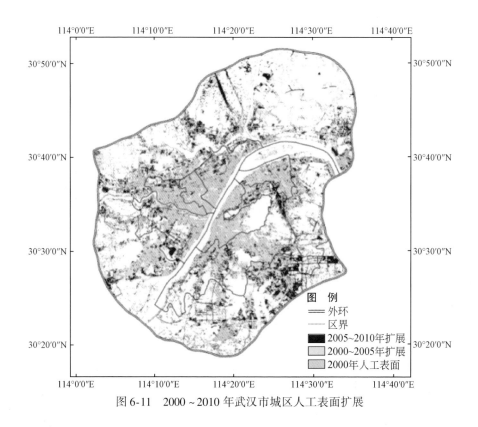

图 6-11　2000～2010 年武汉市城区人工表面扩展

## 6.2.5　结论与讨论

通过本章对武汉城市群 2000～2010 年夏季城市热岛的分布与变化特征的分析, 可以得到以下主要结论:

1) 无论是日间还是夜间的地表温度数据均表明, 武汉城市群的主要热源来自于中心城市武汉市, 其他热中心分布在各城市的城区, 并且热岛面积的大小与城市的规模成正比。对于武汉城市群来说, 夜间的热岛效应比日间更加显著。

2) 十年间武汉城市群的强热岛区面积有减小的趋势, 但是弱热岛区面积却大幅度增加。这并不是说明该地区热岛效应有所缓解, 相反, 这表明热中心向外扩散, 城乡温度的差异在逐步减小, 城市热岛的区域逐步扩张, 整个城市群的热环境趋向于恶化。

3) 作为武汉城市群的中心城市也是主要热源的武汉市, 城市的热场显著增温, 热中心由中心城区向外不断扩散, 目前城市的热中心主要位于中心城区和新开发区域内。城乡温度差异的减小和热环境的恶化与城市群的热岛特征相一致。

# 第7章 基于时序遥感数据的武汉城市群信息挖掘

地表温度是地表和大气之间物质交换和能量交换的关键因子，是能量平衡和温室效应的有效指标，是控制地球表面物理、化学和生物过程的重要参数，也是生态系统过程、生物大气传输及碳汇模型的重要输入项（于文凭，2012）。地表温度的空间分布和时间演变对气候变化的监测、水文循环、生态和环境等研究具有非常重要的意义（王斌等，2015）。气温是研究区域能量交换和水分循环的关键参数，也是地球环境分析的重要指标。本章重点分析武汉城市群的地表温度和气温的时空变化特征及演化规律。

## 7.1 时序遥感数据信息挖掘方法

### 7.1.1 时序遥感数据趋势分析

#### 7.1.1.1 年际趋势分析

年际趋势主要是持续若干年、可能揭示重大环境变化的趋势。主要方法有线性度（linearity）、线性趋势（ordinary least square，OLS）、中值趋势（trend-theil-sen）和单调趋势（mann-kendall trend）等。通常情况下，年际趋势分析要求序列的时间跨越至少在一年以上。

线性度方法用各个像素值序列和一个最优线性序列之间线性回归的 $R^2$ 构成线性趋势等级图表示趋势。图 7-1 展示了一个像素序列（一年的月平均温度序列）的线性回归，实线表示月平均温度序列，虚线表示最优线性序列。回归所得 $R^2$（决定系数，此处为0.266）构成线性趋势等级图中该像素位置的数值。

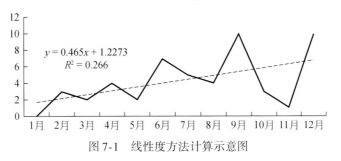

图 7-1 线性度方法计算示意图

线性趋势方法将各像素的序列与最优线性序列之间做最小二乘回归，展示每个像素在时间步长间隔下的变化率。如图 7-2 所示，假设实线表示月平均温度序列，虚线表示普通最小二乘回归所得直线，线性趋势图中的对应像素值就是该直线的斜率，即 0.2483。

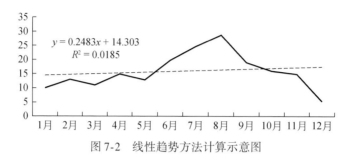

图 7-2 线性趋势方法计算示意图

中值趋势，也称 Theil-Sen 斜率（$TS_{\mathrm{Slope}}$）估计，是一种非参数估计法，用于估计长时间序列数据的变化率（Raj et al. , 1992）。该方法使用每个像素序列两两对比的变化斜率的中值表示趋势，用于表征地表温度和 NDVI 的年际变化趋势，其表达公式为

$$TS_{\mathrm{Slope}} = \mathrm{median}\left(\frac{x_j - x_i}{t_j - t_i}\right) \tag{7-1}$$

式中，median 表示中位数函数；$x_j$、$x_i$ 为序列数据；$t_j$、$t_i$ 为对应的时间序列数据，序列长度为 $n$，$i < j \leqslant n$。当 $TS_{\mathrm{Slope}} > 0$ 时表示上升趋势；反之 $TS_{\mathrm{Slope}} < 0$ 表示下降趋势；$|TS_{\mathrm{Slope}}|$ 值越大表示上升或下降的强度越大。如图 7-3 所示，中值趋势图中像素点的值为 $k_1$、$k_2$ 和 $k_3$ 的中值，且数据的时间步长是月，则中值趋势表示每月的变化率。假设有 100 个月的数据，则每个像素需要两两对比计算 4950 次后求其中值作为该像素点的中值趋势。

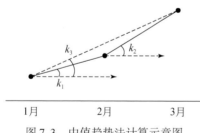

图 7-3 中值趋势法计算示意图

中值趋势的重要特点是它的崩溃范围。崩溃范围是指序列不受影响的前提下，最多能够出现的混乱值的数目占序列长度的比例。对于中值趋势，崩溃范围一般为 29%，也就是说对于 100 个月的数据，可以包含的混乱数据的时相数目最多不能超过 29 个。因此，中值序列可以很好地应用于短期或者含有一定噪声的序列变化评估。

单调趋势法是一种非参数统计检验方法，最初由 Mann 在 1945 年提出，后由 Kendall 和 Sneyers 进一步完善，在长时间序列数据的趋势检验和分析中得到了广泛应用（匡薇等，2014）。其优点是不需要遵从一定的分布，也不受少数异常值的干扰，计算比较方便。单调趋势法被用来衡量一个时间序列其单调增加或单调减少的程度，取值范围为 –1 到 1，其中 1 表示单调增加，0 表示没有一致性趋势，–1 表示单调减少。计算方法与前述中值趋势相似，也是两两对比并最终计算增加的相对频率与减少的相对频率的差值（单调增加或减少是指时间和与当前时间相对应的数值这两个量共同增加或者共同减少，也称二者具有一致性）。其统计检验方法为

$$\text{sign}(x_i - x_j) = \begin{cases} 1, & (x_i - x_j < 0) \\ 0, & (x_i - x_j = 0) \\ -1, & (x_i - x_j > 0) \end{cases} \tag{7-2}$$

$$S = \sum_{i=1}^{n-1} \sum_{j=i+1}^{n} \text{sign}(x_i - x_j) \tag{7-3}$$

$$Z = \begin{cases} \dfrac{S-1}{\sqrt{\text{Var}(S)}}, & (S > 0) \\ 0, & (S = 0) \\ \dfrac{S+1}{\sqrt{\text{Var}(S)}}, & (S > 0) \end{cases} \tag{7-4}$$

式中，sign 为符号函数；$Z$ 为标准化后的检验统计量；$S$ 为检验统计量；$x_j$，$x_i$ 为序列数据；$n$ 为序列长度。当 $n \geqslant 8$ 时，$S$ 近似为正态分布，其均值 $E(S)$ 和方差 Var $(S)$ 分别为

$$E(S) = 0 \tag{7-5}$$

$$\text{Var}(S) = \frac{1}{18} n(n-1)(2n+5) \tag{7-6}$$

### 7.1.1.2 季节趋势分析

由于地轴与地球公转轨道之间存在一个夹角，地表接受太阳的辐射能量具有年度周期性。一年中，温带地区所接收的太阳能辐射具有单次峰值特性，而热带地区所接收的太阳能辐射具有双峰值特性。太阳能是地球最大的能量来源，与接收能量的季节性相对应，在地球环境的诸多方面，如植物物候、温度和降水等都有随季节变化的周期特性。对季节性变化模式的挖掘可以从一个侧面反映出地球系统对全球变化的响应情况（Sparks and Menzel, 2002）。例如，春季植被绿化的趋势就是对气温变暖的响应。季节性变化对人类生活和迁徙动物来说都有重要意义。由于地球观测卫星可以对全球或区域进行高频率的重复观测，卫星图像时间序列可在获取有关季节性周期的变化模式信息方面发挥巨大的潜力。然而，在具体的序列数据分析实践中，噪声（如云覆盖）和高频率振荡变化（如 Madden-Julian Oscillation）以及短期年际活动（如 ENSO）等都会影响序列季节性信息的获取。使用 J. Ronald Eastman 等提出的方法（简称 STA）对时序遥感数据（主要针对 MODIS 地表温度和 NDVI 数据）进行季节性分析，该方法具有较好的鲁棒性（Ronald et al., 2009）。

STA 算法首先利用谐波分析，在系列中提取每年的年度和半年度谐波，形成年度和半年度的谐波参数，再使用中值斜率法对由各个年度形成的谐波参数序列进行分析，最终使用多波段合成图像的形式来表示这些年季节趋势的幅度和相位。该算法不受高频半年度噪声及短期年际变化的影响（中值趋势的特性，不受序列长度的 29% 以内的噪声影响），专注于提取序列长期的季节性趋势。

STA 主要分为两个计算步骤。第一步，STA 在每个年度数据的内部，针对每个像素单独使用谐波分析（harmonic analysis of time series, HANTS）。每个年度的数据序列在谐波分析后，被分解为一系列正弦波的线性组合。依据选取的谐波数目的不同，使用多个谐波对

年度数据进行描述：

$$y = \alpha_0 + \sum_{n=1}^{n=2} \left\{ \alpha_n \sin\left(\frac{2\pi nt}{T}\right) + b_0 \cos\left(\frac{2\pi nt}{T}\right) \right\} + e \qquad (7\text{-}7)$$

式中，$y$ 是序列值；$t$ 是时间；$T$ 是序列长度；$n$ 是回归中使用的谐波数；$e$ 是误差项；$\alpha_0$ 是序列平均值。

第二步，使用中值趋势来计算前面形成的五个参数在全部年份形成的序列趋势。最终将结果表示为两幅 RGB 图像：由振幅 0、振幅 1、振幅 2 对应 RGB 三个波段构成振幅图；由振幅 0、相位 1、相位 2 对应 RGB 三个波段构成相位图。因此，对于时序遥感序列图像进行季节性趋势分析后，所得结果为两幅图像。

## 7.1.2 时空模式挖掘

模式一词的应用范围极广，一个比较通用的对模式的解释是：模式是指内在隐含的规律。模式挖掘也就是对研究对象内在规律的挖掘和探索。本节从时序遥感数据的构成出发，介绍时序遥感数据的时空模式挖掘方法。

### 7.1.2.1 长时序遥感数据构成——T 型和 S 型

随着对地观测技术的不断发展，地球观测系统不断完善，使得人们可以获得全球或区域空间范围内的连续观测数据，并且由于获取这些数据的周期缩短、频率加快、范围扩大，导致观测数据量爆发式增长。与此同时，信息技术革命席卷全球，使人类对地球空间数据进行处理、分析的技术手段和观念发生了翻天覆地的变化。以往，对一幅遥感图像进行的分析只局限于由 $X$ 方向、$Y$ 方向所构成的二维空间内（图 7-4）。如今，对长时序遥感数据的处理分析，可以在以往二维空间的基础上，加入对时间维度的考虑（图 7-5）。

如图 7-5 所示，假设有 6 个时相的时序遥感数据，其中每幅图的大小为 1000×1000 像素。我们可以从两个角度来观察这个图像序列：一是将时序数据视作以时间为变量，与时间对应的图像为一个时间切片（图 7-6），并称其为 T 型（时间型）；二是将时序数据看成由空间中每个位置（像素）在时间维度上形成的一维时间序列的集合构成（图 7-7），并称其为 S 型（空间型）。

T 型分析注重观察不同获取时间的图像之间的关系，而 S 型分析注重探索不同空间位置之间的差异性。这种区别看起来似乎很简单，但它对于最终的分析结果却影响极大。因此，在后续对时序遥感数据的分析过程中，需要始终考虑空间和时间模式下结果的不同含义。

### 7.1.2.2 基于主成分分析的时序遥感数据时空模式挖掘方法

长时间的观测数据中往往隐含某些有用的变化信息，最常见的提取变化信息的方式就是对其进行各种分解，即通过将变化转换为基本变化成分的组合来获得更多的信息。其中，一种重要的分解方法就是主成分分析（principal component analysis，PCA），也被称为经验正交函数（empirical orthogonal function，EOF）分析。

图 7-4　二维遥感图像

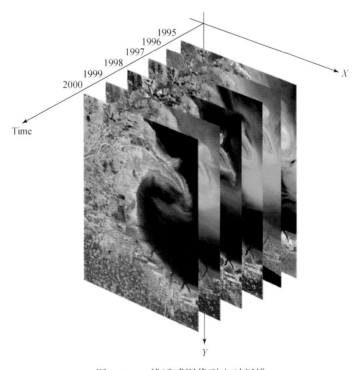

图 7-5　二维遥感图像引入时间维

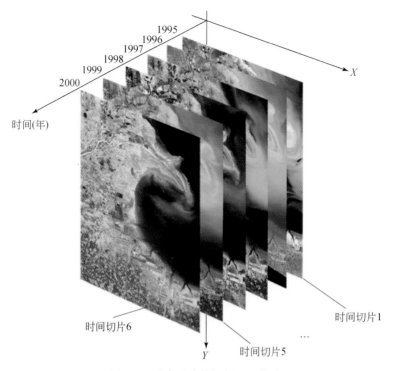

图 7-6 时序遥感数据的 T 型构成

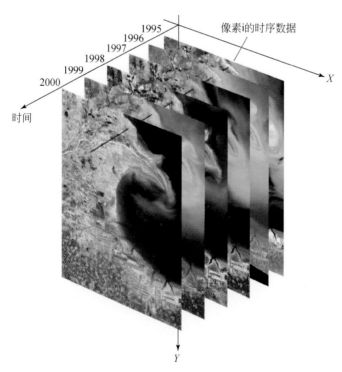

图 7-7 时序遥感数据的 S 型构成

在时间序列分析的背景下，PCA 可以帮助我们挖掘重复出现的变化模式。对于一个时序遥感数据来说，有两种方式可以选择：一个是挖掘随时间推移，经常重复出现的空间模式，称这种为 T 型分析，所得结果称为 T 模式；另一个是寻求随空间位置变化，经常重复出现的时间模式，称这种为 S 型分析，所得结果称为 S 模式。T 模式是一种不随时间变化的空间模式；S 模式是一种不随空间变化的时间模式。PCA 的处理对象是一个变量间的相关矩阵（标准 PCA 使用相关矩阵，非标准 PCA 使用方差/协方差矩阵）。在 T 型分析中，变量是图像（时间片）。因此，对于一个含有 300 个图像的时序遥感数据，T 型 PCA 分析的数据输入就是一个 300×300 的相关矩阵。与此相反，在 S 型分析中，变量是像素序列。如果这 300 个图像的时序遥感数据的每个图像有 100 列和 100 行，则 S 型 PCA 分析的数据输入就是一个 10000×10000 的相关矩阵。这两种分析方法将各自产生一组空间结果和一组时间结果。经 T 型 PCA 分解后形成的各成分就是所要寻求的空间模式，表示为二维图像的形式。原始序列中每幅图像对某一成分的载荷体现了原图像与该空间模式的相关程度，表示为一维时间序列的形式。与 T 型 PCA 相对，经 S 型 PCA 分解后形成的各成分就是所要寻求的时间模式，表示为一维时间序列的形式。原始序列中每个像素序列对某一成分的载荷体现了原像素序列与该时间模式的相关程度，表示为二维图像的形式。

时序遥感图像数据展现了随时间的推移地表所产生的变化，一个惯常的对这些变化进行分析的思路就是将这些变化分解为某些基本成分的变化。能够实现这一目的的比较流行的方法就是对图像进行主成分分析。

主成分分析方法的本质是将一组有相关关系的变量转换为一组不相关的变量（或成分），并将这些不相关的变量按照其各自对原始变量的解释程度由大到小的次序进行排列。通常，仅由排在最前面的几个不相关的变量（或成分）就可以解释或描述绝大部分的原始变量。因此，主成分分析常被用于数据缩减，即将大量信息数据保存在少量几个主要成分中。

用于主成分分析的数据通常被表示为描述各变量之间相互关系的矩阵，如相关矩阵或协方差矩阵 $Q$，对于给定的方形对称非奇异矩阵 $Q$，PCA 变换实质是用一个特定的正交矩阵 $E$ 前乘和后乘 $Q$，将 $Q$ 转化为一个对角矩阵 $\lambda$，如公式（7-8）所示。

$$E'QE = \lambda \tag{7-8}$$

式中，$E$ 的各列被称为特征向量，代表将原来的变量转变为新成分所需进行的线性加权组合的系数；$\lambda$ 的对角线元素被称为特征值，表示与该特征值对应的特征向量方向上包含的信息量的大小，特征值越大，说明矩阵在对应的特征向量上的方差越大，信息量越多。

在具体应用中，我们使用标准化 PCA 进行数据处理分析，标准化 PCA 将方差/协方差矩阵（$Q$）转化为相关矩阵（$R$）再进行特征分解。标准化 PCA 的优势在于可以处理不同度量单位下的变量。$Q$ 和 $R$ 中的元素的计算可参见公式（7-9）和公式（7-10）：

$$q_{ij} = \frac{\sum\limits_{n} (p_i - m_i)(p_j - m_j)}{n - 1} \tag{7-9}$$

$$r_{ij} = \frac{\sum\limits_{n} (p_i - m_i)(p_j - m_j)}{(n - 1)\sigma_i \sigma_j} \tag{7-10}$$

式中，$q$ 为方差/协方差矩阵 $Q$ 的元素；$r$ 为相关矩阵 $R$ 的元素；$p$ 为像素值；$m$ 为像素所在序列的像素值的均值；$n$ 为观测变量的采样数目（对于 T 型 PCA，$n$ 为时相数 $t$；对于 S 型 PCA，$n$ 为一幅影像数据中的像素个数 $s$）；$\sigma$ 为标准差；$i$，$j$ 为对于 T 型 PCA，指两幅影像数据；对于 S 型 PCA，指一幅影像数据中的两个采样点，即两个像素点）。

T 型和 S 型两种类型中，PCA 分析过程的主要差异在于公式内均值和方差这两个参数的计算。在 T 型 PCA 中，每个时相的图像是变量，变量均值和方差即每个时相图像的均值和方差；在 S 型 PCA 中，每个像素序列是变量，变量均值和方差即每个像素序列值的均值和方差。

# 7.2 武汉城市群地表温度的时空模式挖掘

本节以 MODIS 地表温度的长时间序列为基础，使用时序遥感数据分析及时空模式挖掘方法分析武汉城市群地表温度的变化趋势和规律。

## 7.2.1 实验数据与流程

### 7.2.1.1 实验数据

选用 MODIS 武汉城市群 2003 年 1 月至 2010 年 12 月 TERRA-MODIS 白天地表温度月合成产品（简记为 MODLTD）、AQUA-MODIS 白天地表温度月合成产品（简记为 MYDLTD）。两个序列进行数据实验，详情参见表 7-1。

表 7-1 实验数据情况表

| 序列参数 | MODLTD | MYDLTD |
|---|---|---|
| 卫星 | TERRA | AQUA |
| 传感器 | MODIS | MODIS |
| 投影 | Albers Conical Equal Area | Albers Conical Equal Area |
| 分辨率 | 1km | 1km |
| 计算公式 | 0.02×value−273.15 | 0.02×value−273.15 |
| 合成方法 | 每月的日数据取平均值 | 每月的日数据取平均值 |
| 时序长度 | 96 | 96 |
| 空间采样个数（像素数） | 57 918 | 57 918 |

MODLTD 序列中的每幅图像数据，都是经由当月每日 TERRA 卫星过境时地表温度数据合成的月平均数据，其所构成的 MODLTD 序列代表了每月上午卫星过境时的平均地表温度，简称 MODLTD 序列为上午地表温度序列。

MYDLTD 序列中的每幅图像数据，都是经由当月每日 AQUA 卫星过境时地表温度数据合成的月平均数据，其所构成的 MODLTD 序列代表了每月上午卫星过境时的平均地表温度，简称 MYDLTD 序列为下午地表温度序列。

### 7.2.1.2 实验流程

主要实验步骤如图 7-8 所示。

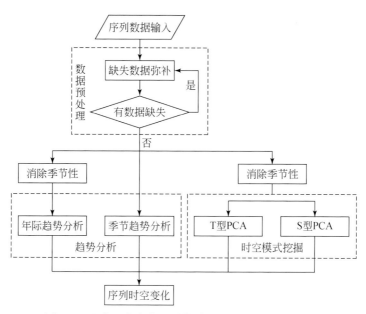

图 7-8　地表温度变化的趋势分析与时空模式挖掘步骤

对于长时序遥感数据来说，经常会出现数据缺失的情况，因此，首先在数据预处理的过程中对缺失数据进行弥补。序列谐波分析法（HANTS）是平滑和滤波两种方法的综合，它能够充分利用遥感图像存在时间性和空间性的特点，将其空间上的分布规律和时间上的变化规律联系起来。HANTS 算法被广泛应用于重建时间序列的归一化植被指数（NDVI）、叶面积指数（LAI）和陆地表面温度（LST），去除序列中的随机噪声或消除云/雪污染（Zhou and Jia，2015）。因此，采取 HANTS 算法对缺失数据进行弥补。

序列数据预处理之后，由于部分分析方法受到季节性因素的影响，所以需要进一步消除序列数据的季节性。实验主要使用了气候学方法消除月份数据的季节性。气候学方法是指从每个数据中减去其所对应的长期平均值，在此处也就是用每月的数据减去每月对应的长期平均值来消除季节性，如 2003 年 1 月的上午平均地表温度减去 2003 年 1 月至 2010 年 1 月这 8 个 1 月份的平均地表温度。

之后，再利用 7.1.1 节和 7.1.2 节所介绍的方法对序列数据进行趋势分析和时空模式挖掘，并最终形成研究区地表温度的时空变化结论。

## 7.2.2 数据预处理

图 7-9（a）为 MODLTD 序列中武汉城市群地表温度 2003 年 1 月份的月平均数据（上午过境时），图中少量黑色空洞即数据缺失的部分。图 7-9（b）为图 7-9（a）经 HANTS

法进行缺失补偿后的结果。

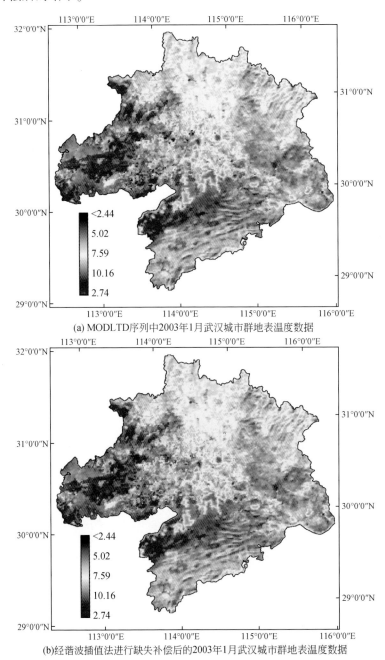

(a) MODLTD序列中2003年1月武汉城市群地表温度数据

(b)经谐波插值法进行缺失补偿后的2003年1月武汉城市群地表温度数据

图7-9 MODLTD序列中2003年1月武汉城市群地表温度数据谐波插值前后对比（单位:℃）

从图7-9中（a）与（b）的对比可以看出，HANTS算法的重建结果弥补了原有图像中的缺失数据。

## 7.2.3 年际趋势

采用7.1.1.1节中所阐述的方法对温度序列数据的年际趋势进行分析。

### 7.2.3.1 季节性对线性度的影响

长时序遥感数据内部，年际趋势常会受到季节性趋势的影响，图 7-10 和图 7-11 显示了季节性消除前后线性度趋势的结果。

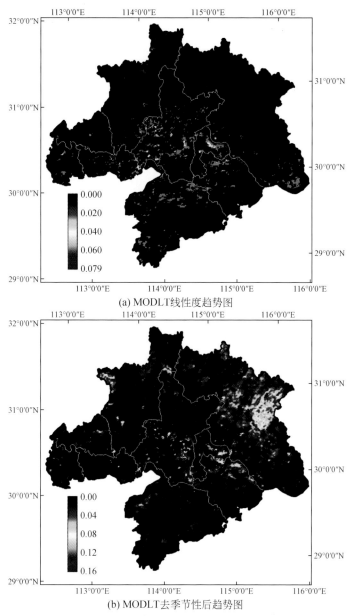

(a) MODLT线性度趋势图

(b) MODLT去季节性后趋势图

图 7-10　MODLT 序列去季节性前后线性度趋势图

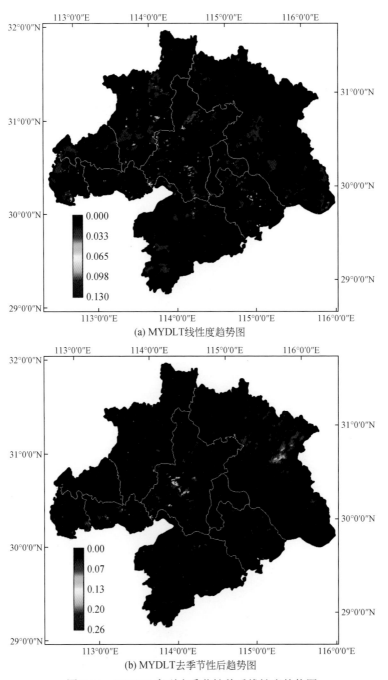

(a) MYDLT线性度趋势图

(b) MYDLT去季节性后趋势图

图 7-11　MYDLT 序列去季节性前后线性度趋势图

　　对比图 7-10 和图 7-11 中季节性消除前后的趋势图可以看出，无论是上午的地表温度序列还是下午的地表温度序列，直接做线性回归所展示的趋势性并不明显，而经过去季节性处理后，具有一定线性趋势的区域会更加突出。可见，序列数据的趋势分析受季节因素影响很大，但从整体上看，两个序列其线性度趋势都不明显。

#### 7.2.3.2 OLS 趋势与中值趋势

使用随时间变化的各个像素值与标准线性序列之间做普通最小二乘（ordinary least square，OLS）回归，回归后的斜率系数形成 OLS 趋势图。中值趋势（theil-sen）图使用每个像素序列两两对比的变化斜率的中值表示。MODLT 和 MYDLT 序列去除季节性后的 OLS 趋势图与中值趋势图对比如图 7-12 和图 7-13 所示。

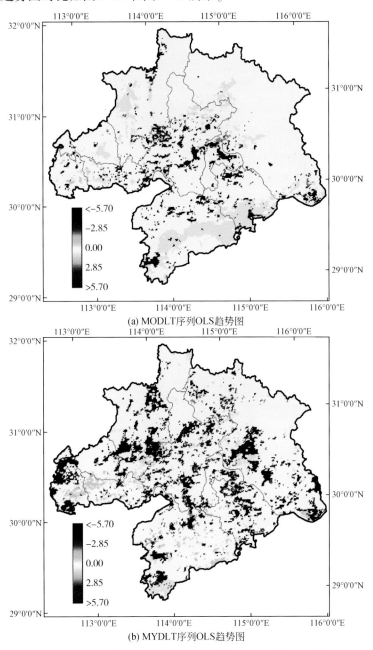

(a) MODLT序列OLS趋势图

(b) MYDLT序列OLS趋势图

图 7-12  MODLT 序列与 MYDLT 去季节性 OLS 趋势图（单位：℃）

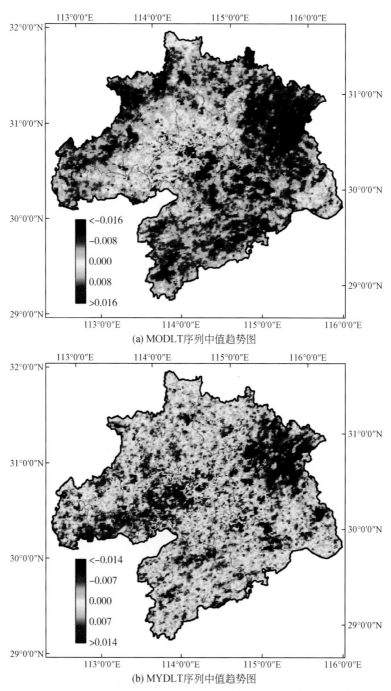

图 7-13　MODLT 序列与 MYDLT 序列去季节性后中值趋势图（单位：℃）

从整体上看，MODLT 与 MYDLT 是不同数据来源的地表温度序列，数据接收时间不同
（分别为上午和下午），因此在 OLS 趋势图与中值趋势图中两者均表现出较大差异。对比

图 7-12（a）和（b）可以看出，无论是 MODLT 序列还是 MYDLT 序列，其 OLS 趋势均不明显，即仅有少数像素覆盖范围体现出红色所代表的线性升温趋势。而从范围来看，下午具有升温趋势的区域大于上午。

对比图 7-13（a）和（b）可以看出，无论是 MODLT 序列还是 MYDLT 序列，其中值趋势都较为明显，红色区域为具有升温趋势的范围，图例中不同的颜色代表每月升温的程度（月均变化率）。从范围来看，下午具有升温趋势的区域大于上午。

从理论上讲，中值趋势是一个稳健的无参数趋势运算器，对于短期或者含有噪声的序列的趋势计算方面效果更佳，结果更为可靠。因此对于短序列（比如小于 30 年的每月数据），更推荐使用中值趋势法。对于长序列来说，OLS 趋势与中值趋势的计算结果相当，但由于中值趋势是两两对比计算，所以中值趋势的计算速度比 OLS 慢。因此，对于较长的序列的计算（大于 30 年的每月数据），如果没有较多的异常值，则 OLS 趋势可以替代中值趋势，节省计算时间。

综上所述，对于 96 个月的上午和下午地表温度的时序数据，使用中值趋势法更佳。在中值趋势的图中，对于地表温度数据，两幅图体现了不同接收时间，增温区的范围和平均每月增温的程度。

## 7.2.4　季节趋势

采用 7.1.1.2 节中所阐述的 STA 方法对温度序列数据的季节趋势进行分析。在计算过程中，选择两个谐波做回归分析，因此会在年度数据内形成两种循环计算方式，年度循环和半年度循环。每个谐波由循环次数、振幅和相位来描述。对于循环次数，一个谐波是一次循环（年度循环），另一个谐波是两次循环（半年度循环）。经计算后，两个谐波就产生振幅 1、相位 1、振幅 2、相位 2，还有一个截距项振幅 0。这样对于每个年度的序列数据，就使用这 5 个数字来描述。第二步，对于全部年份形成的序列（有 8 个年份，每个年份含有 5 个数字描述），使用中值趋势（theil-sen）来计算前面形成的五个参数（振幅 0、振幅 1、相位 1、振幅 2 和相位 2）的趋势，并将结果表示为两幅 RGB 图像（振幅 0、振幅 1、振幅 2 对应 RGB 构成振幅图；振幅 0、相位 1、相位 2 对应 RGB 构成相位图）。MODLT 序列与 MYDLT 序列季节趋势结果如图 7-14 和图 7-15 所示。

一般情况下，振幅图像相比于相位图像略微直观一些（尽管此处两者均很复杂），因此，将主要探讨振幅图像。在振幅图像中，相邻区域内具有相似颜色的像素可被认为具有相同的季节变化趋势。其中，中性的灰色被认为是没有明显的季节变化趋势（振幅 0 = 振幅 1 = 振幅 2，呈现灰色）。在图 7-13（b）MODLT 序列经 STA 计算后所得相位图 7-14 和图 7-15 两个振幅图像中，都有大量深灰色区域，说明这些区域 2003～2010 年，在上午和下午两个卫星过境时间的地表温度随季节变化的程度很小（特别说明，这并不是说这些区域在卫星过境时的地表温度一年四季都一样，而是指 2003～2010 年，年与年之间的季节变化趋势小）。

此外，图 7-16 展示了其与 2010 年武汉城市群林地和湿地覆被类型图的叠加结果。图

7-16 中的红色和橙色分别表示 2010 年武汉城市群林地和湿地的分布范围，它与图 7-15
（a）中灰色区域有较好的对应关系。由此可以看出，对于林地和湿地区域来说，其地表温
度的季节性变化从 2003 年到 2010 年都比较相似，没有明显的变化趋势。

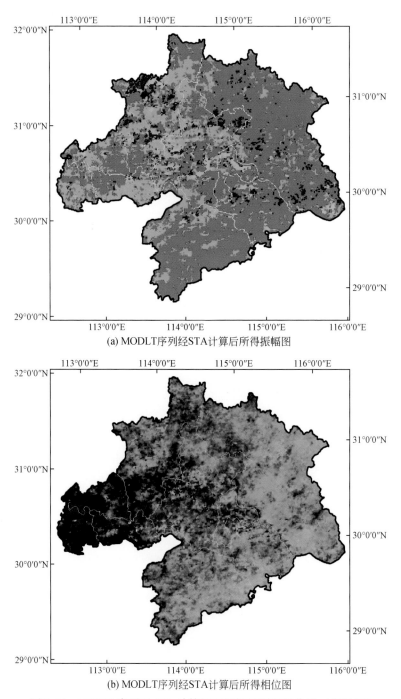

(a) MODLT序列经STA计算后所得振幅图

(b) MODLT序列经STA计算后所得相位图

图 7-14　MODLT 序列经 STA 计算后所得振幅图和相位图（无量纲）

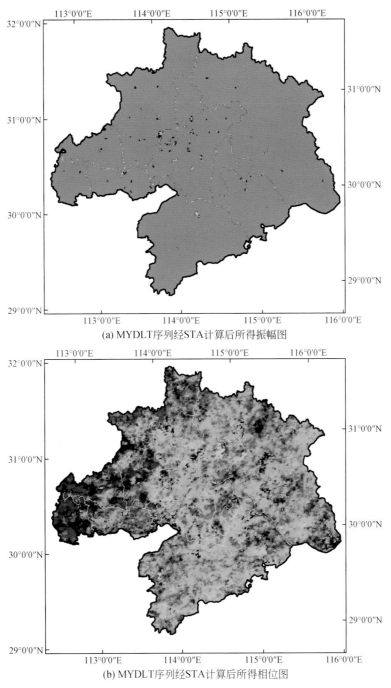

(a) MYDLT序列经STA计算后所得振幅图

(b) MYDLT序列经STA计算后所得相位图

图 7-15　MYDLT 序列经 STA 计算后所得振幅图和相位图（无量纲）

　　同时，由于振幅图和相位图是由描述季节趋势曲线的参数构成的，因此无法直观地解释振幅图和相位图的具体含义，将采取选样点的方式进行分析。实验选取 10 个观测位置

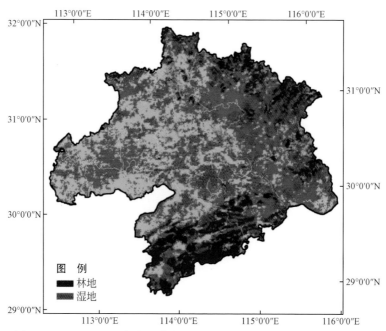

图 7-16  MODLT STA 振幅图像与 2010 年林地和湿地覆被分布的叠加图

（每个位置内包含 45 个像素点）并以 MODLT 序列为例（因 MYDLT 序列的季节性变化趋势不明显），对 STA 的分析结果进行解释。10 个观测位置的空间分布如图 7-17 所示。MODLT 序列经 SAT 分析后，10 个观测位置的季节曲线与观测曲线对比如图 7-18 所示。

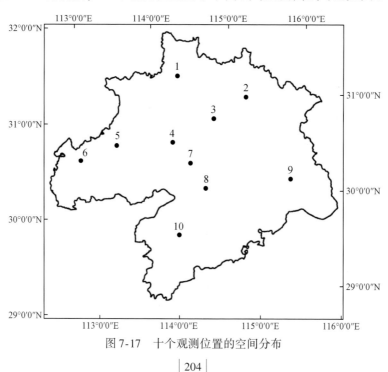

图 7-17  十个观测位置的空间分布

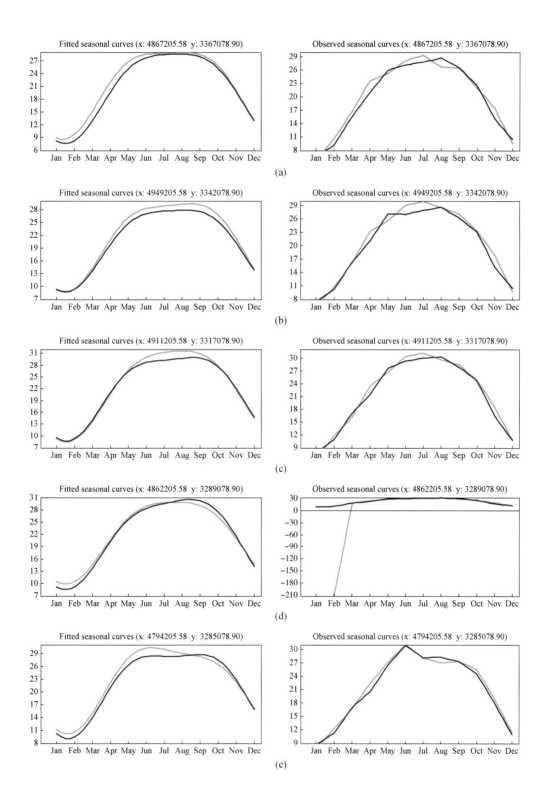

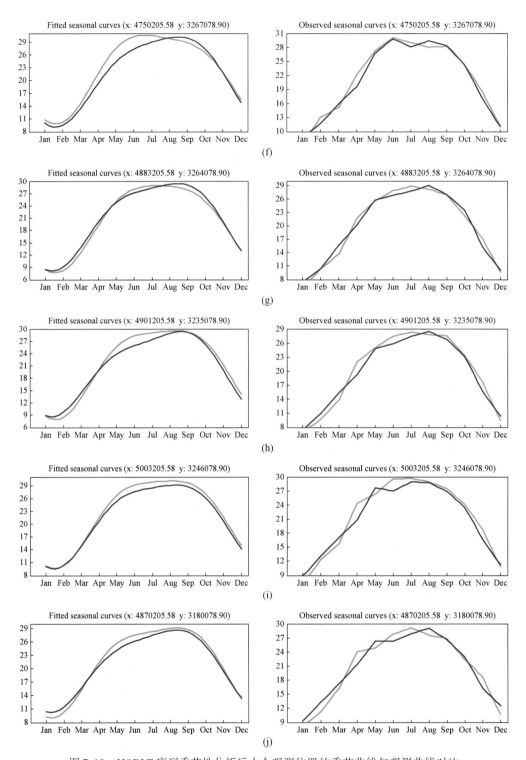

图7-18　MODLT序列季节性分析后十个观测位置的季节曲线与观测曲线对比

注：Y轴单位为℃；左侧为季节曲线，右侧为观测曲线；（a）～（j）依次为1～10号观测点的季节曲线与观测曲线对比

在图 7-18 中，对于每个观测位置，有两幅图，左图表示季节曲线，右图表示观测曲线。左图所表示的季节趋势线是拟合曲线，类似于一个回归趋势线或趋势面。它们的形状（和形状的趋势）是基于对整个序列（本实验中是 2003 年到 2010 年）的分析信息，为序列的开始年份和结尾年份制作的最佳拟合曲线。左图中绿色曲线代表序列初始年份的地表温度的变化趋势，红色曲线代表拟合后序列结尾年份的地表温度的变化趋势，两者形成初始年份和结尾年份的对比。这种处理方法的初衷是基于最大可能的信息量来做具体年份的抽象描述，从而避免受到短期变化的影响。右图所表示的观测曲线是使用观测值所构成的曲线，由于每个观测位置都包含 45 个像素点，因此对于任意观测位置的图表显示，均表示在当前观测位置上 45 个像素观测量的中值。右图中红色曲线表示序列开始年份的地表温度的变化过程，绿色曲线表示序列结尾年份地表温度的变化过程。在图 7-18 中，$X$ 轴均表示一年中的每个月（从 1 月到 12 月），$Y$ 轴均表示温度。在 STA 两步计算中的第二步是对这 8 个年份进行 Theil-Sen 中值趋势分析。Theil-Sen 中值趋势分析具有很强的鲁棒性，能够抵抗异常值的影响。事实上，只有超过 29% 的序列长度的异常值才会对 Theil-Sen 中值趋势产生影响。数据序列包含 96 个时相的图像，所以如果外界异常值或噪声没有持续 28（$96 \times 0.29 = 27.84$）个月以上，则中值趋势就完全不受影响。可见，这种季节性分析算法的意义在于，它也忽略了短期的年际气候的影响，其所描绘的 STA 季节趋势是长期的趋势（针对这一序列，是 3~8 年的长期季节趋势）。每个观测位置的右图是观测曲线，显示的是整个序列前 4 年（绿色曲线）和后 4 年（红色曲线）的每个月观测值的中值。观测曲线较为粗糙，涵盖的时间范围比较短（此处是 5 年），然而，它们可以作为"实际数据"对左侧季节曲线拟合进行"检查"。观测曲线对于长序列来说，非常有用，但对于短序列来说，就可能存在一定的问题，因此，相比于观测曲线，季节曲线（左图中的红色曲线）是对序列整体季节性的重要概括。从季节曲线中具体总结如下：对于 MODLT 序列，在部分观测位置出现了地表温度峰值后移的趋势，如图 7-18 中（d）、（e）、（f）、（g）。以（f）为例，该观测位置 2010 年 1~8 月的地表温度已经低于 2003 年同月份的温度，主要表现为红色曲线低于绿色曲线；同时，该观测位置 2003 年的地表温度峰值基本处于 6 月到 7 月之间，2010 年其地表温度的峰值已经推后至 8 月到 9 月之间。综合上述观测点的区域分布，可得如下结论，2003~2010 年，武汉城市群西部平原地区其地表温度峰值（卫星过境时）有延后趋势，这种变化的成因需进一步与观测区域 2003~2010 年来地表覆被变化及区域气候变化结合分析。同时，需要增加一些观测点与观测资料，进一步验证 STA 的计算结论。

## 7.2.5 时空模式

在对序列进行年际趋势和季节趋势分析以后，本节采用 7.1.1.2 节中所阐述的时空模式挖掘方法对温度序列数据的时空模式进行挖掘。

### 7.2.5.1 空间模式挖掘——T 型 PCA 分析

使用 T 型 PCA 对 MODLT 序列进行分析，结果如表 7-2 和图 7-19 所示。

表 7-2　MODLT 序列经 T-Mode PCA 分解后统计表

| 项目 | T 型 PCA 成分 | | | | | |
|---|---|---|---|---|---|---|
| | C 1 | C 2 | C 3 | C 4 | C 5 | C 6 |
| 变化比例/% | 27. 33 | 4. 6 | 4. 39 | 3. 12 | 2. 92 | 2. 27 |
| T 型 PCA 特征值 | 26. 24 | 4. 42 | 4. 21 | 2. 99 | 2. 8 | 2. 18 |

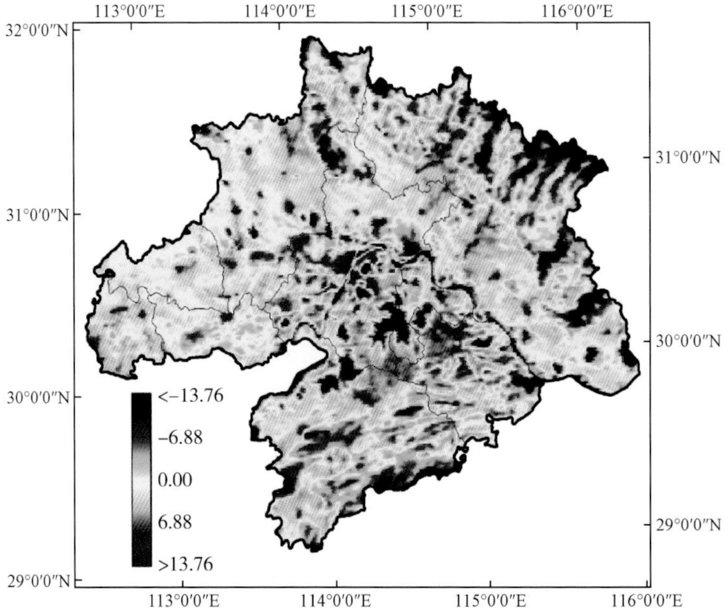

(a) MODLT序列经T-MODE PCA分解后的第一主成分

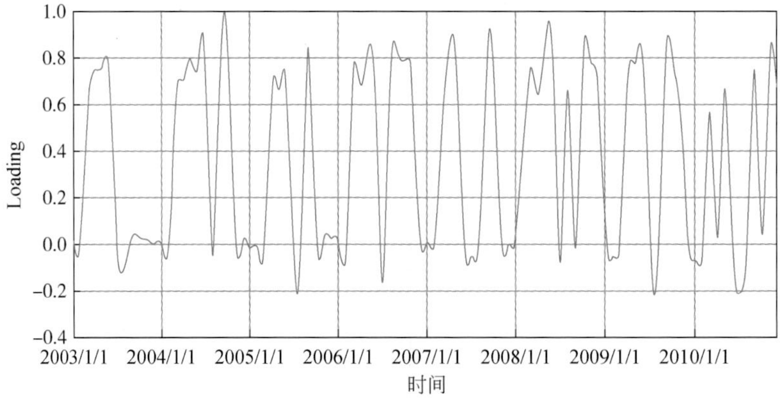

(b) MODLT序列中各图像的第一主成分载荷

图 7-19　MODLT 序列经 T-MODE PCA 分解后第一主成分的构成

表 7-2 显示了 MODLT 序列经过 T 型 PCA 分解后，各成分所占变化的比例以及相应的特征值。可知，第一主成分（模式）代表大约 27.3% 的序列变化。图 7-19（a）表示 MODLT 序列经过 T 型 PCA 分解后形成的第一主成分，正值部分（偏红色）表示升温区（与平均温度相比较），负值部分（偏蓝色）表示降温区（与平均温度相比较）。图 7-19

（b）表示 MODLT 序列中各图像与第一主成分（模式）的相关性（载荷），其中 $X$ 轴表示时间，$Y$ 轴表示相关性。从图 7-19（b）中可以看出，每年都有几幅相关性超过 0.6 的图像，说明这个空间模式经常出现。从相关性峰值来看，出现该模式的最可能的时间分布在每年的 4 月前后和 9 月前后。此外，也可看出该模式的出现具有半年度周期特性，即在图 7-19（b）中的每一年大多表现为两个峰值（除 2003 年、2008 年和 2010 年外）。总体来说，这是武汉城市群一种地表温度变化模式的空间分布，主要表现是在春季和秋季出现的，城区地表温度总体呈上升趋势，水域与森林的地表温度呈下降趋势，由于是标准化的主成分，因此，此处提到的升温和降温均是相较于平均温度而言的。

对 MODLT 序列经过 T 型 PCA 分解后所形成的第二主成分（模式）进行分析。第二主成分的构成如图 7-20 所示。

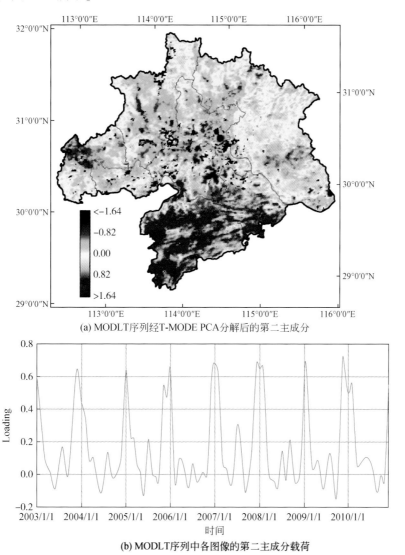

（a）MODLT序列经T-MODE PCA分解后的第二主成分

（b）MODLT序列中各图像的第二主成分载荷

图 7-20　MODLT 序列经 T-MODE PCA 分解后第二主成分的构成

由表 7-2 可知，第二主成分（模式）代表了大约 4.6% 的序列变化。从图 7-20（b）中可以看出，出现该模式的最可能的时间范围大约在 11 月至 1 月，与冬季的时间范围较为一致。总体来说，这是鄂东南低山丘陵、鄂东沿江平原和鄂东北低山丘陵区在冬季出现的一种地表温度变化模式的空间分布。与地表覆被分类图对照，表现为农田和水域的地表温度总体呈下降趋势 ［图 7-20（a）中趋向蓝色的区域］，而林地等植被覆盖区的地表温度呈上升趋势 ［图 7-20（a）中趋向红色的区域］，由于此处是标准化的主成分，因此，所提到的升温和降温均是相较于平均温度而言的。对于 2010 年来说，该模式则出现在 2 月份。与此同时，《2010 年湖北省气候监测公报》显示 "2 月 17～24 日我省出现一段异常高温过程，20～24 日全省大部最高气温创历史同期新高，24 日 16 站日最高气温 ≥25℃，主要分布在鄂东南大部和江汉平原南部"。气象站点的气温是点数据形式，从 T-MODE PCA 分解后的第二主成分来看，该模式的分布状况更清晰，体现为明显的红色增温区。

此外，将两个主成分进行综合分析，可以看出，这两个地表温度的变化模式的出现时间基本不重叠，说明两个成分在时间上正交。从模式的空间分布来看，在某些地区（比如部分林地）出现了重叠，这表明两个成分在空间上并未完全正交。从原理上讲，PCA 应该形成在时间和空间上均正交的成分，此处空间上的正交并未实现。出现这种情况，是由于存在多个地表温度的影响因子，在它们的共同作用下形成地表的温度变化，PCA 分解后形成的成分可能是多种因素的混合成分。今后将进一步研究处理这一问题的有效方法。由于其他成分的分析与上文所述相类似，所以此处不再赘述。

通常我们认为地表温度与季节有一定相关性，因此，进一步针对去除季节性的地表温度序列进行 T 型 PCA 分析，结果如表 7-3 所示。

表 7-3　去除季节性后的 MODLT 序列经 T-Mode PCA 分解的统计表

| 项目 | T 型 PCA 成分 | | | | | |
| --- | --- | --- | --- | --- | --- | --- |
| | C 1 | C 2 | C 3 | C 4 | C 5 | C 6 |
| 变化比例/% | 10.75 | 8.29 | 7.11 | 6.92 | 6.63 | 5.78 |
| T 型 PCA 特征值 | 10.32 | 7.96 | 6.82 | 6.64 | 6.37 | 5.54 |

图 7-21 和图 7-22 分别描述了去季节性后的 MODLT 序列经 T 型 PCA 分解形成的第一主成分及其相应载荷和第二主成分及其相应载荷。由两个载荷图可以看出，去除季节性后的结果可以更加明确地指出当前模式出现的时间。对于第一主成分，出现于每年的 2 月上旬与 8 月上旬，但 2005 年 2 月与 2008 年 8 月该模式均失效，即规律性被破坏。根据湖北省气象局《湖北省 2005 年汛期降水趋势预测》显示 "从去年 12 月到今年 2 月，我省平均气温为 1.5～6.7℃，与历年同期相比，偏低 0.4～1.7℃，中断了 1986 年以来持续 18 年的暖冬历史"。而 2008 年 6 月到 8 月汛期南方洪水波及浙江、安徽、江西、湖北、湖南、广东、广西、贵州、云南、福建、四川和重庆共 12 个省份。因此，规律性被破坏反映了异常天气状况的发生。特别是对于第二主成分，其载荷图像表明，除 2010 年之外，该模式最可能出现的时间均是三四月份，极具规律性。结合图 7-20（a），可以看出，暗红色区域在三四月份，会比城市群整体的平均温度高 1.42 度以上，趋于蓝色的区域（0 值以下的

部分），则会比城市群整体的平均温度低。但 2010 年，图 7-22（a）所示模式失效，即（b）中体现的模式的相关性显著降低。根据中国气象局 2010 年气候公报显示，"2010 年，我国极端天气气候事件频发，气象灾害造成的损失为本世纪以来之最"，同时，《2010 年湖北省气候监测公报》显示"春季气温偏低，出现倒春寒"。从（b）中的 2010 年度曲线可以看出，模式规律性的变化标志着极端天气气候的出现。

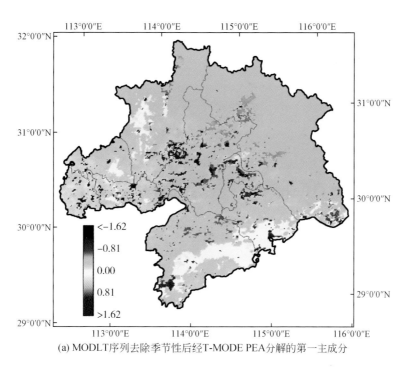

(a) MODLT序列去除季节性后经T-MODE PEA分解的第一主成分

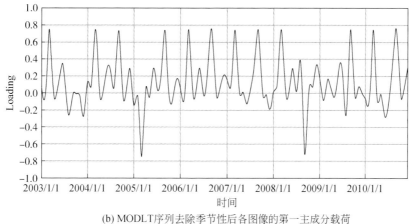

(b) MODLT序列去除季节性后各图像的第一主成分载荷

图 7-21　MODLT 序列去除季节性后经 T-MODE PCA 分解的第一主成分的构成

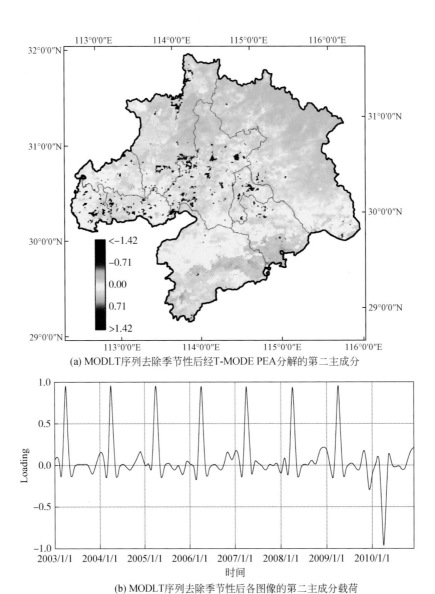

(a) MODLT序列去除季节性后经T-MODE PEA分解的第二主成分

(b) MODLT序列去除季节性后各图像的第二主成分载荷

图 7-22　MODLT 序列去除季节性后经 T-MODE PCA 分解的第二主成分的构成

## 7.2.5.2　时间模式挖掘——S 型 PCA 分析

使用 S 型 PCA 对消除季节性的 MODLT 序列进行分析，结果如表 7-4 所示。

表 7-4　去除季节性后的 MODLT 序列经 S-Mode PCA 分解的统计表

| 项目 | S 型 PCA 成分 | | | | | |
|---|---|---|---|---|---|---|
| | C 1 | C 2 | C 3 | C 4 | C 5 | C 6 |
| 变化比例（%） | 56.51 | 11.8 | 4.37 | 3.59 | 2.64 | 2.21 |
| S 型 PCA 特征值 | 32 728.94 | 6 836.67 | 2 529.96 | 2 081.58 | 1 529.11 | 1 278.8 |

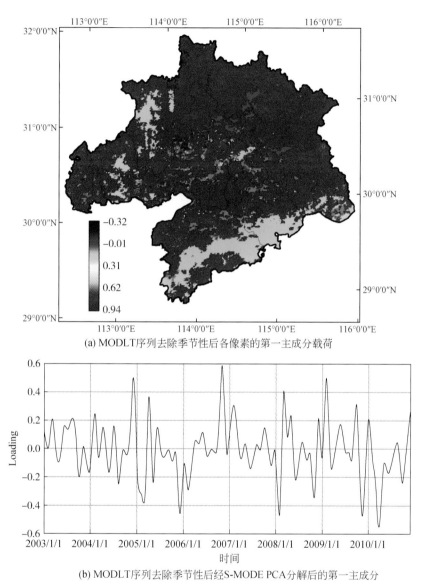

(a) MODLT序列去除季节性后各像素的第一主成分载荷

(b) MODLT序列去除季节性后经S-MODE PCA分解后的第一主成分

图 7-23　消除季节性的 MODLT 序列进行 S 型 PCA 分解后形成的第一主成分的构成

图 7-23 显示了消除季节性的 MODLT 序列经过 S 型 PCA 分解后，各成分所占变化的比例以及相应的特征值。图 7-23 中（a）表示每个空间位置（像素）与第一主成分（模式）的相关性（载荷，取值为–1~1），（b）表示消除季节性的 MODLT 序列经过 S 型 PCA 分解后，产生的第一主成分（时间模式）。$X$ 轴表示年份，$Y$ 轴表示地表温度。该成分表示地表温度（卫星过境获取数据时）在整个空间范围内重复出现的时间模式。由表 7-4 可知，第一主成分（模式）代表大约 56.5% 的序列变化。从图 7-23（a）中可以看出，红色区域的像素与该时间模式具有高度相关性，这表明在红色区域的每一个像素的时间序列都

在一定程度上包含这个时间模式（成分）。从图 7-23（b）中可以看出，2006 年 9~10 月份出现了红色区域地表温度的极高值，这在一定程度上与气候异常有关。《2006 年中国气候公报》显示："今年是我国 1951 年以来最暖的一年；百年一遇超强台风'桑美'登陆我国；强热带风暴'碧利斯'横扫我国南方七省（自治区）。"

## 7.2.6　小结

主要结论如下（下述结论中提到的地表温度均为卫星过境时温度，文内不再重复注明）：

针对年际趋势，实验表明，对于短期（小于 30 年）且包含一定噪声影响的数据，使用中值趋势法分析年际趋势更适宜。

在季节趋势方面，实验表明，2003~2010 年，江汉平原地区其地表温度峰值（卫星过境时）有延后趋势。

在时空模式方面，针对空间模式，主要探讨了几种空间模式规律性的改变所反映的天气气候异常状况，主要包括 2010 年 2 月主要分布在鄂东南大部和江汉平原南部的异常高温天气，2010 年春季的"倒春寒"以及 2005 年的"前冬异常"打破了持续 18 年的暖冬历史。针对时间模式，主要探讨了一种时间模式规律性的改变所反映的天气气候异常状况，即在 2006 年——"暖年"——的作用下，9~10 月份城市群局部地区出现的地表温度的极高值异常。

# 第 8 章 ｜ 生态保护和管理对策与建议

## 8.1 城市群生态保护和管理对策建议

### 8.1.1 武汉城市群城市化对生态环境的影响

#### 8.1.1.1 人口增长和经济发展产生的影响

武汉城市群人口的增长和经济的发展会增加了土地资源、水资源、能源的压力，同时也加剧了环境污染。

从土地资源来看，人口增长和经济发展会导致不透水地面的增加、耕地的减少；从水资源来看，人口增加后用水量就会相应增加，同时排放的污水也相应增加，人均水资源也就必然减少，而要维持日常用水，则必须开采更多的水资源，这就造成水资源缺乏日益严重；从能源角度来看，由统计数据可以发现，2000～2010 年武汉城市群各城市能源利用强度（单位国土面积能耗量）呈增大趋势；从环境污染角度来看，人口增长和经济发展导致大量工农业废弃物和生活垃圾排放到环境中，影响环境的纳污量以及对有毒、有害物质的降解能力，加剧环境污染，这也会对人类的健康产生影响。

#### 8.1.1.2 自然、半自然生态系统向人工生态系统转变产生的影响

随着武汉城市群城市化进程的发展，城市群内大量的农用地转化为城市建设用地，使得处于原生态的复杂多样的自然、半自然状态的农田、林地、草地、湿地等生态系统快速转变为人工的城镇生态系统。城镇用地占用农用地的过程，使得城市硬化地面代替农用地，植被覆盖率下降，下垫面形状发生较大变化，致使生物多样性减少、城市热岛效应增强。

#### 8.1.1.3 湖泊湿地资源萎缩产生的影响

湖北省素有"千湖之省"之称，武汉城市群内湖泊众多，水量充沛，资源丰富，历来具有便利灌溉、发展水产、沟通航运、输送工业用水、美化环境、改善湖区气候等多种功能。但由于大规模的围湖造田，造成城市群湿地面积减少，根据 1980～2010 年的遥感数据，武汉城市群湿地面积减少 451.6km²，所占国土面积比例由 13.3% 降至 12.5%。湖泊湿地的萎缩，带来明显的生态环境问题，主要表现在三个方面：一是水体、水面大幅减少

后，纳污净化能力衰退甚至丧失，加速了湖泊水质的恶化；二是蓄水调洪功能减弱，产生滞涝灾害的机会增多，受灾程度增加，加重防洪排涝的压力；三是水生类动植物、水禽等的生存环境受到破坏，其种类和数量大量减少。

## 8.1.2 武汉城市群生态保护和管理对策建议

### 8.1.2.1 生态环境污染防治

（1）水环境污染防治

1）严格保护饮用水源。禁止在饮用水源一级、二级保护区布设排放污水项目；严禁在饮用水源水库内进行养殖生产和旅游开发；结合区域经济社会发展和产业布局，统筹考虑城市群取水与排污体系，调整和优化城市群地表水环境功能区划，重点对武汉—鄂州—黄冈长江经济走廊、城市群汉江沿线城镇、武汉—孝感府河沿线城镇及环梁子湖流域的水环境功能区划进行优化调整；严格控制沿江开发活动。

2）加强水污染治理。加快城市群城镇污水处理厂建设，逐步提高污水处理建设标准；推进乡镇及有条件的村落开展生活污水和畜禽养殖污染综合治理；加强长江、汉江等重点流域水污染防治；加强农业面源污染控制，加大农药、化肥使用的监督管理，禁止高毒农药的生产、销售和使用，推广配方施肥，鼓励施用有机肥和秸秆还田，控制氮肥施用量。

3）打造"一线、十八脉、三十六湖库"生态水网。"一线"即是长江，要充分利用岸线资源，优化沿江产业布局，统筹排取水格局，控制入江污水和污染物总量，打造沿江生态走廊；"十八脉"就是城市群内包括汉江、巴水、举水、倒水、陆水、金水等在内的18条长江支流，遵循流域自然规律，统筹流域经济社会发展需求和水环境承载能力，实施流域水环境与水资源综合整治与保护，确保河流水质总体达到 II～III 类水质标准。"三十六湖库"就是城市群内洪湖、黄盖湖、斧头湖、梁子湖、东湖等 20 个重要湖泊和王英水库、富水水库、道观河水库等 16 个重点水库。这些重要湿地资源是武汉城市群独具特色的生态资源，要严格控制湖泊及水库周边工矿企业及房地产开发。

（2）大气污染治理

1）治理工业污染。主要措施有：对重点污染企业和未达标的企业，限期达标，凡超过期限未达标者一律停产；通过企业的技术改造治理工业污染，采用高新技术，合理利用煤炭资源，推广型煤，改进燃烧方式，不具备使用低硫的燃煤工业必须采取有效的脱硫措施；采用清洁能源，依托武汉城市群的水利资源优势，大力开发利用水利资源，努力利用太阳能、风能等清洁能源。

2）治理机动车污染。武汉城市群的大气污染有从煤烟型向机动车尾气和煤烟混合型发展的变化趋势，机动车尾气污染亟待治理。治理重点是改革燃料和改进汽车结构。主要措施有：严格按照国家标准报废机动车；制定、完善防治汽车尾气污染的有关法规，加强尾气排放监督检查；限期机动车尾气达标，超标一律停驶并从重处以罚款；根据国际惯例制定城市大气污染警报限值，大气质量超出警报限值，强行停驶造成污染的机动车；限期不再增加新柴油车，不达标的新型汽油车等一律不得在市区销售和上牌照；市区汽车加油站销售的燃油必须符合国家标准。

（3）固体废弃物污染治理

增强固体废弃物处理能力，提高生活垃圾处理处置率，逐步建立废弃物处理认证制度，建立区域性可再生资源回收体系，将固体废弃物能源化利用技术广泛应用到固体废弃物的资源化工程建设中，不断推进再生资源产业的发展。

### 8.1.2.2 加强生态系统保护与恢复建设

增强固体废弃物处理能力，提高生活垃圾处理处置率，逐步建立废弃物处理认证制度，建立区域性可再生资源回收体系，将固体废弃物能源化利用技术广泛应用到固体废弃物的资源化工程建设中，不断推进再生资源产业的发展。

### 8.1.2.3 强化生态环境与经济的协调发展，建设生态经济体系

（1）优化产业结构

武汉城市群是国家重要的粮棉油生产基地和"鱼米之乡"，其农业和工业发展水平较高，而第三产业和高新技术产业的发展对区域发展的驱动作用不明显。应以科学发展观为指导，加快产业结构的优化升级，大力发展先进制造业，加大电子信息、生物工程与新医药、光机电一体化、新材料与环保产业等高新技术产业的发展，严格控制高能耗、重污染、生态环境影响系数高的产业大幅度增长；坚持走新型工业化道路，广泛应用高新技术和先进适用技术改造提升冶金、机电、化工、建材、轻纺、食品等传统制造业；广泛开展循环经济，通过产品生态设计、清洁生产、废弃物无害化处理以及零排放闭路循环生产，促进节能降耗、减轻污染。

（2）产业合理布局

为避免武汉城市群各城市之间产业趋同、重复投资、恶性竞争的现象，应统筹考虑各地区的资源优势和产业优势，对该区生态经济产业进行合理布局，建设三大产业集聚带：①以武汉东湖高新技术开发区为主要辐射极，推进光子信息、钢铁及新材料、生物工程及新医药、环保等产业的发展，建设黄石、鄂州、黄冈、咸宁产业聚集带；②以武汉经济技术开发区为主要辐射极，推进汽车制造、生产设备、精细化工、轻工食品、出口加工等的发展，建设仙桃、天门、潜江产业聚集带；③以武汉吴家山海峡两岸科技产业园区为主要辐射极，推进汽车零部件、食品加工、农产品加工及盐磷化工等的发展，建设孝感产业聚集带。

（3）大力发展生态工业

生态工业建设要在整合各类工业园区的基础上，按照产业链、供应链的有机联系，逐步实现上、中、下游物质与能力逐级传递、资源循环利用，污染物减量排放，积极推行清洁生产，发展循环经济，提高资源综合利用率。在武汉城市圈范围内，重点推进国家级和省级循环经济示范区的建设，如青山区循环经济示范区、东西湖区循环经济示范区等，形成品牌和联动效应，使工业园成为产业聚集、链条完整、多层次、多元化的工业集群。

（4）加快生态农业的发展

要充分发挥江汉平原湖区大型商品粮基地的作用，加快天门、孝感、仙桃等地大型优质粮基地建设，在农业生产过程中，大力推广有机肥和有机食品的生产，防止化肥中氮磷向湖中排放与污染。大力发展观光农业，开展果蔬、花卉的种植和养护，集农业资源利用、开发和保护于一体，强化农业的观光、休闲、娱乐和教育等功能，形成具有第三产业特征的新型农业生产经营方式。

（5）积极发展生态旅游业

武汉城市群内自然资源与人文历史资源极为丰富，名山名水名镇名楼星罗棋布，荆楚文化的特色及魅力尽在其中，具有较强的发展潜力与优势。要进一步挖掘和整合生态旅游资源，规划、设计并推出一批生态旅游产品，构建武汉大都市旅游中心区，在武汉周边重点开发一批高质量的温泉、山、湖泊型休闲度假区，加快发展黄冈、武汉、孝感等红色旅游系列产品，坚持旅游开发与生态环境建设同步规划、同步实施。

#### 8.1.2.4　加强生态环境保护的制度与机制建设

目前，武汉城市群的资源利用中依旧存在高浪费、高消耗、低效益、低付费的现象，这在很大程度上归因于资源产权制度及资源管理制度的不完善。为了改善武汉城市群的生态环境，必须建立资源产权和资源约束机制，完善资源产权分配制度，提倡有偿使用的管理模式，即任何对资源的经营者、开发者和使用者在获得经营收益的同时，应采取谁受益谁付费的原则。这样可以迫使部分企业不得不改变生产经营方式，主动寻求技术革新，采用新流程、新技术、新管理等措施，有效地对资源的过度、无序利用和开发起到约束作用，减轻资源浪费和环境污染的程度。

武汉城市群不仅要治理已经被破坏的环境，更要大力保护未遭破坏的环境，建立生态环境补偿机制是武汉城市群坚持走循环经济、可持续发展经济的战略决策。首先，需要从立法方面进行保护，为建立生态环境补偿机制提供法律依据。其次，建立健全"绿色GDP"理念，使生态环境保护和经济建设和谐发展、相辅相成、实现双赢的远景和理想，深化建立生态环境补偿机制的经济意义和社会意义。最后，建立生态环境补偿机制，培养生态环境保护和可持续发展意识，形成社会效应。

# 8.2　重点城市生态保护和管理对策建议

## 8.2.1　武汉市城市化对生态环境的影响

### 8.2.1.1　生态质量问题

（1）绿地面积急剧减少

城市绿地具有重要的生态作用，如吸收有毒气体、滞尘效应、降低噪声、改善热环境、增加空气湿度、降低温室效应等。然而随着武汉市城市化的迅速发展，绿地的面积也在急剧减少，严重降低了城市生态质量。2000～2010年，武汉市的绿地面积减少了约6000km²，人均绿地面积从736.21m²/人下降到587.31m²/人。尤其是江岸、江汉、硚口、武昌、青山这几个中心城区，到2010年，绿地覆盖率均小于5%，而人均绿地面积均小于4m²/人。《城市绿化规划建设指标》规定，城市人均公共绿地面积2000年达到5～7m²，2010年达到6～8m²；城市绿地率2000年达到25%，2010年达到30%；城市绿地覆盖率相应为30%和35%，武汉市的绿地覆盖率及人均绿地面积均明显低于规定水平。

（2）自然、半自然生态系统向人工生态系统急剧转变，生物多样性降低

武汉市城市空间形态迅速扩展，导致大量的农用地转化为城市建设用地，使得处于原生态的复杂多样的自然、半自然状态的耕地、林地、草地、水域等生态系统快速转变为人工城市生态系统。植被覆盖率下降、下垫面形状发生较大的变化，致使生物种类减少，生物多样性降低。尤其是森林资源的大量减少，生态平衡遭到严重破坏。随着森林面积的日益缩小，破坏了一些动物的生存条件，不少有经济价值的动物数量急剧减少。

而自然、半自然生态系统向人工生态系统的转变在短期内往往是不可逆的，这给城市生态环境带来了很大的隐患。

（3）湖泊湿地资源萎缩，生态功能退化

武汉市以"江城"著称，是全世界水资源最丰富的巨大型城市，除长江、汉水在城中交汇外，市辖区内共有166个湖泊，故又得名"百湖之市"，水域面积占全市土地面积的1/4，构成了武汉气势恢宏、极具特色的滨江滨湖水生态环境。湖泊具有调节河流、便利灌溉、发展水产、沟通航运、输送工业用水、美化环境、改善湖区气候等多种功能，但是近年来由于大规模的围湖造田，造成湖泊面积骤减，湿地功能退化。到2010年，武汉市的湖泊已经减少到20余个，水面面积减少了55%。

湖泊湿地的严重萎缩，带来明显的生态环境问题，主要表现为三个方面：一是水体、水面大幅减少后，纳污净化能力衰退甚至丧失，加速了湖泊水质的恶化；二是蓄水调洪功能减弱，产生洪涝灾害的机会增多，受灾程度增加，加重了防洪排涝的压力；三是水生类动植物、水禽等的生存环境受到破坏，其种类和数量大量减少。

## 8.2.1.2 环境污染问题

（1）地表水环境质量下降

随着城市人口的不断增长，社会经济的迅速发展，武汉地表水环境质量逐渐下降。武汉市河流三类以上水体比例在下降，主要湖泊富营养化指数也在增加，且均为中营养程度。

（2）酸雨频度增加

武汉市2010年二级达标天数较2002年约多了51天，空气达标率升高，但是酸雨发生频率却在增加。酸雨对于土壤、农作物、水体、森林等都具有很大的危害，如促进土壤中有毒重金属元素的活化、导致土壤酸化、降低农作物种子的发芽率和蛋白质含量、导致湖水酸化、降低水产量等。

（3）固体废弃物排放量增大

固体废弃物中生活垃圾所占比重增长明显，导致城乡景观污染。工业固体废物不仅其本身是污染物，会直接污染环境，而且经常以水、大气和土壤为媒介污染环境。

### 8.2.1.3　生态环境胁迫效应显著

（1）城市人口密度日益增加

武汉市中心城区的人口密度不断增加，而新城区的人口密度维持不变或略有减小。这说明武汉市的人口不断向中心城区集中，中心城区人口稠密，尤其是硚口区和江汉区，人口密度超过 10 000 人/km²。密集的人类活动需要占用大量的资源和环境，对生态环境产生严重的胁迫。

（2）经济活动强度急剧增加

武汉市各区县的经济活动强度（单位国土面积 GDP）逐年增大，代表武汉市经济的快速发展，但同时也带来更显著的生态环境胁迫效应。此外，武汉市内各区县的经济活动强度呈现明显的区域性，主要表现为：中心城区经济活动强度基数大，增长快；新城区经济活动强度基数小，增长慢。这表明武汉市的经济发展两极分化明显，且有加剧分化的趋势。

（3）城市热岛效应问题

由于全国气候以及武汉市生态系统结构的变化，2000~2010 年，武汉市夏季的平均温度有所降低，近年来已经摘掉了"四大火炉"之一的帽子，整体的城市热岛强度也有所减弱。从武汉市的各个区县来看，各区的温度及热岛强度呈现不同的变化趋势，主要表现为：中心城区温度降低，热岛强度减弱；新城区温度升高，热岛强度增大。这表明武汉市城乡温度差异正在减小，而从武汉市的温度分布图上可以看到武汉市高温区域的范围正在不断扩大，其主要原因是机动车辆的增加、人工下垫面的增加、人工热源的增加、绿地和水体的减少，这种趋势反映了武汉市整体热环境在恶化。

## 8.2.2　武汉市生态保护和管理对策建议

### 8.2.2.1　加强生态系统保护和恢复建设

对受人为活动干扰和破坏的生态系统（主要包括绿地和湿地生态系统）进行生态恢复和重建是生态保护重要举措。

（1）绿地的保护和恢复

武汉市的城市形态应以自然山水轴线为基本框架，武汉市特有的"两江交汇，龟蛇锁大桥"自然景观画面构成城市生态建设的主体。市内大小湖泊、山体点缀其中，构成武汉市生态空间的基本斑块。以东湖、南湖、龙阳湖、墨水湖、汉口五湖等为主构建生态绿心，结合荒山绿化，林地建设以及风景区、森林公园、自然保护区等的建设，分阶段有计划地完善郊区风景林地、城镇绿地和农田绿地，保护原生的绿化系统。

加快生态林网建设，依托武汉市域内的自然山水资源，积极推进封山育林、人工造林进程，以加强自然保护区、森林公园内的生态绿地建设为重点，通过对滨湖绿化、交通干线绿化、山林农田林网绿化，建设山水一体的生态林网体系。同时，结合道路、广场、水系绿化，建设城市生态走廊和生态环，形成相互联系的环形放射状框架结构。市域范围内形成以长江为纵轴，以东西向山系为横轴，以联系主城绿心的低密度区为生态内环，以绕城的绿色生态环为外环，以对外交通干线为交通生态廊道，形成环形放射状生态框架。最终形成以自然山水景观分割城市的空间形态，体现滨水城市的空间特征，以利于对武汉市生态环境质量的改善。

（2）湿地的保护和恢复

随着近年来武汉城市群的快速发展，位于武汉市区域中的湿地被大规模开发和利用，致使武汉市湿地资源的面积大幅减少、自然湿地面积减少、湿地景观破碎度增加、湿地景观转移等。面对武汉市城市建设对湿地景观造成一定程度的破坏，只是靠湿地管理是不够的，应该采取更多的措施，减缓人为因素造成的湿地退化，尽可能地恢复已经退化的湿地生态系统，采取的主要措施如下。

1）恢复植被、控制水土流失。植被可以防止雨水对土壤冲刷和侵蚀，它的根系可直接团结土壤、盘结泥沙、防止水土流失；保护河流及湖库等不致淤塞，免于洪水泛滥。此外植被对湖泊的演变、沼泽的形成也有一定的影响。为了保护武汉市湿地生态环境，要继续在武汉市内实施天然林保护、退耕还林、植树造林、构建长江防护林体系、水土保持和流域综合治理等生态建设工程，进一步提高武汉市森林覆盖率。要在大型水库和湖泊四周兴建防护林带，尤其是丘陵平原区的水库和湖泊，库湖四周防护林不仅能防止水土流失，还能减轻农业污染物对湿地的污染。

2）退田还湖，清淤扩湖。武汉市湖泊是武汉市主要的自然湿地类型，而近年来武汉市的湖泊湿地大幅减少，围垦是武汉市湖泊面积和数量减少的首要因素，湖泊淤积是造成湖容减少和湖泊老年化、营养化的主要原因。因此武汉市要保护现有城市湖泊湿地的面积与容积，确保其各项间接使用功能的有效发挥。在具体措施上，可采取退耕还湖、禁止围湖垦殖、填湖建房等。通过退田还湖、清淤扩湖，增大湖泊的面积、数量以及湖容，恢复湖泊的调节能力，发挥湖泊应有的效益，并尽可能地减少筑坝，引水工程对天然湖泊、河流的水文影响。

3）实施退化湿地生态系统恢复和重建工作。生物多样性指所有来源的活的生物体中的变异型，这些来源包括陆地、海洋和其他水生生态系统及其构成的生态综合体生物多样性，取决于生态系统中生物链的稳定性。而生物链的稳定性又是由环境决定的，生物多样性的状况最终由其生存环境和整个生态系统决定。武汉市湿地野生动物资源十分丰富，随着人口的迅猛增长和武汉市城市群的快速发展，武汉市的野生动物种类和数量大幅减少，而野生珍稀动物是生物多样性研究和保护的重要目标，保护生物多样性的目的是为了整个生态系统的平衡和人类的可持续发展，生物多样性的价值不仅体现在濒危物种上，更重要的体现在生态系统和与人类的关系上。对武汉市各类型湿地退化的现状和原因作进一步研究，研究其退化及逆转的过程与机理，完善恢复与重建技术。对武汉市生态系统机构和功能严重退化的湿地采取的恢复与重建措施包括：清泥与晒泥、换水、污染处理、重建江湖联系、生物操纵、植物浮岛、重植湿地植被等方法。

### 8.2.2.2 加强环境污染的防治

（1）水环境污染防治

加大水源地保护宣传和执法力度，严格执行《中华人民共和国水污染防治法》和《饮用水水源地水源保护区污染防治管理规定》的要求，加强武汉市饮用水水源地的环境监管，开展生态环境监察。

加大水源地基础设施建设力度，完善污水收集管网建设，加强垃圾收集处置工程建设，在饮用水水源地一级保护区的边界上设立若干生物隔离和物理隔离，在二级保护区及准保护区边界上设立适当数量的界碑和界桩等醒目标识，让附近的居民明确水源地保护区的范围。

推进生态修复工程建设，以河道两侧及湖库周边为重点，通过适当的生物和工程措施，发挥灌木和水生植物的水质净化功能，维系河道及水库周边生态系统。推广水库内生态修复及生物净化技术，通过建设人工湿地来防治污水。

推进乡镇及有条件的村落开展生活污水和畜禽养殖污染综合治理；加强农业面源污染控制，加大农药、化肥使用的监督管理，禁止高毒农药的生产、销售和使用，推广配方施肥，鼓励施用有机肥和秸秆还田，控制氮肥施用量。

（2）大气污染治理

在大气污染治理方面需进一步加强酸雨控制。由于武汉市所处的江汉平原及鄂东沿江城市地形开阔、风速大，逆温出现的频率小，大气混合层高度一般是西部地区的 $3 \sim 5$ 倍，大气扩散条件好，局部地区排放的污染物输送范围广，可随大气流迁移至几十至几百千米外的地区。因此，武汉市受外地污染物的影响不大，酸雨的形成的主要原因应为本地源的排放。武汉市的酸雨主要以硫酸型为主，因此对 $SO_2$ 的排放控制是控制酸雨的主要措施。但是，近几年由于机动车辆的大量流通，使得 $NO_x$ 的排放量大为增加，也增加了大气中的污染负荷。因此，对机动车尾气的控制也是一个重要方面。

（3）固体废弃物污染治理

增强固体废弃物处理能力，提高生活垃圾处理处置率，逐步建立废弃物处理认证制度，建立区域性可再生资源回收体系，将固体废弃物能源化利用技术广泛应用到固体废弃物的资源化工程建设中，不断推进再生资源产业的发展。

（4）水土流失及土壤污染防治

加强水土流失综合治理和小流域建设，施行水土保持监督执法，各类生产建设项目须严格执行水土保持工作的"三同时"制度，有效控制工程建设中的植被破坏和人为水土流失现象，改善生态环境。开展污染土壤生态修复和治理的试点工程，重点做好重金属污染及化学农药污染的土壤治理和修复，在基本农田保护区、主要农产品生产基地，建设一批土壤综合治理示范工程。

### 8.2.2.3 强化生态环境与经济的协调发展，建设生态经济体系

（1）加快城市环境基础建设，全面改善生态环境

积极支持环保项目建设。加快城市污水处理厂建设，完善污水收集管网。加强生活垃

圾焚烧、填埋等无害化处理设施建设，推行生活垃圾分类收集、运输及处理，完善垃圾收集、转运系统。加强工业固体废物的处置利用，强化医疗、放射性等危险废物收集、运输、处置的全过程监管。

（2）强化环境执法监督

加快制定完善环境管理与资源保护方面的地方性法规、制度。加强重点项目的环境监管，全面实施排污申报、排污许可证制度，建立重点污染源在线监控系统，确保重点污染源稳定达标排放。

（3）调整产业结构，优化城市空间布局

应该以组织结构、产品结构、技术结构、资产结构等方面作为产业结构调整的主要内容，把武汉市武汉产业结构调整的战略定位为：改造传统工业、扶持高新产业、振兴"武汉制造"、发展现代服务业、推进都市农业。应该将电子信息、生物医药、精细化工和光机电等作为战略性主导产业，以第三产业的发展带动第二产业的发展，大力培植教育、住宅、软件等新兴产业，加快对纺织、化工、建筑、造船等传统产业的技术改造，以投资增量的变化引导产业结构调整。

大力调整产业结构，推进经济增长方式转变，使武汉从老工业基地、传统商贸重镇向先进制造业、现代服务业中心转变。要积极发展循环经济和节约经济，推进清洁生产，培育环保节能型产业，淘汰落后工艺、设备和产品。要按照城市总体规划分类发展，突出中心城区居住、金融、商贸及科教文化功能，加快污染企业搬迁改造，提高工业园区内循环产业聚集水平，实施污染分类控制、集中处理，对居民小区合理规划，建设集中式生活服务设施，完善公共绿化配置。

（4）改变生产方式发展生态生产

生态工业模式。生态工业建设要在整合各类工业园区的基础上，按照产业链、供应链的有机联系，逐步实现上、中、下游物质与能量逐级传递，资源循环利用，污染物减量排放，积极推行清洁生产，发展循环经济，提高资源综合利用率。

生态农业模式。在农业生产过程中，大力推广有机肥和有机食品的生产，防止化肥中氮磷向湖中排放与污染。大力发展观光农业，开展果树、蔬菜、花卉的种植和养护，集农业资源利用、开发和保护于一体强化农业的观光、休闲、娱乐和教育等功能，形成具有第三产业特征的新型农业生产经营方式。

生态旅游业模式。武汉位于湖北省中部、江汉平原的东部，有着丰富的自然资源和悠久的历史文化。市内 100 多处湖泊星罗棋布。数十座山峰蜿蜒其间，素有"九省通衢"之称和"江城"的美名。这里也是千年荆楚文化的发源地，具有浓郁的楚文化特色，是我国的历史文化名城之一。发展武汉市生态旅游应搞好城市生态园林绿地系统规划，做好生物多样性保护工作，增强资源保护、生态保护意识。此外，还要进一步挖掘和整合生态旅游资源，规划、设计并推出一批生态旅游产品，构建武汉大都市旅游中心。

（5）依靠科技进步，节能减排

加大环境保护科技投入，加快科技成果在环境污染治理中的转化应用。依靠科技进步，推广节能减排的新技术、新工艺、新设备，提高资源、能源的利用率，减少排放。

# 参 考 文 献

陈爱莲，孙然好，陈利顶. 2012. 基于景观格局的城市热岛研究进展. 生态学报, 14: 4553-4565.

陈鹤影. 2008. 城市扩张与生态环境效应: 益阳等中小城市土地扩张的特征及其影响因素的研究. 管理观察, (11): 17-23.

陈玉光. 2015. 城市空间扩展的动力、制约因素与基本模式. http://www.curb.com.cn/dzzz/sanji.asp? idforum=012972 [2015-10-05].

储洁琪. 2011. 对未知轨道参数遥感影像的几何校正模型的研究. 南京: 南京理工大学学位论文.

丁尚文，王惠南，刘海颖，等. 2009. 基于对偶四元数的航天器交会对接位姿视觉测量算法. 宇航学报, 30 (6): 2145-2150.

董良鹏，江志红，沈素红. 2014. 近十年长江三角洲城市热岛变化及其与城市群发展的关系. 大气科学学报, 2: 146-154.

方创琳，鲍超，乔标，等. 2008. 城市化过程与生态环境效应. 北京: 科学出版社.

方圣辉，刘俊怡. 2005. 利用 Landsat 数据对武汉城市进行热岛效应分析. 测绘信息与工程, 2: 1-2.

葛伟强，周红妹，杨何群. 2010. 基于 MODIS 数据的近 8 年长三角城市群热岛特征及演变分析. 气象, 11: 77-81.

公安部治安管理局. 2010. 中华人民共和国全国分县市人口统计资料 (2010). 北京: 群众出版社.

龚辉. 2008. 基于四元数的线阵 CCD 影像定位技术研究. 郑州: 解放军信息工程大学学位论文.

龚健雅. 2007. 对地观测数据处理与分析研究进展. 武汉: 武汉大学出版社.

巩丹超，邓雪清，张云彬. 2003. 新型遥感卫星传感器几何模型: 有理函数模型. 海洋测绘, 23 (1): 31-33.

巩丹超，张永生. 2003. 有理函数模型的解算与应用. 测绘学院学报, 20 (1): 40-41

关元秀，程晓阳. 2008. 高分辨率卫星影像处理指南. 北京: 科学出版社.

胡瀚文，魏本胜，沈兴华，等. 2013. 上海市中心城区城市用地扩展的时空特征. 应用生态学报, 24 (12): 3439-3445.

胡江华，柏连发，张保民. 1996. 像素级多传感器图像融合技术. 南京理工大学学报, 20 (5): 453-456.

湖北省测绘局. 2009. 武汉城市圈地图集. 北京: 中国地图出版社.

花利忠，崔胜辉，黄云凤，等. 2009. 海湾型城市半城市化地区空间扩展演化: 以厦门市为例. 生态学报, 29 (7): 3509-3517.

黄焕春，运迎春. 2012. 基于 RS 和 GIS 的天津市核心区城市空间扩展研究. 干旱区资源与环境, 26 (7): 165-171.

黄慧萍，吴炳方，李苗苗，等. 2004. 高分辨率影像城市绿地快速提取技术与应用. 遥感学报, 8 (1): 68-74.

黄敏，杨海舟，余萃，等. 2010. 武汉市土壤重金属积累特征及其污染评价. 水土保持学报, 4: 135-139.

黄颖. 2007. 基于遥感与景观指数的土地利用/覆盖变化及格局分析: 以长沙地区为例. 长沙: 中南大学学位论文.

贾永红，等. 2003. 数字图像处理. 武汉: 武汉大学出版社.

江刚武，姜挺，王勇，等. 2007. 基于单位四元数的无初值依赖空间后方交会. 测绘学报, 36 (2): 169-175.

江万寿，张祖勋，张剑清. 2002. 三线阵 CCD 卫星影像的模拟研究. 武汉大学学报, 27 (4): 414-419.

蒋晓瑜. 1997. 基于小波变换和伪彩色方法的多重图像融合算法研究. 北京：北京理工大学学位论文.

焦伟利，何国金，庞小平，等. 2015. 武汉城市群城市化与生态环境地图集. 北京：测绘出版社/中国地图出版社.

匡薇，马勇刚，李宏，等. 2014. 中亚 1999-2012 年间土地退化强度与趋势分析. 国土资源遥感，4：163-169.

雷蓉. 2011. 星载线阵传感器在轨几何定标的理论与算法研究. 郑州：解放军信息工程大学学位论文.

李德仁，张过，蒋永华，等. 2016. 图像光学卫星影像几何精度研究. 航天器工程，25（1）：1-9.

李孟倩. 2013. 基于 WorldView-2 数据和 RapidEye 数据的几何校正及精度分析. 北京：中国地质大学学位论文.

李爽，李小娟，孙英君，等. 2008. 遥感制图中几何纠正精度评价. 首都师范大学学报，6：89-92.

梁益同，陈正洪，夏智宏. 2010. 基于 RS 和 GIS 的武汉城市热岛效应年代演变及其机理分析. 长江流域资源与环境，8：914-918.

梁泽环. 1990. 卡尔曼滤波器在卫星遥感影像大地校准中的应用. 环境遥感，5（4）：301-302.

林木轩，师迎春，陈秧分，等. 2007. 长沙市区建设用地扩张的时空特征. 地理研究，26（2）：265-274.

凌赛广，焦伟利，龙腾飞，等. 2016. 2000 ~2014 年武汉市城市扩展时空特征分析. 长江流域资源与环境，25（07）：1034-1042.

刘春，史文中，朱述龙. 2004. 基于空间插值的影像纠正精度的空间可视化表达. 遥感学报，8（2）：143-149.

刘贵喜，杨万海. 2002. 基于小波分解的图像融合方法及性能评价. 自动化学报，28（6）：927-934.

刘军，张永生，范永弘. 2003. 基于通用成像模型：有理函数模型的摄影测量定位方法. 测绘通报，（4）：10-13.

刘军，张永生，王冬红. 2006. 基于 RPC 模型的高分辨率卫星影像精确定位. 测绘学报，1（6）：30-32.

刘盛和，吴传钧，沈洪泉. 2000. 基于 GIS 的北京城市土地利用扩展模式. 地理学报，55（4）：407-416.

刘士林，刘新静. 2013. 中国城市群发展指数报告. 北京：社会科学文献出版社.

刘晓龙. 2001. 多源遥感图像信息保持型融合技术的研究. 中国图像图形学报，6（7）：636-641

梅安新，彭望琭，秦其明，等. 2001. 遥感导论. 北京：高等教育出版社.

莫登奎，林辉，孙华，等. 2005. 基于高分辨率遥感影像的土地覆盖信息提取. 遥感技术与应用，20（4）：411-414.

沈非，袁甲，黄薇薇，等. 2015. 基于地学信息图谱的合肥市城市扩展时空特征及驱动力分析. 长江流域资源与环境，24（2）：202 -211.

施蓓琦. 2006. 高分辨率遥感影像的几何精纠正及其精度度量. 上海：上海师范大学学位论文.

寿亦萱，张大林. 2012. 城市热岛效应的研究进展与展望. 气象学报，3：338-353.

谭征，鲍复民，李爱国，等. 2004. 数字图像融合. 西安：西安交通大学出版社.

汪高明. 2009. 湖北省近 47 年气温和降水气候特征分析. 兰州：兰州大学学位论文.

汪求来. 2008. 面向对象遥感影像分类方法及其应用研究：以深圳市福田区植被提取为例. 南京：南京林业大学学位论文.

王斌，杨孔郭. 2015. 西安城区地表温度的遥感反演与时空演变分析. 兰州大学学报，51（3）：388-396.

王厚军，李小玉，张祖陆，等. 2008. 1979-2006 年沈阳市城市空间扩展过程分析. 应用生态学报，19（12）：2673-2679.

王乐，牛雪峰，王明常. 2011. 遥感影像融合技术方法研究. 测绘通报，1：6-8.

王茜，张增祥，易玲，等. 2007. 南京市城市扩展的遥感研究. 长江流域资源与环境，16（5）：554-559.

魏后凯. 2005-01-19. 怎样理解推进城镇化健康发展是结构调整的重要内容. 人民日报: 9

吴大放, 刘艳艳. 2013. 基于 RS/GIS 的珠海市城市空间扩展. 热带地理, 33（4）: 473-479.

徐永明, 覃志豪, 朱焱. 2009. 基于遥感数据的苏州市热岛效应时空变化特征分析. 地理科学, 4: 529-534.

闫梅, 黄金川. 2013. 国内外城市空间扩展研究评析. 地理科学进展, 32（7）: 1039-1050.

易予晴. 2015. HJ-1A/B 卫星 CCD 影像几何校正及其不确定性分析. 北京: 中国科学院大学学位论文.

易予晴, 龙腾飞, 焦伟利, 等. 2005. 武汉城市群夏季热岛特征及演变. 长江流域资源与环境, 24（8）: 1279-1285.

奕庆祖, 刘慧平. 2008. 基于神经网络模型的遥感影像几何校正研究. 国土资源遥感, 75（1）: 19-22.

于文凭. 2012. MODIS 地表温度产品在黑河流域的验证和重建. 北京: 中国科学院研究生院学位论文.

袁修孝, 张过. 2003. 缺少控制点的卫星遥感对地目标定位. 武汉大学学报, 28（5）: 505-509.

张过. 2005. 缺少控制点高分辨率卫星遥感影像几何校正. 武汉: 武汉大学学位论文.

张过, 厉芳婷, 江万寿, 等. 2010. 推扫式光学卫星影像系统几何校正产品的 3 维几何模型及定向算法研究. 测绘学报, 39（1）: 34-38.

张加友, 王江安. 2000. 红外图像融合. 光电子·激光, 11（5）: 537-539.

张剑清, 张祖勋. 2002. 高分辨遥感影像基于仿射变换的严格几何模型. 武汉大学学报, 27（6）: 555-559.

张穗, 何报寅, 杜耘. 2003. 武汉市城区热岛效应的遥感研究. 长江流域资源与环境, 5: 445-449.

祝汶琪, 焦伟利. 2008. 用遗传算法求解有理函数模型. 科学技术与工程, 8（13）: 97-100.

Baltsavias E S. 1992. Metric information extraction from SPOT images and the role of polynomial mapping functions. International Archives of Photogrammetry and Remote Sensing, 29（B4）: 358-364.

Burt P J. 1984. The pyramid as a structure for efficient computation//Rosenfeld A. Multiresolution Image Processing and Analysis. London: Springer-Verlag: 6-35.

Chipman L J, Orr T M, Graham L N. 1995. Wavelets and image fusion, in Proc. of Int. Conf. on Image Processing, 3: 248-251.

Cliche G, Bonn F, Teillet P. 1985. Intergration of the SPOT pan channel into its multispectral mode for image sharpness enhancement. Photogrammetric Engineering and Remote Sensing, 51: 311-316.

Clive S F, Happy B, Hanley T Y. 2002. Three dimensional geopositioning accuracy of IKONOS imagery. The Photogrammetric Record, 17（99）: 465-479.

Daily M I, Farr T, Elachi C. 1979. Geologic interpretation from composited radar and landsat imagery. Photogrammetric Engineering and Remote Sensing, 45（8）: 1109-1116.

Deng F, Sheng M, Qian N, et al. 2010. TSS strict sensor model and its stable solution//2010 Second IITA Internation Conference on Geoscience and Remote Sensing. Beijing: TA-GRS. Qingdao: 459-462.

EI-Manadili Y, Novak K. 1996. Precision rectification of SPOT imagery using the direct linear transformation model. PE&RS, 62（1）: 67-72.

Fraser C S, Baltsavias E, Gruen A. 2002. Processing of IKONOS imagery for submetre 3d positioning and building extraction. ISPRS Journal of Photogrammetric & Remote Sensing, 56（2）: 177-194.

Fraser C S, Hansley H B. 2003. Bias compensation in rational functions for IKNOS satellite imagery. PE&RS, 69（1）: 53-58.

Fraser C S, Yamakawa T. 2004. Insights into the affine model for high-resolution satellite sensor orientation. ISPRS Journal of Photogrammetry & Remote Sensing, 58: 275-288.

Fritsch D, Stallmann D. 2000. Rigorous photogrammetric processing of high resolution satellite imagery. International Archives of Photogrammetry and Remote Sensing, Amsterdam.

Grodecki G D. 2001. Block adjustment of high-resolution satellite images described by rational function. PE&RS, 69 (1): 59-69.

Gupta R, Hartley R I. 1997. Linear pushbroom cameras. IEEE Trans Pattern Analysis and Machine Intelligence, 19 (9): 963-975.

Hattori S, Ono T, Fraser C, et al. 2000. Orientation of high-resolution satellite images based on affine projection. International Archives of ISPRS, 33 (B3): 359-366.

Hu Y, Tao V. 2002a. Updating solutions of the rational function model using additional control information. PE&RS, 68 (7): 715-724.

Hu Y, Tao V. 2002b. 3D reconstruction algorithms with the rational function model. PE&RS, 68 (7): 705-714.

Jay G. 2001. Non-differential GPS as an alternative source of planimetric control for rectifying satellite imagery. Photogrammetric Engineering & Remote Sensing, 67 (1): 49-55.

Kratky V. 1989a. Rigorous photogrammetric processing of SPOT images at CCM Canada. ISPRS Journal of Photogrammetry and Remote Sensing, (44): 53-71.

Kratky V. 1989b. On-line aspects of steer photogrammetric processing of SPOT images. Photogrammetric Engineering & Remote Sensing, 55 (3): 311-316.

Laner D T, Todd W J. 1981. Land cover mapping with merged Landsat RBV and MSS stereoscopic images. Proc. of the ASP Fall Technical Conference, San Franciso: 680-689.

Li H, Manjunath B S, Mitra S. 1995. Multisensor image fusion using the wavelet transform. Graphical Models and Image Process, 57 (3): 235-245.

Li H, Zhou Y T, Chellappa R. 1996. SAR/IR sensor image fusion and real-time implementation//Proc. Int Conf. on Signals, Systems and Computers. New Jersey: IEEE Press: 1121-1125.

Lin X Y, Yuan X X. 2008. Improvement of the stability solving rational polynomial coefficients //The International Archives of Photogrammetry, Remote Sensing and Spatial Information Sciences, ISPRS, Beijing, vol. XXXVII, part B1.

Lin Y H, Wang H S, Chiang Y, et al. 2010. Estimation of relative orientation using dual quaternion. System Science and Engineering International Conference, 34 (4): 413-416.

Luo X B, Liu Q, Liu Q H. 2010. Exterior orientation elements' Bayesian estimation model under insufficient ground control points. 18th International Conference on Geoinformatics, Beijing.

Mallat S G. 1989. A theory for multiresolution signal decomposition: the wavelet representation. IEEE Transactions on Pattern Analysis and Machine Intelligence, 11 (7): 674-693.

Manley G. 1958. On the frequency of snowfall in metropolitan England. Quarterly Journal of the Royal Meteorological Society, 84 (1820): 70-72.

Okamoto A. 1981. Orientation and construction of models. Photogrammetric Engineering & Remote Sensing, 47 (12): 1739-1752.

Okamoto A. 1988. Orientation Theory of CCD line-scanner images. International Archives of ISPRS, 27 (B3): 609-617.

Okamoto A, Akamatsu S. 1992a. Orientation theory for satellite CCD line scanner imagery of mountainous terrain. International Archives of ISPRS, 29 (BZ): 205-209.

Okamoto A, Akamatsu S. 1992b. Orientation theory for satellite CCD line scanner imagery of mountainous terrain.

International Archives of ISPRS, 29 (BZ): 217-221.

Okamoto A, Ono T, et al. 1999. Geometric Characteristics of Alternative Triangulation Models for Satellite Imagery. ASPRS 1999 Annual Conference Proceedings, Oregon.

Ono T, Hattori S, Hasegawa H, et al. 2000. Digital mapping using high resolution satellite imagery based on 2d affine projection model. International Archives of ISPRS, 33 (B3): 672-677.

Poli D, Toutin T. 2012. Review of developments in geometric modelling for high resolution satellite pushbroom sensors. The Photogrammetric Record, 27 (137): 58-73.

Poli D. 2001. General model for multi-line CCD array sensors: application for cloud-top height estimation. The 3rdInternational Image Sensing Seminar on New Development in Digital Photogrammetry, Gifu.

Radhadevi P V, Ramachandran R, Murali Mohan A S R K V. 1998. Restitution of IRS-1C pan data using an orbit attitude model and minimum control. ISPRS Journal of Photogrammetry and Remote Sensing, 5 (53): 262-271.

Raj B, Koerts J. 1992. Econometric Theory and Methodology vol 1. Dordrecht: Kluwer Academic Publishers.

Ranchin T, Wald L. 1993. The wavelet transform for the analysis of remotely sensed images. International Journal of Remote Sensing, 14 (3): 615-619.

Rao P K. 1972. Remote sensing of urban "heat islands" from an environmental satellite. Bull Amer Meteor Soc, 53 (7): 647-648.

Rioul O. 1993. A discrete-time multiresolution theory. IEEE Transactions on Signal Processing, 41 (8): 2591-2606.

Ronald Eastman J, Sangermano F, Ghimire B, et al. 2009. Seasonal trend analysis of image time series. International Journal of Remote Sensing, 30 (10): 2721-2726.

Savopol F, Armenakis C. 1998. Modeling of IRS-1C satellite pan imagery using the DLT approach. International Archives of Photogrammetry and Remote Sensing, 32 (4): 511-514.

Schwind P, Schneider M, Palubinskas G, et al. 2009. Processors for ALOS optical data: deconvolution, DEM generation. orthorectification, and atmospheric correction. IEEE Transactions on Geoscience and Remote Sensing, 47 (12): 4074-4082.

Smith D P, Atkinson S F. 2001. Accuracy of rectification using topographic map versus GPS ground control points. Photogrammetric Engineering & Remote Sensing, 67 (5): 565-570.

Sparks T H, Menzel A. 2002. Observed changes in seasons: An overview. International Journal of Climatology, (14): 1715-1725.

Toutin T. 2011. State-of-the-art of geometric correction of remote sensing data: a data fusion perspective. International Journal of Data Fusion, 2 (1): 3-35.

Valadan Zoej M J, Petrie G. 1998. Mathematical modeling and accuracy testing of SPOT level 1B stereo pairs. The Photogrammetric Record, 16 (91): 67-82.

Vetterli M, Herley C. 1992. Wavelets and filter banks: theory and design. IEEE Transactions on Signal Processing, 40 (9): 2207-2232.

Wan Z. 1999. MODIS land-surface temperature algorithm theoretical basis document. http://modis.gsfc.nasa. gov/data/atbd/atbd mod11. pdf.

Wang H H. 2004. A new multiwavelet-based approach to image fusion. Journal of Mathematical Imaging and Vision, 21: 177-192.

Weser T, Rottensteiner F, Willneff J. 2008. Development and testing of a generic sensor model for pushbroom satellite imagery. The Photogrammetric Record, 123 (23): 255-274.

Westin T. 1990. Precision rectification of SPOT imagery. Photogrammetric Engineering & Remote Sensing, 56 (2): 247-253.

Westin T. 2001. Orthorectification of EROS A1 images. IEEE//ISPRS Joint Workshop on Remote Sensing and Data Fusion over Urban Areas: 1-4.

Wu M, Jiao W, Wang W, et al. 2013. An Extraction Method of Urban Ecological Types Based on Object-oriented Classification: A Case Study on Wuhan City. 2013 International Conference on Remote Sensing, Environment and Transportation Engineering.

Zhang Z, Blum R S. 1999. A Categorization of multiscale-decomposition-based image fusion schemes with a performance study for a digital camera application. Proceedings of the IEEE, 87 (8): 1315-1326.

Zhou J, Jia L, Menenti M. 2015. Reconstruction of global MODIS NDVI time series: Performance of Harmonic A-Nalysis of Time Series (HANTS). Remote Sensing of Environment, 163: 217-228.

# 索　引